直接交易

中間人經濟的危機
與永續消費生態系的崛起

凱薩琳・賈奇——著
Kathryn Judge
黃佳瑜——譯

DIRECT

The Rise of the Middleman Economy and the Power of Going to the Source

獻給茱蒂絲・賈奇

一九四五—二〇二〇

目次

前言　寧靜的變革

沃爾瑪（Walmart）和亞馬遜（Amazon）是全美最大的兩家企業[1]，它們創造的營收領先群倫，雄踞《財星》五百大企業（Fortune 500）的第一和第二名。它們也是最大的雇主，二〇二〇年底，沃爾瑪僱用了一百五十萬名美國人，另有一百三十萬美國人在亞馬遜工作[2]。

美國人到沃爾瑪購物，比到其他任何一家店鋪或商號消費的人數都多。二〇一六年，百分之九十五的美國人曾光顧沃爾瑪，麥當勞則以百分之八十九的比率屈居第二[3]。在二〇二一年全球最有價值品牌大調查中，亞馬遜奪下第一，擊敗了蘋果、谷歌、微軟、可口可樂和其他家喻戶曉的品牌[4]。

如果一家公司為創辦人製造的財富可以作為企業的成功指標，亞馬遜和沃爾瑪表現得再好不過。傑夫．貝佐斯（Jeff Bezos）屢屢登上全球富豪榜首[5]；沃爾頓家族——沃爾瑪創辦人山姆．沃爾頓（Sam Walton）的後嗣——則是地球上最富有的家族[6]。

我們許多人已極其習慣依賴亞馬遜或沃爾瑪，以至於認為它們理應如此龐大且無所不在。但這些巨型中間商的崛起及它們背後的供應鏈，絕非表面上看起來那麼簡單。此刻，關於經濟如何運行、經濟為誰起作用及真正的權力落在哪裡，正在發生一場更全面的變革，巨型中間商只不過是這場經濟變革最鮮明的例子。

本書闡述以強大的中間人和冗長的供應鏈為兩大特點的「中間人經濟」（middleman economy）的興起，書中結合數據、故事和理論，說明中間人經濟開始盛行的過程，以及它帶來的好處和危險。相較於當今的中間人經濟，生產者與消費者、投資人與創業家之間的直接交易，形成了一個截然不同的生態系統。藉由在兩者之間進行比較，本書顯示我們「透過誰」購買、投資甚至捐贈的這個關鍵議題涉及了多大的利害關係，並說明增加直接交易或適度朝直接的方向轉移，可以如何幫助我們過上更豐富的生活，創造出更有韌性、更緊密、更公正的經濟。本書還提供了實用指南，說明何時應該使用中間商、何時避免他們，以及如何更明智地在他們之間進行選擇。

作為哥倫比亞大學的法學教授，我研究中間人及中間人經濟的成長已有十多年時間，專精於金融監管。我的早期研究協助說明二〇〇七年左右的金融體系為什麼如此脆弱，以至於表現不佳的次級房貸可以引發大範圍金融失靈，導致經濟全面崩盤。我的研究也有助於說明，為什麼銀行和其他金融中介機構往往能夠以犧牲美國民眾的利益為代價，成功推動有利於他們的規章制度。隨著時間推移，我逐漸發現，出於類似原因，我在金融業看到的模式也同樣出現在其他領域。

中間人是媒合者，他們幫助個人和企業克服阻撓雙方進行交易的資訊、物流和其他障礙；這些交易若能完成，買賣雙方都會過得更好。他們是零售商，商品透過他們從生產者轉移到消費者。他們是銀行，資金透過他們從存款人手上轉移到想要買房的民眾或想要擴張的企業。他們是房地產經紀人，幫助人們買下房子，或將現有房產轉換成可供退休養老用的現金。許多中間人也提供其他寶貴服務，但只要他們的核心功能在於促進商品或資金的流動，他們就是中間人。

中間人造就了我們認識的這個世界。多虧中間人，今天生活在美國的人可以輕易購買產於地球另一端的商品、建立多元化投資組合、舒適地坐在沙發上買菜購物、瀏覽待售的房源，並取得購買夢想家園所需的房貸。這有助於解釋他們迅速登上舞臺中央的原因。

但這只是故事的一部分。使得中間商成為良好媒合者的特質，也賦予他們龐大的力量。久而久之，他們得以拓展自己的領域、鞏固人們對其服務的需求、扭曲消費者的決策過程，並犧牲他們本應服務的對象來增進自己的利益。

或許，當今中間人最明確的特質是，在媒合的過程中，他們也造成了隔離。他們站在兩方的中間，一邊是消費者和投資人，另一邊則是商品背後的人與地，以及他們幫忙募集資金的項目。今天，「生產者」的概念已被橫跨各洲的供應鏈代替。這往往能降低成本，但也會滋生新的脆弱性來源、模糊了責任歸屬，使我們所有人變得更疏離，這就是我們如今所處的中間人經濟。學著認識中間人的本質，有助於理解我們為什麼如此經常倚賴巨大的中間人、中間人如何影響我們購買什麼及購買多少、那些決策對其他人與環境的隱性衝擊，以及我們許多人信奉的價值觀與當今世界狀態之間的巨大分歧。

然而，寫這本書的靈感並非來自我的研究，而是來自讓我體會事情可以有所不同的一次個人經歷。

我的二女兒帶著一顆不尋常的心臟出生。如此異於尋常，以至於她在一週大的時候就動了第一次開心手術，並在十個月大的時候接受第二次手術。我的情緒洶湧起伏，百感交集——從喜悅與感恩到孤單與無能為力。朋友和家人給了我們莫大支持，但很少有人明白養育一個可能見不到一歲生日的孩子是什麼感覺。

在第無數次設法深入理解她的病情時，我偶然遇到一個比額外的統計數字更強大的安慰：一份意想不到的親切感，來源是GoFundMe為加拿大北部一名擁有類似異常心臟的嬰兒發起的活動。GoFundMe是一個眾籌平台，人們可以透過它請求朋友、家人或陌生人資助他們的夢想或面臨的挑戰。我捐助的第一個家庭住在一個小鎮上，距離他們的女兒接受治療的醫院有好幾小時的路程。當我讀著他們的故事，我覺得我找到了自己的族類。他們談論肺動脈閉鎖、心臟超音波檢查、血氧濃度，以及如今圍繞著我的同一套曾經陌生的語言。了解他們的經歷並做出微薄的貢獻，讓我稍微覺得沒那麼孤單、沒那麼無能為力。

我們的女兒如今健康成長，但我仍然不時上GoFundMe網站查看我曾幫助過的家庭的最新近況，並捐錢給需要幫助的新的家庭。經常伴隨捐款而來的評論、照片和電子郵件，在在表明我不是透過這些情境來尋找安慰與歸屬感的唯一一人。這讓我重新體會到，有機會跟交易另一端的人進行交流，可以讓交易本身變得更有意義。在最好的情況下，直接交易及旨在鼓勵聯繫與交流的平台，可以將交易轉化成建立新連結的機會，讓我們享受到在隔絕的情況下永遠買不到的體驗，並親眼目睹我們的行動如何影響他人。這些動態跟中間人經濟形成了鮮明對比，後者的設計往往旨在遮蔽交易另一端的人與地。

直接交易及其同類正如雨後春筍般興起，原因既深刻又實際。隨著中間人經濟的弊病愈來愈大，找到方法繞過中間人的好處也愈來愈多。真正的直接交易日益興盛，體現在農夫市集、創作者透過自己的網站銷售自製商品，以及小產量的圖像小說家在動漫展上兜售作品等現象上。直接交易的近親也蓬勃發展，包括GoFundMe、Etsy 和 Kickstarter 等數位平台，以及越過傳統中間通路的製造者，例如 Warby Parker、Allbirds 和其他直接面對消費者的公司。藉由為消費者、投資人、勞動者、創業家及我們所有人提供一種外部選擇，直接交易的興起可以大幅改變權力的平衡，即便這個世界仍然充滿了中間人。中間人不是敵人，中間人經濟才是。

在這本書中，我努力融合多年的研究見解及我個人試圖打造有意義生活（卻往往失敗）的心得教訓，闡明我們是如何走到今天，以及未來可以往哪個方向發展。最終總結出五項原則，這些原則可以幫助我們每個人重新取得控制權，並為一個更能永續發展的經濟體系做出貢獻。它們分別是：中介很重要；愈短愈好；直接最好；明白中間人的賺錢方法；努力搭建橋梁。這些原則可以提供個人在生活中找到更多意義，提供創業家摸索下一個商機，提供關切的大眾理解我們如何走到今天這一步，以及我們如何做得更好。

第一部將大多數食物從農場到餐桌所遵循的高度中介化途徑，與一種從根本上更直接的替代方案進行比較，好讓本書的各個重要主題鮮活起來。第二部研究了中間人經濟在其他領域的興起，顯示中間人經濟如何促成並強化冗長而複雜的供應鏈，而這兩項發展——中間人經濟的核心——如何改變了工作的性質與社會的結構。第三部暴露中間人經濟的黑暗面，它揭示了一個道理，那就是使中間人之所以如此有用的基礎架構、專業知識和關係，同樣也讓他們能夠以犧牲我們其他人為代價來推動他們自己的利益；這一部分還進一步揭示創造短期效率的複雜供應鏈如何同時滋生出新的脆弱性來源，並且往往在最糟糕的時機崩壞。第四部探討了直接交易如何為一個更好的制度奠定基石，藉由說明中間人為什麼如此有用、它們帶來的隱患，以及直接取自源頭的獨特好處。這四部合起來展示當前系統的利弊得失、一個更簡單也更直接的交易模式有哪些截然不同的好處與成本，以及改變可以在什麼地方造成最大衝擊。

最後一章將我從中間人經濟的興起及直接交易的變革力量得到的核心見解整合成五項原則。中間商在我們的生活中無所不在，以至於我們很容易忘記自己可以做出選擇。在我們個人的經濟活動中增添更多直接交易可以提供連結感，體會人與人之間與生俱來，卻因中間商造成的許多隔閡而業已消失的相互關聯性。政府的干預措施可以為社會提供類似的好處，抵銷權力的過分集中，同時加強了韌性與責任區分。

這裡的分析為振興競爭政策的行動提供新的論據，特別是在涉及的參與者是中間商的情況下；它也闡明政府還可以做多少事情來支持由下而上的變革。小型生產者永遠不會擁有亞馬遜、沃爾瑪和其他巨型中間商所享有的卡車車隊、大量的客戶數據和其他優勢。從確保美國郵政有能力存活，到留下公共空間供工藝品展覽會使用，政府可以發揮重大作用，幫忙創建或補貼直接交易所需的基礎架構。正如為了制衡壟斷所做的由上而下的努力，這些政策有助於創造公平的競爭環境，讓人們更容易選擇脫離強勢的主流體系。

給學術界同仁以及充滿好奇心的人一個提醒：我們習慣以「新自由主義」架構來理解哪些公家和私人機構最能促進個人和集體的繁榮，對於這種思維架構的優點與限制，我們正在進行遲到已久的反省。有些人持續使用以效率為基礎的邏輯來捍衛市場機制、反對政府干預；另一些人則使用這類邏輯的彈性來說明市場為什麼經常產生不好的結果，並且為什麼需要更多的政府干預；然而還有一些人（這些人早已存在，但影響力愈來愈大），認為現行的整個模式充滿了缺陷，需要完全棄而不用。我明白有必要超越這種架構；在這歷史時刻，我採取了學界人士比較少採用的方法，將經濟學的洞見和這項理解結合起來，以便在我們此刻面臨的挑戰上取得真正的進展。

從經濟學汲取洞見至關重要，有助於解釋中間人的興起——中介活動可以如何增強生產力與資源配置——以及可以在短期內提高效率的改變，為什麼同樣會為後來的一連串「市場失靈」埋下伏筆。就算唯一的目標是得到相對於珍稀投入的最大產出，當今中間人經濟的輪廓也絕非最理想的模樣。

然而，對效率這類問題的過度關注，是解釋我們如何走到這一步，以及立法者為什麼允許導致權力如此集中的脆弱機制占據上風的關鍵。一旦跳脫匱乏之心態，更能看出其中還涉及了多少利害關係，包括從人與人的互動品質到工作的性質，再到我們的社群意識。將我們從相互競爭的模式得到的見解交織在一起，可以得到一個更豐富——即便在理論上不那麼純粹——的解釋，說明中介為什麼重要、世界為什麼會是這個樣子，我們所有人可以如何幫助打造一個更好的明天。而且，假如「問題無法靠製造問題的同一層次思維來解決」，這或許是打開一個新的、更好視野的唯一途徑[7]。

第一部

追蹤食物
從農場到餐桌
的足跡

第一章 便利的隱性成本

二〇一一年，被李斯特菌汙染的哈密瓜造成三十多人死亡，一百四十人患病[1]。這些哈密瓜全都產自科羅拉多州的同一家農場，但受害者散布在二十八個不同的州。運送食物遠離原產地的供應鏈也可能攜帶致病細菌；食物運送得愈遠，食物的原產地就愈難追蹤，導致危險進一步擴散。

同年，同樣的情節在歐洲全面上演。二〇一一年五月初，德國爆發大腸桿菌疫情，但沒有人能找到感染源[2]。由於早期跡象顯示罪魁禍首也許是生鮮蔬果，德國衛生官員警告民眾不要食用生的番茄、小黃瓜和萵苣[3]。然而，新的病例仍持續湧現，數百人乃至數千人病倒。許多德國人感受到無孔不入的焦慮感[4]。一位零售商說：「我被當成殺人嫌犯對待，就因為我賣小黃瓜和番茄。」[5]

五月二十六日，德國衛生官員表明產自西班牙的小黃瓜很可能是元凶[6]，歐洲各地的消費者開始拒食西班牙農產品。西班牙農民目睹他們的生鮮蔬果凋萎、滯銷，導致至少五千萬歐元、甚至上看四倍金額（當時約等於七千兩百萬到兩億八千萬美元）的損失。由於許多歐洲人仍然害怕食用任何生鮮蔬果，比利時、保加利亞、法國、葡萄牙、瑞士、荷蘭和德國的農民也深受其害[7]。為了避免誤食遭汙染的食物，原本打算到德國旅遊的觀光客和計劃到德國出賽的運動隊伍紛紛取消行程，導致經濟加速下滑[8]。

最終，公共衛生官員發現，無論小黃瓜或西班牙農場都跟疫情的爆發毫無關聯。大腸桿菌的真正源頭在離家更近的地方：德國本地所產的生食豆芽[9]。遺憾的是，等到揪出真正的源頭，大多數受汙染的豆芽已經被民眾食用，對食用者造成了危害。最終，疫情導致四千人患病，五十四人死亡[10]。整體的經濟損失始終難以衡量，遑論這一事件引發的恐懼與焦慮。

儘管如此大規模的疫病終究十分罕見，但它們說明大量生產糧食並分送到整個大陸甚至更遠的地方會有什麼危險。雖然引發如此嚴重疫情的豆芽產自德國本地，但病患同時食用來自那麼多不同地方的生鮮和其他食品的事實，使得公共衛生官員難以找出問題的真正源頭。於是有更多人生病、更多人死亡、更多農民因而受苦。

也有跡象顯示，同一批豆芽籽——最初來自埃及，透過鹿特丹進口到歐洲，隨後有一部分進入德國，另一部分通過英國抵達法國——二〇一一年春末時在法國引發了規模較小的大腸桿菌疫情。不過同樣地，運送種籽和其他生鮮的供應鏈如此錯綜複雜，以及這樣的錯綜複雜導致公共衛生調查窒礙難行的事實，使得研究人員無法進行證實此一懷疑所需的測試[11]。

即便有些人死裡逃生，身體對食物中毒的反應也可能造成持久性傷害，這是明尼蘇達州的史黛芬妮・史密斯（Stephanie Smith）學到的慘痛教訓[12]。二十二歲的史黛芬妮開始胃痙攣，她設法繼續教小朋友跳舞，一直撐到下班才進急診室。一進醫院，她變得口齒不清，腎功能衰竭，並開始出現癲癇症狀。在醫生建議下，她的母親同意以藥物誘使史黛芬妮進入昏迷狀態，然後以飛機將她轉送梅奧醫院（Mayo Clinic）。史黛芬妮活下來了，但她的認知功能永遠受損，她恐怕再也無法跳舞或行走。

醫生最後確認，災禍的源頭是她在家庭烤肉活動吃的漢堡所含的大腸桿菌。漢堡肉被追查到山姆會員俱樂部（Sam's Club），後者則是從嘉吉公司（Cargill）進的貨。不過，嘉吉並不是受汙染的漢堡肉的生產者，它是個中間商。嘉吉是一家食品加工巨擘，它的一個賺錢方法，是從各個屠宰場收購、加工並包裝牛肉，然後賣給山姆會員俱樂部這類零售中間商。由於肉是混在一起的，就連嘉吉也無法輕易判定受汙染的牛肉究竟來自哪一家屠宰場。

史黛芬妮的家人控告了嘉吉公司，纏訟兩三年後，該公司同意以未披露的金額對此案進行和解。嘉吉從未公開承認史黛芬妮的疾病是他們的過錯。由於雙方達成庭外和解，那些導致史黛芬妮吃到受汙染漢堡的決策，被隱藏在公眾視線之外[13]。邁克．莫斯（Michael Moss）出色的調查報導，是史黛芬妮一案引發公眾關注的唯一原因。但即便身為曾榮獲普立茲獎的新聞記者，莫斯在尋找答案的過程中也得努力克服來自政府的阻力和其他挑戰。他最終得知，致使史黛芬妮癱瘓的漢堡是「各種等級和不同部位的牛肉混合起來的產物，肉源分屬數家屠宰場，最遠可至烏拉圭」[14]。在由中間商構成的世界，某些答案始終撲朔迷離，法律上和道德上的責任歸屬變得模糊不清。

中間商和冗長的中介鏈並不需要為大多數食源性疾病承擔直接責任。嘉吉並不希望史黛芬妮生病；幫忙在德國配銷受汙染豆芽的中間商當中，沒有一個人對購買產品的消費者懷有任何惡意。事實上，鑒於法律風險，大多數中間商希望他們經銷的商品不含任何有害的汙染物。

然而，中間商不必是邪惡的、或甚至只是對傷害無動於衷，就能成為問題的一部分。儘管有愈來愈多行動來提高食物從產地到消費之間的追溯性，但這些行動所費不貲，而且離完美還非常遙遠。近期的研究顯示，實施追蹤系統的模式，大多仍無法捕捉食物在經濟體系中移動的混亂現況[15]。經常在中途眾多節點上發生的聚集、混合以及隨後的拆分，使得許多時候幾乎不可能做到確實的追蹤。這就是即便像嘉吉這樣大型且老練的中間商，也很難追蹤自家加工廠的肉品來源的原因。

冗長而複雜的供應鏈是中間人經濟的一項重大特徵。在美國和烏拉圭各地宰殺的牛肉，最終混合成在明尼蘇達州的山姆會員俱樂部販賣的漢堡，這充分體現了當今供應鏈的運作方式。它們往往慢慢增長，然後似乎在壯大和演化的過程中產生了效率。不過許多時候，供應鏈的錯綜複雜也會導致脆弱、未知和責任歸屬不明。難以追溯源頭而導致大腸桿菌疫情蔓延得更廣、持續得更久，只是可能導致壞事的一個例子。

另一項常見的挑戰是，人們到頭來買了他們會認為以不道德方式生產的食品——假如他們知道內情的話。然而，由於大型中間人和複雜的供應鏈為消費者遮蔽了令人不快的現實，人們持續支持跟他們的價值觀不符的做法。有一個例子令我特別痛苦。

巧克力棒

我喜歡巧克力。我需要努力克制自己，才能抗拒從孩子們的萬聖節籃子偷拿廉價糖果的衝動，而我並不總是能成功。有很長一段時間，我心安理得享受這種罪惡的快感，因為我活在受屏蔽的錯覺中，認為這整件事情對人類最大的衝擊，無非是對我的健康產生微不足道的影響。

我後來才知道情況並非如此。全球最大的兩個可可生產國——象牙海岸和迦納——因使用童工和奴工、惡劣的工作環境及極低的工資而惡名昭彰。二〇〇一年，對這些情況的日益關切促使美國眾議院通過一項法案，該法案將給予食品藥物管理局二十五萬美元經費，用於制定巧克力產品的「零奴工」標章規則[16]。這項立法最後無疾而終，只因為賀喜（Hershey）、雀巢（Nestlé）、瑪氏（Mars）和其他巧克力公司進行了反擊。在謀求集體利益的兩個同業公會協助之下，他們聘請包括前參議員鮑勃·杜爾（Bob Dole）在內的遊說團隊，成功擊退了該項法案。

乍看之下，這些公司可能像是製造商，而非中間人。確實，將來自西非的可可跟糖、牛奶及其他原料混合，然後把這些甜點塑成棒狀並放進漂亮的包裝紙，他們的確製造出新的東西。然而，他們提供的大部分價值來自他們從世界各地採購原料，然後將成品交到零售商和消費者手中的能力。因此，這些公司體現了當今中間人經濟的一個重要且普遍的特徵：參與者同時扮演了製造商和中間人的角色。在不看輕這些巧克力巨頭發揮的其他作用下認清他們是部分中間人的事實，是勘測出涉及生產的愈來愈多節點，並查明我們為什麼往往對我們消費的商品背後的人與地如此疏離與無知的關鍵。

巨型巧克力中間商在國會山莊取得勝利的方式之一，就是承諾他們會做得更好。二〇〇一年，這些公司與致力於杜絕童工並改善工作環境的國會議員及非營利組織，達成了一項本應開創一個新時代的協議。該協議包含眾多詳細條款，意圖減少並最終根除巧克力供應鏈中的不當勞工措施。雀巢、賀喜和瑪氏的高層都簽署了文件，昭示他們意圖實現這些目標的明言決心[17]。

二十年後，童工現象依然猖獗。由美國勞工部資助、芝加哥大學研究人員負責執行的二〇二〇年初步報告，發現象牙海岸和迦納普遍存在問題，而這兩個國家持續占全球可可產量的百分之六十左右。根據這份初步報告，該地區參與可可生產的童工比例（五歲至十七歲），實際上從二〇〇八至二〇〇九年的百分之三十一，上升到二〇一八至二〇一九年的百分之四十一[18]。勞工部與杜蘭大學研究人員於二〇一五年聯合發表的最新研究也發現了上升趨勢。根據那份報告，顯示僅在象牙海岸和迦納就有兩百三十萬兒童從事可可生產，其中兩百多萬兒童置身於危險的工作環境[19]。性別歧視似乎也很普遍；女性付出更多勞力，但她們得到的報酬卻少了很多[20]。

企業問責實驗室（Corporate Accountability Lab）進行的大量實地研究，進一步闡明了當今可可產業的特有問題。一份報告總結了該實驗室的研究與發現，顯示大部分可可農民從他們生產的商品得到的報酬太低。這不僅導致貧窮蔓延，更加深了農民僱用最廉價勞工（例如童工和奴工）的壓力。此外，大多數巧克力中間商至今仍無法確切指出他們使用的大部分可可產於什麼地方。據《華盛頓郵報》報導，二〇一九年，瑪氏只能追蹤到其百分之二十四的可可來源。賀喜和雀巢的表現稍微好一點，但在他們的全球可可供應量中，兩者都只能追蹤到半數以下的可可產於哪個農場[21]。歌帝梵（Godiva）甚至更加失職，一群非營利組織在二〇二〇年的復活節前將「臭雞蛋獎」（Rotten Egg Award）頒給歌帝梵，理由是他們「儘管獲利豐厚，卻未能對巧克力的生產條件負責」，並且，其產品幾乎完全沒有標示關於可可產地的訊息[22]。

根據企業問責實驗室的說法，過去二十年的情況之所以沒有太大改善，原因之一是第三方認證計畫的蓬勃發展[23]。雨林聯盟（Rainforest Alliance）、國際公平貿易組織（Fairtrade International）、公平貿易認證（Fair Trade Certified）以及可可豆生活（Cocoa Life）是聲稱為可可進行「認證」的幾家第三方機構[24]。有證據顯示，可可取得認證後，農民出售可可的收入確實會略高一些。然而，當企業問責實驗室的研究人員與可可農民展開深入會談，他們發現：「在生活所得、貧窮、教育、就醫機會、農民的議價能力或訊息的取得等各方面，經過認證和未經認證的農場之間幾乎沒有任何顯著差異。」[25]

購買「經認證的」可可讓大型巧克力公司得以標榜道德，營造出關心辛辛苦苦為他們種植可可的農民過得好不好的形象。但正如實際問題持續存在，以及巧克力公司普遍對他們使用的可可真正產地一無所知的情況反映出來的，若不縮短供應鏈，在標籤上下功夫根本不足以帶來有意義的責任歸屬。

關切此議題的消費者和非營利組織尋求其他管道來提升透明度和問責度。在一連串的訴訟中，消費者控告了雀巢和其他大型巧克力中間商。消費者聲稱，假如他們更清楚巧克力所含的可可是工人在什麼條件下種植出來的，他們絕不會購買那些巧克力，因此，根據加州法律，企業有義務向潛在顧客披露這項訊息。作為一個熱愛巧克力且厭惡童工現象的人，這項主張在我看來似乎相當合理。

法院並不認同。對這項訴訟案做出最終裁決的聯邦法庭承認「童工和奴工是當代的苦難」，而雀巢等巧克力公司很可能「從不當勞動中獲益」[26]。儘管如此，法庭裁定，根據加州法律，雀巢和其他巨型巧克力中間商沒有積極的義務「在他們的商品上貼標籤，表明該商品可能由童工或奴工生產」。法庭的觀點是，巧克力棒的核心功能在於它的物質屬性——它有多麼美味——而不在於背後的供應鏈。因此，不論勞工措施多麼應受譴責，即便在加州這樣對消費者友善的州，企業都可以對消費者隱匿這項訊息[27]。

於是，購物者每次在結帳櫃檯前拿起一根糖果棒，就等於間接支持一個剝削婦女與兒童的制度，並幫助努力固守這項制度的巨型中間商發財致富。鋪張地陳列萬聖節和復活節商品的零售中間商，也小心翼翼地將這些現實遮掩在人們的視線之外，並且因為非洲可可農場與美國人囤積甜食之間的遙遠距離和層層阻隔而得益。

第三方認證計畫方興未艾，從食物的有機標章、服裝的永續標章，到投資的ESG（環境保護、社會責任與公司治理）標章。它們的增長，反映出當今的消費者和投資人多麼關注在低價和高投資報酬以外的議題。然而，正如巧克力的苦難所顯示的，這些計畫既能闡明問題，也能掩蓋問題。僅憑一己之力，它們無法跟當今的漫長供應鏈和透過隱瞞令人不快的現實而獲利的中間人匹敵。

糧食如何種植？

鑒於食物從農場到餐桌之間的多層次長途運輸有許多弊病，這種做法如今竟成了常態，似乎是一件很奇怪的事。這種高度中介化的系統，最大的好處是替消費者省錢。一九〇〇年，美國家庭平均將所得的百分之四十三花在食物上。食物是最大的開銷，超過住房、衣服和醫療保健[28]。一九五〇年，食物僅占預算的百分之三十；到了二〇〇三年，數字下降到美國家庭平均支出的百分之十三[29]。

正如巧克力所揭示的，成本的節省有一部分來自將不人道的工作環境強加在遙遠的農民身上，然後向消費者屏蔽那些殘酷的現實。不過，大部分的成本刪減來自耕作方式的改變，以及中間人促成的規模與超專業化（hyper-specialization）帶來的好處。

這些動態在伊利諾州得到充分展示；該州有七萬五千座農場，總計占該州四分之三的土地。蘿拉在龐蒂亞克鎮（Pontiac）的郊區經營其中一座農場，和當地許多人一樣，蘿拉在耕種的生活中長大。她的父親法蘭克是一名農民，父親的父親也是。從小到大，蘿拉一心只想務農。蘿拉耕種的大部分土地，都屬於她或她的家人所有。

蘿拉的農場是家族式的，但那是一個高科技的大規模生意。她的農作物並不多樣，只種兩種：玉米和大豆。她的收成不會趁新鮮賣給人們立即享用，而是放進大筒倉烘乾，然後在她認為價格合理或需要現金的時候售出。在最近的貿易衝突之前，她一直把中國視為最大的市場。

我之所以知道這些，是因為蘿拉是我母親的表姊。我們從小就會到她的農場玩，我永遠忘不了小時候第一次拜訪蘿拉的情景。那是收成季節，她在聯合收割機的幫忙下完成了任務。這臺機器巨大得令我肅然起敬，和它的輪胎相比，六歲的我顯得非常矮小。它有條不紊地犁著一排又一排的玉米，那是我從未見過的景象。但真正令我驚嘆的是它的駕駛艙。爬上高得讓我不敢往下看的梯子後，我窺見的是一個豪華座艙，裡頭有舒適的黑色座椅、空調和頂級音響系統。我確信務農是一門高端且相當輕鬆的職業。

蘿拉依然在耕種和收割的各個層面上使用大型而複雜的機具，例如技術愈來愈先進的聯合收割機。最近一次拜訪時，看著聯合收割機的運作，我的大女兒跟我從前一樣充滿敬畏。這臺機器只是蘿拉深深投入許多人所謂的「農工綜合體」

（agricultural industrial complex）的方式之一。蘿拉的耕作方式，以及這種方式和她祖父耕種同一片土地的方式如此不同，生動顯示了中間人所做的遠遠不止媒合而已。隨著中介機制的發展，競爭環境也出現演變，而這既促成種植糧食與製造商品的方式發生根本性變化，也使變化成為一種必然。

蘿拉表姨的農作方式，是當今美國農民的典型風格。一九三五年，全美大約有六千八百萬座農場，然而儘管人口膨脹，這數字卻已縮減到兩百萬[30]。生產力和收入增加了，但成本也在上漲[31]。尖端技術的聯合收割機並不便宜，蘿拉選擇的作物也很具代表性：大豆和玉米是種植最多的兩種作物。美國平均每年種植並賣出價值將近兩千億的水果、蔬菜、堅果、棉花和乾草，其中，大豆和玉米合計占農產品總值的百分之四十三[32]。

科技無所不在，而且不僅限於耕種與收割用的機器。二〇一八年的一項研究發現，整整三分之一的美國農民曾使用無人機（不論自己操作或透過第三方供應商），用於監測作物和播灑肥料等活動[33]。普華永道（PricewaterhouseCoopers）的一份報告顯示，與農業相關的無人機運用市場最終將達到三百億美元，使得農業成為無人機的第二大商業市場[34]。

生產不再是為了本地消費，這樣的趨勢也成了常態。農產品進出口一直呈穩步成長，二〇〇〇年到二〇一五年間，貿易總值增長了一倍有餘[35]。其中大部分交易發生在北美地區，但也有大量的海外進出口。根據美國農業部，「以中國、日本和南韓為首的東亞地區是最大的市場」，合計購買了美國二〇一八年出口的穀物和其他農產品的百分之三十四[36]。美國種植大約五成的大豆和超過兩成的玉米，都將用於出口[37]。美國也進口了大量食物。食品藥物管理局估計，美國人食用的百分之八十的海鮮、百分之五十的新鮮水果和百分之二十的新鮮蔬菜都來自境外[38]。就算是在美國國內食用，食物從產地到消費之間的平均運輸距離也高達一千五百到兩千五百英里[39]。

中間人促成了上述的種種發展：在食物可以更容易、更便宜運輸的世界，會有更多食物被運送到更遠的地方。這就是科羅拉多州的哈密瓜最終導致二十八個州的民眾生病的原因，這就是人們致力於提倡「食在當地」的原因，儘管在人類歷史上，我們絕大多數時候沒有其他選擇。

多虧了中間人，蘿拉不必費心去調查誰最想買她的作物，然後想辦法聯繫以她的作物為飼料的中國畜牧業者。她也不必費心去查明如何將她的穀物從伊利諾州運送到遠東。相反地，一個複雜的中間人網絡承包了這一切工作。這樣的制度有很多優點，蘿拉可以將她的全部心思和資源傾注於耕作，並將資金投入到她的耕作方式所需的廣大土地和先進設備上。她能夠投入那麼多資金和力氣讓自己專精於特定領域，是因為中間人替她包辦了其他工作。

但是對蘿拉來說，超專業化並不是一項選擇，而是一種生存技能。她得跟全世界的生產者競爭，玉米和大豆是大宗商品，假如蘿拉以更尊重土地的方式或更節制的規模種植作物，因而增加額外成本，她無法輕易將這些成本轉嫁給顧客。她必須接受市場設定的任何價格，然後想辦法生存下來。當欠缺現金購買必要的土地和設備，她就會舉債。同樣地，她並不孤單。根據美國農業部，農場的不動產債務預計在二〇二一年達到兩千八百七十億美元，農民欠下的其他債務則可能超過一千五百億美元[40]。這有助於說明為什麼自一九八〇年以來，美國農場的破產案件總體呈上升趨勢[41]。二〇一三年起，每年都有超過三百家農場被迫宣告破產。近年來，這個數字已超過每年五百家。不管我小時候在想什麼，務農絕不是一條通往財富或甚至經濟保障的道路。

除此之外，當今大多數農場的經營方式引發的成本，並非僅由農民買單。美國農場如今使用的氮肥，是我的曾祖父七十五年前種田時使用的四十倍[42]。二〇一九年發表在《自然》（*Nature*）雜誌的一項研究發現，美國每年有四千三百人過早死亡，這跟種植玉米對空氣品質的不良影響脫不了關係[43]。大部分的汙染和生命損失集中在包含伊利諾在內的五個「玉米帶」州。現代務農技術幫助提高了產量——使美國農場能夠在日益全球化的市場上保持競爭力，並為消費者提供便宜的糧食——但其他人和這個星球付出了龐大的代價。

這些問題也不是美國所獨有。地球的淡水目前有百分之七十用於支持農業[44]，超過四分之一的溫室氣體排放來自農業與食品加工業[45]，每年有兩百四十噸的肥沃土壤因工業化的農業技術而流失，使得全球整整三分之一的可耕地嚴重退化[46]。凡此種種都不是可永續的做法。

真正權力的所在

從歷史標準來看，蘿拉表姨的農場可能又大又工業化，但它仍然是個家庭農場，美國絕大多數農場都是如此。截至二〇一七年，美國僅有百分之二點二的農場不是家族所有[47]，這些農場大多是小型或中型的生意，大多數美國農民每年的務農所得不到十五萬美元[48]。

將焦點從農民轉向加工業者（例如我們之前看到的巧克力公司），局面迥然不同。排名前十的食品與飲料公司在二〇一九年賺進四千五百億美元的營收，比後面三十家公司加起來的還多[49]。這些公司（例如雀巢、瑪氏、百事和可口可樂）描繪出當今中間人經濟的第二項明確特徵：非常龐大、非常強大的中間人。他們既是中間人又是製造商的事實，並不能抹殺他們在食物種植者和消費者之間發揮的媒合與隔離的作用。

儘管這些名字似乎家喻戶曉，但它們的真正規模和涵蓋範圍往往不為人所知。當我發現藍瓶咖啡（Blue Bottle）不是一家獨立公司，而是受最大的食品中間人雀巢控制，我大為震驚。就算你從未聽過藍瓶咖啡，你可能也曾在不知不覺間消費了雀巢的商品。如果你買過奇巧（KitKat）威化巧克力、嘉寶（Gerber）嬰兒食品、脆穀樂（Cheerios）早餐穀片、Stouffer's 冷凍食品、Hot Pockets 臘腸捲餅、哈根達斯（Häagen-Dazs）冰淇淋、三花（Carnation）奶製品，或者曾為你的寵物購買普瑞納（Purina）或喜躍（Friskies）飼料，你就是在買雀巢的產品。雀巢也一度擁有波蘭泉水（Poland Spring）、聖培露（San Pellegrino）和沛綠雅（Perrier）等礦泉水品牌。同樣地，百事公司製造的遠遠不只汽水而已；它還擁有桂格燕麥片（Quaker Oats）、開特力（Gatorade）、立頓（Lipton）、樂事（Lay's）、多力多滋（Doritos）、SodaStream 等二十三種不同品牌，每個品牌的二〇一九年營收都超過十億美元。

食品中間人積極宣傳多元化的樣貌，掩蓋少數幾家巨頭掌握了絕大控制權的事實，這在藍瓶咖啡的網站露出端倪。儘管該公司受雀巢控制——意味著雀巢可以隨時換掉整個董事會和管理團隊——藍瓶的網站主頁卻從未提及雀巢。就算有人點擊「我們的故事」來閱讀更多關於該公司的訊息，也只會找到一個溫馨的故事，訴說該公司在加州奧克蘭市起家的奇妙過程[50]。雀巢的控股，以及每次有人掏出四塊美元買一杯藍瓶咖啡，最大的受益者就是雀巢的事實，明顯被隱藏在人們的視線之外。

食品中間人餵人們吃糖精，取代他們渴望的有營養的、真正的甜味；在食品世界，類似的行動層出不窮。這就是為什麼農民和麥田的照片被印在那麼多穀片和餅乾盒上，儘管農民獲取的僅占消費者如今為食物支付的一小部分。這就是為什麼那麼多食品包裝採用仿手寫字體，儘管這些包裝顯然是由機器印刷出來的。研究發現，使用手寫字體而非印刷字體可以「增加真人感」，使人們對商品產生更多正面觀感，並「賦予更多感情」[51]。然而，正如藍瓶咖啡，喚起人情味的農夫照片和手寫字體只不過是漂亮的外衣。它們是大型中間人使用的技巧，這些中間人有錢進行市場調查，並且會毫不猶豫地利用顧客的行為偏誤（behavioral biases）來圖利，儘管顧客是他們理應服務的對象。

嘉吉——導致史黛芬妮・史密斯罹患重病的漢堡背後的關鍵中間人——具體說明了這些中間商的規模已經變得多麼龐大、實力變得多麼堅強。嘉吉每年在國際間運輸七千萬公噸的食物[52]，隨時都有平均六百五十艘船隻為它穿越世界大洋。正如該公司在二〇一八年的年報中所言：「我們在農產品供應鏈上的全球影響力、對市場的深刻理解及跨行業的優勢地位，使我們能夠為顧客提供獨特的產品。」[53]此話不虛。嘉吉沒有明言但肯定知道的是，它的「全球影響力」、「深刻理解」和跨越眾多行業的「優勢地位」，也使它能夠以犧牲顧客和廣大民眾的利益為代價，用符合其自身利益的方式來影響政策和市場結構的演變。

對政策制定和生產者的影響

理論上，政府應該致力於維護公眾的利益。但實際上，政策的制定往往大幅偏離這樣的理想，而當今的強大中間人擅長利用這樣的落差為自己牟利。

關於政策制定的一個眾所周知的挑戰是，選舉已成了一件很花錢的事，民選官員為了連任嚴重依賴競選獻金。這使得競選環境及接觸在位官員的管道，傾向於那些有錢捐獻的人[54]。大型食品中間人知道這個道理，於是大手筆地慷慨捐獻。據 OpenSecrets.org——一個藉由蒐集數據來加強立法公共問責度的網站——指出，包括食品中間商在內的農業企業，在二〇一六年選舉周期的捐款上升到一億一千八百萬美元，超過該產業以往任何時候的捐獻金額[55]。該產業接著在二〇二〇年再次打破紀錄，捐款總額超過一億八千六百萬美元，是僅僅二十年前的三倍。

即便立法者用意良善且沒有利益衝突，中間人仍有以自私自利的方式扭曲政策的驚人能力，這就是嘉吉在年報中吹噓的資訊優勢和地位優勢發揮作用的地方。民選官員必須處理太多不同議題，以至於無法成為其中任何領域的真正專家。況且，對於特定市場的運作方式，就連專門機構的政策制定者也遠遠不及大型中間人來得了解。中間人知道這一點，並趁隙謀取好處。他們運用自己的豐富知識來強調有利於他們的政策的優點，突顯他們不喜歡的政策的缺點。中間人特別邪惡的地方是，他們有能力運用自己對消費者、農民和其他關鍵族群的理解，編造出似是而非的故事，說明他們不喜歡的政策為什麼也會對政策本應幫助的族群產生負面影響。例如，嘉吉耗費大量資源成立一個「宣導網站」，「展示農民、工人和消費者如何因全球貿易而過上更好的生活」[56]。該網站的名稱——fedbytrade.com（靠貿易餵養）——概括了此一訊息，然後以精心設計的圖表及農民和民眾享受美食的動態畫面生動地呈現出來；不言可喻，人們唯有透過跨境貿易才能取得這些食物。正如常見的狀況，嘉吉提供的是真實而不完整的訊息，聚焦於好處而避談壞處。儘管這些行動絕非唯一因素，但它們有助於解釋，為什麼就算欠缺相應的改革來幫助因自由貿易政策而陷入弱勢的族群，促進自由貿易的政策仍能迅速普及開來。

令挑戰更加嚴峻的是，食品業會定期舉辦研討會、資助學術研究項目，或以其他方式來影響學術研究和他們有意讓大眾看到的研究發現[57]。

類似挑戰也出現在其他司法轄區。歐洲企業觀察組織（Corporate Europe Observatory）是一個非營利組織，致力於揭露企業遊說如何影響歐盟的政策制定。根據該組織二〇一四年的一項研究，在參與遊說以降低跨境貿易壁壘的所有產業中，包括雀巢、百事和嘉吉等中間商在內的農業企業是最積極的一個。該組織發現，農業企業的遊說人員與歐盟委員會貿易部門的聯繫，比製藥、化工、金融和汽車產業的說客加起來還多[58]。

食品中間商在塑造學術研究與政策制定上的影響力，透過一項主要針對畜牧業的公共衛生研究項目表露無遺。畜牧業是農業的一個分支，專注於飼養動物以獲取肉品和其他產品。二〇〇〇年代中期，皮尤慈善信託基金會（Pew Charitable

Trusts）和約翰霍普金斯大學的彭博公共衛生學院，成立一個由十四位前政策制定者、動物健康專家、公衛專家和其他專業人士組成的委員會，針對美國畜牧業進行研究[59]。以兩年時間徵求技術報告、走訪形形色色的動物養殖場，並廣泛了解專供消費的動物如何出生與繁殖之後，該委員會發布了一份報告，明確表示肉品中間商已變得太過強大，為農民、消費者和動物帶來毀滅性後果。

從正面角度來看，皮尤委員會承認，動物飼養、販售和加工方式在過去五十年來的改變，已導致成本大幅降低。一九七〇年，美國人把收入的百分之四點二花在肉品消費上。到了二〇〇五年，儘管人們吃肉吃得更多，但花費只有這個數字的一半[60]。

然而，這樣的節省是有代價的。該委員會發現，飼養動物的農民往往並非這些動物的擁有者。相反地，動物歸中間人所有；中間人還「控制生產過程的所有階段，包括在什麼時間餵動物吃什麼」[61]。再加上集成商（integrators）——中間人扮演的角色——高度集中，結果就是「少數幾家公司掌控了全美的雞肉與雞蛋生產」[62]。

二〇〇八年的報告進一步顯示，當中間商加強控制，他們對他人及環境的損害也隨之增加。問題包括「濫用抗生素導致耐藥性菌種增加；空氣品質問題；河川、溪流和沿海水域遭集中的動物排泄物汙染；動物的福利問題……以及全國各地許多農業區的社會結構與經濟出現了重大變化」[63]。

然而，該委員會不僅得知情況已經變得多麼糟糕，還親眼見證了導致這些問題的力量，以及監管機關的失職。他們將責任直接歸咎於「農產品集團、被業者收買的學術機構科學家，以及他們在國會山莊的朋友之間的結盟」[64]。該委員會甚至發現自己的工作受阻，因為他們向一些作者徵求資訊時，這些作者都收到了中斷經費的威脅。整體而言，該委員會「發現在學術研究、農業政策發展及政府監管與執法等各方面，該產業都具有重大影響力」[65]。

政策對於這項研究的反應，或者更確切地說是缺乏反應，進一步證明了食品中間商如何有效運用他們的各方面影響力來塑造遊戲規則。儘管這項研究的發現令人不安，並引發媒體積極報導，但五年後的後續研究發現，對於該報告揭露的問題，處理的進展微乎其微[66]。根據後續的報告，歐巴馬政府未能落實大部分建議，監管機關「在制定決策與政策的流程上開了倒車」，而國會則試圖阻礙有意義的改革[67]。美國農業部也忽略了科學諮詢委員會的建議，沒有將限制消費紅肉與加工肉品的建議納入政策[68]。

集中

形勢依舊嚴峻。當法學教授兼社運人士澤菲兒・蒂奇奧（Zephyr Teachout）著手書寫她認為強大到足以威脅公共福祉的企業時，她從養雞業開始。與皮尤委員會的調查結果一致，蒂奇奧發現三家公司──泰森（Tyson）、珀杜（Perdue）和朝聖者（Pilgrim's Pride）──收購了許許多多規模較小的競爭者，導致僅僅三家企業合起來「幾乎掌控了全美所有雞隻的買賣」[69]。其他肉品業的中間商也幾乎一樣集中，例如僅僅四家加工廠就控制了百分之八十的牛肉市場[70]。

「我不斷接到有人尋短的電話」，阿拉巴馬州的一位第三代養雞戶告訴蒂奇奧。他的兩個養雞同行已經結束了自己的生命，而他本人的健康也欠佳。正如蒂奇奧解釋的，控制雞肉市場的中間商高度集中，形勢導致中間商掌握了所有控制權，同時迫使雞農承擔大部分風險。作為農民，販賣由中間人經濟制定價格的大宗商品本就很辛酸了，但和失去自主權及農民必須忍受的壓力相比，那樣的辛酸簡直小巫見大巫，因為中間人不只設定價格，還指示他們如何養雞。

新冠疫情揭露了中間人高度集中的另一個問題──肉品加工廠的集中。由於那麼多肉類流經那麼少的幾家工廠，而那些工廠又以追求最大效率為目標，亦即以盡可能少的資源加工製造盡可能多的肉品，以致這些工廠本身就成了新冠病毒的溫床。儘管個人防護設備不足、通風不良，而且整體環境只為工人提供防止感染的最低限度保護，員工仍被迫工作。

川普執政期間，職業安全衛生署（Occupational Safety and Health Administration，簡稱OSHA）並不特別活躍。對於在疫情剛開始的前六個月接到的將近一萬件關於新冠病毒的調查請求，它幾乎毫無回應。不過，就連OSHA都認為肉品加工廠越過界線了。截至二〇二〇年九月，它僅發出兩筆跟新冠病毒有關的罰款，兩張罰單都開給大型肉品中間人[71]。OSHA認定，兩家公司都「未能提供一個不存在公認危險、不會導致死亡或嚴重傷害的工作環境」[72]。當時已有四萬多名肉類加工廠工人感染新冠肺炎，超過兩百人死亡。

肉品加工廠的問題也影響了消費者。二〇二〇年三月到六月間，雞、鴨、魚和雞蛋的價格上漲百分之十以上[73]，牛肉、豬肉和羊肉的漲幅也超過百分之二十，而當時幾乎沒有通膨現象。雪上加霜的是，肉品價格的飆升，正巧發生在一批批美國人丟掉工作、面臨嚴峻的經濟不確定性之際[74]。

動物養殖戶和他們飼養的動物也受到影響。像蘿拉這樣的農民如今大多依靠規模才能生存。在畜牧業，這往往意味著在設施所能允許的範圍內飼養盡可能多的動物，然後儘快將牠們送去屠宰。因此，當加工廠——關鍵中間人——因為工作環境不安全而不得不關閉，養殖戶就沒有地方可以送交他們飼養的動物。結果，儘管價格上漲且消費者需求強勁，許多養殖戶不得不宰殺他們飼養的動物而後丟棄。據估計，農民為了替其他動物騰出空間，大約「撲殺」一千萬隻母雞和一千萬頭豬[75]。新冠疫情揭露了飢餓的消費者和不堪重負的農民之間只有少數幾家中間人的現象所潛藏的危險。

肉品加工廠的高度集中和其他食品中間人的規模，有助於說明為什麼單靠市場力量絕對不足以解決中間人帶來的問題：中間人為了勝任自己的工作而累積的雄厚財力、人脈、對基礎架構的控制及其他優勢，也使他們得以塑造其所在市場的演變。食品公司巨頭的最大成長，並非來自開發人們想要購買的新產品，而是靠收購其他公司。僅僅二〇一八年就有兩百七十七宗此類收購案，其中收購方以超過十億美元的資金買下被收購方的案例有二十八起[76]，這樣的規模讓食品中間人擁有對整個食品生態體系的巨大影響力。

食品中間人被允許快速吞併競爭對手的事實，也進一步證明政策的制定並未以應有的方式發揮作用。理論上，監管機關有權力阻止任何一宗會導致某家企業擁有太多市場力量的收購案。但實際上，阻止或限制併購案的行動往往會引發訴訟，讓中間人得以運用他們的財力和龐大的資訊優勢來說服法院允許購併。儘管這不是唯一因素，但它有助於說明為什麼政府幾乎毫不努力去阻止權力集中於食品公司巨頭的手上。

今天，大多數食品的運輸方式捕捉了當今中間人經濟的兩大關鍵特徵：過於強大的中間人及冗長而複雜的供應鏈；它還生動體現了中間人經濟的興起可能產生的許多漣漪效應。今天的中間人不僅居中媒合，還改變了兩端——塑造農夫的耕種方式和美國人的飲食內容。而在媒合的過程中，他們也隔離了兩端，讓消費者看不見食物背後的人與地。這有助於說明為什麼在美國人的價值觀及工業化耕種、可可生產與其他模式的食品製造方法導致的附帶後果之間，會出現如此巨大的落差。在最極端的案例中，這樣的不透明會嚴重阻礙食物的可追溯性，以至讓致命的細菌傳播得更遠，使更多被害者受到感染。

本書接下來的兩部分將顯示，這些模式遍布於當今的中間人經濟，無所不在。這裡和其他地方展示的許多動態——從遞增的規模報酬到過度集中的弊病——都不令人陌生，而且出現在中介以外的許多領域。然而藉由如此檢驗中間人，我們可以看出，當涉及的參與者是中間人，這些傾向為什麼往往特別突出，而其影響為什麼特別深遠。將這些熟悉卻依然重要的問題與其他比較少被探討的問題結合起來，是理解中間人經濟如何站穩腳跟及它為什麼重要的關鍵所在。

但在深入挖掘中間人為什麼變得如此無所不在、供應鏈為什麼變得如此冗長之前，我們有理由抱持希望。正如下一章所示，這世上存在著一種更好的方式。

第二章 直接取自產地的樂趣

在蘿拉位於伊利諾州龐迪亞克鎮的農場東邊七百一十八英里的地方，坐落著紐澤西州布萊爾斯敦的創世紀農場（Genesis Farm）。兩座小鎮有許多共同之處：兩者都以白人居多，以中產階級居多，以基督徒居多，占了壓倒性的比例；在不同程度上，兩者也都屬於鄉村地區，具有深厚的農業傳統，吸引著喜歡鄉間生活的人。和蘿拉一樣，創世紀的農場主麥克也熱愛耕種，把務農視為他的畢生職志。

然而，拿蘿拉的農場跟創世紀農場相比，兩者卻有著天壤之別。和從小務農的蘿拉不同，麥克到了二十多歲還對耕種一竅不通。麥克直到大學畢業，歷經到肯亞擔任傳教士、在家鄉俄亥俄州的一座教堂任職、透過紐約貴格教會援助遊民之後，才初次涉足農業。他當時住在曼哈頓，一心想回到海外，這時，一個朋友建議他去創世紀農場看看。他的第一次造訪是騎腳踏車前往的，他能夠在非常炎熱的夏日忍受六十英里騎行，這證明了他的毅力，足以說服創世紀的農場主給他一份工作。

麥克很快搬進了農場，找到他在之前任何一份工作都找不到的東西：滿足感。他喜歡他所做的事情和他的生活方式；他比以前少喝很多咖啡、吃更多蔬菜；他毫不費力地減下體重，感覺很棒。不久後，他結婚了，隨著妻子遠赴英國，然後又回到美國，但是不論去到哪裡，他都繼續務農，繼續尋找小規模、使用尊重土地與周圍生態系統的技術的農場。幾年後，他接到一通電話，邀請他回到創世紀農場，替當年帶他入門的那位農場主接班。那是四分之一世紀以前的事了，麥克自那時起便一直待在那裡。

然而，比起麥克和蘿拉表姨不同的務農淵源，更大的差異在於「務農」對他們各自而言究竟包含什麼意義。蘿拉的農場採用高科技、大規模的作業，致力於將玉米和大豆的產量最大化。麥克和他的團隊則使用中型拖拉機和大量勞力來種植五花八門的水果、蔬菜，甚至花卉。當麥克和他的團隊採收農產品，他們採摘的食物幾乎總在幾天內被食用完畢；蘿拉的乾燥大豆與玉米則可能存放一年以上的時間。麥克的大部分農產品會在農場方圓二十英里內被食用；相較之下，蘿拉的玉米和大豆則多半被運送到地球的另一端。

麥克之所以能夠投入這樣的小規模農作，是因為創世紀農場採用了一種非比尋常的經營模式。創世紀農場的社區支持型菜園——麥克協助帶領的企業——是全國最早採用社區支持型農業模式的農場之一。對於不熟悉這種模式的人，這個概念需要稍加解釋。威斯康辛大學的研究人員克雷格・湯普森（Craig Thompson）和格克琴・寇斯康納巴里（Gokcen Coskuner-Balli）提供這樣的描述：社區支持型農業（Community supported agriculture，簡稱ＣＳＡ）要求你「向當地農場投入數百美元」，作為交換，「你將在大約六個月的生長季節裡，每星期收到一籃有機農產品」。在這期間：

> 對於籃子裡的具體品項（和它們的外觀），你沒有太大選擇。你每週收到的蔬果組合，主要取決於農民的栽種決策和天氣的突發狀況……無可避免的是，籃子裡總會有太少你喜歡的蔬果、太多你不常吃的東西，以及一些你不知道如何烹調，而且實際上可能不喜歡的品項。還有些時候，想要取得草莓這類大受歡迎的作物，唯一的辦法就是親自到農場採摘。哦，是的，還有一個小小情況，你必須每週一次跋涉到指定的投放地點——或者在某些情況下直接到農場——領取你的籃子[1]。

這就是創世紀農場的運作方式。更費事的是，會員接下來拿著他們必須烹煮的蔬菜回家。麥克帶回家的蔬菜跟會員拿到的一模一樣，他知道要把生的寬葉羽衣甘藍轉變成孩子們願意吃的菜有多花時間，也知道要替農場常常種的小馬鈴薯削皮有多費工夫。這給了麥克靈感打趣說：「我們賣的是勞務。」

從許多方面來看，CSA似乎是個注定失敗的配方。人們一般假設消費者想要的是選擇、控制和便利。多虧了中間人，今天的消費者在這三者上往往享受著前所未有的水準。CSA所做的恰恰相反，它們不迎合消費者，反而設下硬性規定。它們要求消費者今天就為幾個月後才會收到的食物付費，而且對於何時收到什麼，消費者幾乎沒有置喙的餘地。

雖說如此，創世紀農場卻蓬勃發展，如今有三百多戶人家享受農場種植的七十多種水果、蔬菜和香草。這場疫情為它的成功添加更多助力，因為人們重新體會到值得信賴的當地食物來源多麼可貴。更驚人的是，創世紀農場的成功並不孤單。二〇一五年，美國農民直接向消費者銷售價值三十億美元的農產品，其中大多是在農夫市集或農場攤位賣出的，但CSA也取得了重大成績，銷售額達到兩億兩千六百萬美元。全國有超過七千三百家農場透過CSA模式銷售農產品[2]，遠高於一九八六年的僅僅兩家CSA農場，以及一九九三年的大約四百家CSA農場[3]。儘管和食物的總產量相比，這些數字仍然微不足道，但趨勢線顯示，農民直接銷售給消費者的模式出現了顯著的上升趨勢，而且即便在現有的直接選項中，CSA似乎也愈來愈受歡迎[4]。這項成功透露了當今消費者真正想要和看重的是什麼，以及直接交易為什麼能幫助他們取得這些東西。因此，CSA是理解直接交易有什麼好處的絕佳起點。

如果你毫無興趣成為CSA的一員，無需擔心。這裡只是使用CSA來示範圍繞直接交易而生的獨特生態系統，而不是把它當成每個人都該追求的理想。值得記住的是，加入CSA的人並未放棄他們對中間人的依賴，他們並未停止到店裡買菜購物。相反地，大多數人只是在取得日常食物上，對中間人少了一點依賴，而對CSA多了一點依賴。

與源頭建立連結

在新古典經濟學中，交易是一種等價交換。麥克給會員們蔬菜；他們給他現金。交易使雙方的狀況變得更好，但前提是雙方都更喜歡自己得到的東西勝過他們給出去的東西，這就是經濟學家所說的「貿易利得」（gains from trade）。在這種觀點下，利得是有限的。農民每多得到一元，消費者就少了一元，這貼切地描述了蘿拉表姨這類農民賣出穀物時的動態。但對麥克這類農民來說，這只是交易過程創造價值的眾多方式之一。

ＣＳＡ的獨特結構，意味著會員認識替他們種植食物的農民，農民也認識他們。我之所以知道這一點，因為我是麥克的一名會員，也是他的隔壁鄰居。麥克的兒子替我們修剪草坪，他的女兒妙麗兒則偶爾幫忙看顧我們的小女兒。麥克的妻子凱莉協助創立當地的一所森林小學，許多ＣＳＡ成員都將子女送到那裡受教育。麥克和凱莉是社區的一分子，夫妻倆透過ＣＳＡ及ＣＳＡ以外的方式積極參與社區。這改變了我們家和其他許多會員對我們付的錢以及收到的食物的感覺。

這就是為什麼麥克找到人生的激情並將激情轉化為生計的故事，與創世紀農場的消費者經驗不無關聯的原因。直接交易往往讓工作變得更有意義，促使更多人成為種植者與生產者，而不是供應鏈中的一個小齒輪。但直接交易的一大特點是，透過有意義的工作獲得的滿足感，可以從麥克感染到他的顧客身上。對於我每年春天付給創世紀農場的錢，我感覺很棒，不只是因為我期待收到美味的蔬菜，也因為我認識我的錢所支持的農場和農民，而我不想在價格上打壓他們任何一個人。

同樣地，當我們一家人津津有味地品嘗麥克和他的團隊種植的嫩皮南瓜

（Delicata squash）和童話茄子（Fairytale eggplants），他也會聽到我們的回饋。我的子女看見他在田裡耕種，他也看見他們直接在灌木叢裡大啖他的藍莓。共享的快樂不受等價交換的規則束縛，喜悅不是以犧牲一個人為代價才能給予另一個人的有限好處。分享可以增強體驗，為所有參與者帶來更多快樂。若是強調「貿易利得」，就會錯失或曲解激勵麥克和他的會員的許多動機。

CSA的結構也可以緩解逆境帶來的衝擊。二〇一八年，紐澤西降下創紀錄的雨量，導致全州收成下滑。由於生長季節即將結束，麥克給他的會員發了一封電子郵件，承認他們收到的箱子很小。他解釋大雨如何導致茴香和洋蔥腐爛，並使一整區的甘藍泡在水裡。他總結道：

> 如果我們採用傳統的模式……我們很可能會破產。但三十年前，一群聰明的人決定嘗試一種不同的模式，將這種風險……分散在社區之中。那就是你們參與的CSA（社區支持型農業）的背後思維；當年如此，現在也是如此……儘管這個生長季節不盡理想，我們仍有許多值得感謝的地方，例如你們的諒解和持續支持[5]。

其他CSA農民也曾在壞年頭向他們的會員發出類似訊息，得到的回應往往並無二致。相對於憤怒或沮喪，會員們以同理心來回應，並感謝農民付出的努力。收成不佳時，農場和會員仍然受到影響。食物變少了，但CSA的結構減少了農場的經濟打擊，並可以讓所有參與者感恩他們收到的東西，而不是因為他們沒有得到的而心懷不滿。

重要的是，這些動態並不限定於選擇加入CSA的人群「類型」。一位因參與美國低收入戶飲食習慣研究而得到機會接觸CSA的奧勒岡婦女，也發現CSA的結構改變了她的飲食體驗：「當你看到外頭攝氏三十五度高溫，而你知道〔農民〕晒得全身通紅，他們一直在外頭〔種植你的食物〕，這會讓你想吃掉你的所有食物，一丁點兒都不願意浪費。」[6]所有農作物都是某個人在某個地方種植的，但炎熱夏日的具象性，以及意識到某個特定的農民正在附近的田地辛勤耕種她即將吃到的食物，使她更加體認食物背後的人性，並且對食物更加感恩。

傑出的商品

CSA之所以成功，最重要的一個因素或許也是最實際的——CSA經常種出令人驚嘆的蔬菜水果。在一項針對CSA會員的調查中，百分之九十三的人表示蔬果的品質是他們加入CSA的原因，有超過三分之一的人表示那是他們成為會員的最大原因[7]。其他調查也得到類似結果：蔬果的新鮮度格外突出[8]。

CSA的蔬果嘗起來如此新鮮是有道理的：因為它們通常很新鮮。麥克要求他的學徒在取貨日提早上工，從而增加當天採摘當天帶回家的蔬果數量。CSA會員必須每年重新加入才能維持會員資格的做法也有幫助，但會員只在生長季節結束時才需要做出決定。這讓CSA農民不必擔心會員在取貨時是否喜歡某根茄子的外觀，只要晚上煮來吃的時候證明美味就可以了。重要的是會員的長期滿意度。

透過中間人和漫長供應鏈銷售蔬果的農民沒有這樣的餘裕，他們需要種植能夠在食用之前很久便已採摘，並且耐得住長途運輸的農產品。他們也比較沒有辦法看重味道勝過外觀；漂亮的蔬果通常賣得比較好，而銷售決定了收入。新鮮度和味道仍然很重要，但兩者都不能以同樣方式被優先考慮。

吃得更好

今天，許多人都想攝取更多種類的更多蔬菜，過更健康的生活。加入CSA會有幫助。在一項調查中，百分之五十八的CSA會員表示他們加入CSA後吃了更多蔬果，百分之七十四的人表示他們因而吃了更多種類的蔬菜[9]。另一項研究發現，即便在控制教育與所得這類同樣會影響飲食模式的因素之後，固定從CSA或農夫市場購買生鮮蔬果的加拿大人，比沒有這麼做的人吃得更健康[10]。

許多這類研究的一大挑戰，在於經濟學家所說的「選擇性偏差」（selection bias）。僅僅顯示CSA會員往往呈現比較健康的飲食模式，不一定表示加入CSA會帶來更健康的飲食，也可能是因為喜歡健康食物的人更可能加入CSA[11]。研究人員找到有趣的方法來克服這項挑戰。

一項研究藉由將CSA會員的飲食習慣，跟表示有興趣加入CSA的人（因此可能跟CSA會員非常相像，但尚未加入CSA）進行比較，設法將選擇性偏差的問題降至最低[12]。研究人員隨後添加第二個對照組——生長季節開始前的CSA會員本身。就連這項研究都發現，透過CSA取得生鮮蔬果對人們的飲食產生了重大影響。進入CSA季節六週後，活躍的CSA會員比僅僅表示有興趣加入CSA的人每週多攝取二點二份蔬菜水果，而且活躍的CSA會員更常在家做菜。CSA會員在CSA季節開始之後吃的生菜和其他蔬菜，也比他們在季節剛開始之前吃得多。

研究人員將選擇性偏差降至最低的另一種做法，是向原本沒打算加入CSA

的人提供CSA會員資格。例如，在一項研究中，一群公共衛生專家和營養學家為奧勒岡州波特蘭市的二十五名低收入戶人士提供CSA補貼[13]。研究參與者必須每星期二在指定的時間與地點領取他們的份額，為期二十三週。他們大多每週支付五美元或使用公共福利，換取價值約二十美元的每週蔬菜份額。參與者還有機會參觀農場、上烹飪課，並透過雙語說明書認識每週的蔬菜。

結果清楚地表明，不是每個人都適合CSA。將近半數的參與者在為期六個月的研究結束之前退出。每週取貨一次對任何人來說都很困難，假如你沒有車或者沒辦法主宰自己的工作排程，那就更困難了。

然而，對於堅持使用CSA的參與者，結果非常顯著。參加研究之前，僅僅百分之十七的人表示他們吃了足夠的蔬菜水果，到了六個月結束時，這個數字達到百分之六十七。整整百分之七十八的研究參與者，表示他們的健康或健康行為出現改善。而且，每一個撐過六個月的人都表示他們學到了烹調蔬菜的新方法、吃了更多種類的蔬菜，並發現了他們喜歡的新蔬菜。

儘管每項研究都有其侷限，但這項研究顯示，人們獲取食物的方法會影響他們攝取的食物內容，它會影響他們吃多少蔬菜、吃的蔬菜種類，以及在家烹飪的可能性。這些變化並不是為了避免中間人而發生的，而僅僅是在實驗參與者取得食物的各種方式之中，添加了直接交易這一項而已。

保護環境

正如我們所知，種植與分配糧食的主要模式對環境造成了持久的傷害，太多的水被使用與汙染、太多的土地被破壞、太多的碳被排放出來[14]。消費者愈來愈熟悉這些挑戰，這有助於刺激人們對當地有機食材產生愈來愈高的需求[15]，以具有環保意識的消費者為訴求對象的中間商——例如全食超市（Whole Foods）——也大量激增。在因應糧食挑戰上，這些是有用但往往不完整的措施；而這些挑戰的出現，正是因為權力從農夫與消費者身上，轉移到了在他們兩者之間進行媒合的中間人手中。

其中一個挑戰是，「在地」和「有機」這類詞彙可能受到操弄。舉例來說，在為《坦帕灣時報》（*Tampa Bay Times*）撰寫的幾份精采的調查報導中，蘿拉．萊利（Laura Reiley）說明了「在地」這個詞頻繁遭到濫用的情況[16]。她發現，餐館對於「在地」的定義往往非常廣泛，而且即便如此，依然模糊了界線。更令人不安的是，許多餐館對於他們的食物來源，根本是在睜眼說瞎話。她發現「野生阿拉斯加鱈魚」竟然是冷凍的中國鱈魚，而在地的「佛羅里達藍蟹」其實是從印度洋運來的，餐館還經常聲稱自己跟他們從未採用過的特定當地供應商購買從豬肉到蔬果等食材。她評論道：「只要你張嘴進食，你每天都活在欺騙之中。」儘管她的焦點是餐館，但毫無理由相信其他地方會比較誠實。

「有機」也只不過是個標籤，是公司透過支付費用、遵守某些規則並接受檢驗就可以使用的標籤。當消費者和農民相距較遠，這樣的第三方認證可能很有用。它為消費者提供了可信任的資訊，說明他們的食物如何種植出來[17]，但那項資訊的品質是有限的。一座農場可能被評為「有機」，但仍採用不符合該標籤精神的許多技術。大型中間商和工業化農場愈來愈善於以長期有害的方式將產量最大化，同時又剛剛好維持在規則允許的範圍內。舉例來說，二〇一八年的一項研究發現，當以糧食產量衡量農業對環境的影響，有機栽種技術由於收成低得多，實際上並不比其他農業模式更有益於環境[18]。麥可．波倫（Michael Pollen）十五年前研究大型「有機」種植者與其他大規模商業農場之間的許多相似之處時，也曾提出類似的擔憂。正如他精闢的結論——有機「只是一個不完美的替代品，用來代替直接觀察食物的生產過程」。[19]

CSA提供了直接觀察和參與的機會，在CSA，會員不需要第三方來說明他們的食物如何種植出來，他們可以親眼看到。這有助於解釋為什麼儘管百分之八十五的ＣＳＡ農場完全採用有機技術，但只有不到四分之一接受有機認證。ＣＳＡ會員可以直接觀察毗鄰河川的水質清澈度、豐富的鳥叫與蟲鳴，以及生態平衡的其他許多信號。假如會員仍有疑慮，可以提問。同樣的道理也適用於「在地」這個詞，有了ＣＳＡ，會員可以確切知道他們的食物產於什麼地方。

創世紀農場是一座以符合有機標準的方式種植所有農作物的ＣＳＡ，但這對麥克來說還不夠。他認為要愛護土地，還需要種植多樣化的作物、縮小田地規模來限制侵蝕，並且持續進行調整以便將影響降至最低。正如他解釋的，當農場變得太大，「你無法真正關注細節」，而要成為土地的守護者，你必須關注細節。ＣＳＡ的結構使麥克和他的團隊能夠做到這一點，而會員們看到了成果。

連結與社群

凱特．曼寧是一名烘焙師、作家、母親，同時也是創世紀農場的會員。她發現：「拜訪我們的ＣＳＡ時，重點不僅在於食物——也在於人。我的孩子們找到玩伴，我找到志同道合的廚師、結識我甚至不知道和我比鄰而居的人。」對科羅拉多州一座CSA的長期會員黛博拉・德波兒來說：「事實證明，與其他CSA會員碰頭、就如何烹調蔬菜交換意見、聆聽與我們截然不同的生活、看著孩子們成長，這些事情跟蔬菜水果一樣營養。」[20]

創世紀農場和許多CSA積極培養會員之間的社群意識，他們舉辦音樂、美食和其他各種主題的活動，幫助會員認識其他會員及在農場上工作的人。CSA的會員資格還能以其他方法營造社區精神，有些CSA會員與鄰居合作，輪流到農場領取食物，還有些人跟沒有加入CSA的鄰居分享他們的收成。同樣地，這些效果不僅僅是因為CSA會員是某種獨一無二的族群而產生的副產品。研究人員發現，當他們向不符合任何特定模式的人提供CSA會員資格，也同樣出現類似的社區營造行動[21]。

今天，這樣的機會彌足珍貴。愈來愈多公共衛生官員將孤獨視為繼肥胖之後的下一個公共衛生危機，兩者都可能引發更多疾病，縮短壽命。在最好的情況下，直接交易有助於反制這項挑戰，它提供新的聯繫途徑、促進新型社區的形成，並鞏固現有的社區，例如鄰居之間的守望相助精神。

塑造下一代

凱特並不是發現CSA是子女和其他孩子進行交流的絕佳去處的唯一一人，我在創世紀農場也有同樣經驗。他們舉辦的每一場活動都有專門為兒童設計的項目，另外還有農場的說故事時間，甚至每年為期一週的夏令營。一項研究發現，在有子女的CSA會員中，百分之九十五的人曾把孩子帶到農場，這些人幾乎都說孩子們玩得非常開心[22]。大多數人都很珍惜能讓孩子們在農場上度過一段時光，並參與挑選帶哪些蔬菜回家之類的活動。俄亥俄州的一名CSA會員盛讚說，帶她的六歲孫女上農場，讓這個小女孩愛上了包括烤櫻桃蘿蔔和羽衣甘藍在內的多種蔬菜，並且「跟種植那些蔬菜的農民建立了關係」[23]。許多人似乎希望孩子們懂得欣賞食物的種植方式與產地。

孩子們對食物的種植方式一無所知，這是近代的一項發展。一八八〇年，可能有八成的美國人屬於農業人口[24]；今天，該數字降到百分之二以下。這意味著，在日常生活中自然而然接觸農業的兒童要比以前少得多。CSA提供了有意義的接觸機會，當CSA會員帶著子女定期去取貨，孩子會看到某一天播下的種子如何在幾週後發芽，並最終結出他和爸媽帶回家的蔬果。一個因下雨不得不提前離開遊樂場而深感失望的孩子，可以從農夫口中聽到同樣的雨水如何幫助滋養玉米。這些伴隨直接交易而來的體驗，有時可以提供在隔絕狀況下無法輕易買到的接觸機會與理解。

物超所值

消費者或許關心農民的福祉，但許多人也喜歡物超所值的交易。現有的研究表明，CSA往往能為消費者做到這一點。一項研究將會員從三家不同CSA購買農產品的總成本，跟他們從該地區三家不同類型的生鮮超市購買相同數量有機農產品所需支付的費用進行比較，發現三家CSA的會員都節省不少開支，比起跟當地某一中間商購買相同數量的農產品，成本有時候不到一半[25]。另一項為期三年的研究發現，典型的CSA會員如果從傳統生鮮超市購買他從CSA取得的相同蔬果，他得多付百分之三十七的費用[26]。

CSA和其他形式的直接交易之所以能提供這些價值，主要是因為消除了中間人就不需要向中間人付費，這些成本相當可觀。消費者在商店購買食物所花的每一塊錢，平均只有一毛五進了種植這些食物的農民口袋。大多數CSA農場採用勞力密集的耕種模式，而且沒有提取或沒有使用的蔬菜都會降低CSA會員實際享受到的價值，所以CSA永遠不會是最便宜的食物來源[27]。儘管如此，能夠繞過中間商確實有助於節省成本，尤其當你把品質納入考量。

獨特的樂趣和意義的更深層來源

作為CSA會員比我們一家人預期的更具挑戰性，它需要規劃、深夜載著在後座熟睡的孩子上農場，以及在我們感到時間緊迫時切菜做飯。當我們未能前去取貨或用完我們的配額，我也會感到內疚。由於我們並非全部時間都住在農場附近，我們只參加了CSA主辦的一小部分活動，這也增加了我們的罪惡感。我們已學會如何規劃、分享、更充分地使用我們收到的食物，但我們不是CSA的模範會員，而且，我猜我們永遠不會是。

但以這種方式購買蔬果也帶來意想不到的喜悅，我永遠忘不了我們第一次在星期五深夜開車進入荒無人煙的農場。當我打開沒有上鎖的大門，我發現一箱箱的韭菜、生菜、蒜苔和一塊黑板，黑板上有一份手寫清單，說明我應該從那些箱子取走什麼。在給嫩馬鈴薯秤重並努力琢磨自己應該以多麼大膽的態度對待這些綠色蔬菜時，我決定把我疲憊的丈夫拖下車加入我的行列。他起初翻了個白眼，但沒多久，他也笑了。那氣味令我們倆都感到陶醉，涼爽潮溼的空氣混雜著蔬菜和泥土濃濃的刺鼻味道，紐約市彷彿遠在天邊。雖然作為創世紀農場CSA的一分子讓我找到其他許多樂趣，但那空氣的氣味依然足以構成我們入會的理由。

蓋兒是麻薩諸塞州一家CSA的會員，她從自己的體驗發現到更深刻的東西。她解釋說：「當你住在城市裡，你可以閒坐著讀報，然後說，要下雨了，這對農民肯定是件好事，但你毫無切身之感……對農民來說，那說不定很糟糕，說不定那正是他們需要旱地的一天。」[28]加入CSA幫助她以新的方式將這些日常現實連結起來，給了她一種嶄新的「活著的感覺」。對她來說，「基礎食物」幫助她覺得跟整個人類產生更緊密的連結。「我現在是個人，但關於我曾做過的一切——生兒育女、愛、失去、為死亡而悲傷、學習——人們做這些事情已經做幾千年了。」加入CSA讓她對人類經驗的內在共性產生了新的體會。

在人類歷史的大部分時間裡，由於沒有其他選擇，直接交易一直是最主要的交易模式。加入CSA後，蓋兒回歸到一種更傳統的做事方式，生活因而出現了細微的變化，看起來和前人的生活更相像。儘管她的經歷是她所獨有的，但研究顯示，她並不是從ＣＳＡ會員資格找到某種「靈性」意義的唯一一人[29]。

強迫自己做出突破

我們從提出這個問題開始：考慮到ＣＳＡ帶來的不便和強制要求，怎麼會有人想加入ＣＳＡ？目前為止給出的答案是，ＣＳＡ提供一些特殊的好處。然而，麥克賣給顧客的「勞務」可能不僅是個需要被合理化的負擔，它本身就是一種好處。

讓我們更仔細看看ＣＳＡ會員面臨的最大挑戰之一：每個會員帶回家的蔬菜配額基本上都一樣，其中包括一些很不尋常的蔬菜。一個熱愛胡蘿蔔但只能勉強嚥下甜菜的會員，通常會收到跟其他人一樣數量的甜菜和胡蘿蔔。許多ＣＳＡ甚至拒絕迎合大家共同的偏好，例如，麥克不會根據會員的喜好來決定種植什麼；相反地，他看重的是當地的氣候和土壤使農場適合種植什麼。假如某種蔬菜能在紐澤西州北部生長，麥克就會嘗試栽種。他給會員他們喜愛的甜玉米和藍莓，但他也給他們蒜苔、青江菜、塊根芹、大頭菜、櫻桃蘿蔔和蕪菁。

乍看之下，這是一種非常奇怪的設計。比起一個可以大量購買胡蘿蔔並避開那些討厭甜菜的制度，胡蘿蔔熱愛者的境遇似乎糟糕得多。但是，當我們跳脫簡單的經濟假設轉向人類心理的複雜性，可以發現事情也許沒那麼簡單。

正如同為創世紀農場會員的凱特・曼寧所說：「有許多蔬菜是我剛加入CSA時以為自己不喜歡吃的。」[30]但是慢慢地，她和孩子們學會喜歡原本看起來很陌生的食物，而在這過程中，她也增進了廚藝。她為CSA幫助她和她的家人成長而感到自豪，她並不孤單。當我第一次用甘藍做出我真心喜歡的涼拌菜絲，以及當我學會將彩虹菠菜融入孩子們願意吃的義大利麵時，我也有同樣的感覺。當蔬菜愈稀奇，而我終於找到方法把它轉變成我們喜愛的美食，我就愈感到滿足。

對於凱特和我及那麼多CSA會員透過學習欣賞新的蔬菜所得到的滿足感，以幸福為主題的最新潮流文獻提供了一些洞見。在這項主題上研究多年的幸福大師葛瑞琴・魯賓（Gretchen Rubin），認為「成長的氛圍」是幸福的關鍵要素。正如她解釋的，無論是「學習一門新的語言、集郵，或是照著茱莉亞・柴爾德（Julia Child）的食譜做出美食」，迎接新挑戰並不斷成長以克服挑戰的過程，是幸福的基礎[31]。透過提供新的蔬菜讓人們走出熟悉的舒適區，CSA或許正巧提供了某些會員尋找更多幸福所需的原料。

現在，讓我們將話題轉回湯普森和寇斯康納巴里，這兩位威斯康辛大學的社會學家曾撰文概述ＣＳＡ對會員施加的許多負擔。他們之所以強調那些挑戰，不是因為他們不喜歡ＣＳＡ；情況恰恰相反。在深入訪問ＣＳＡ的農民與會員，並仔細觀察ＣＳＡ的活動之後，他們發現，至少對某些人來說，對ＣＳＡ會員造成如此不便的事情，也正使得ＣＳＡ別具意義。許多會員發現，拒絕速食文化的便利性，轉而投入一種更腳踏實地、更費力的飲食與生活方式，是一件「迷人」甚至「神奇」的事情。當然，不是每個人都有相同的體驗。但是對某些會員來說，某些時候，ＣＳＡ提出的要求並不是必須拿利益來相抵的成本，而是找到更大幸福與意義的意外機會。

直接交易的一個共同特點是經常把我們帶出我們的舒適區。中間人經濟興起的一個原因，在於它為消費者提供了選擇、控制與便利，我們如此習慣這三者，可能甚至沒有注意到我們在這三個層面上是多麼富足。直奔源頭的決定，往往涉及在至少一個、有時在全部三個層面上做出妥協。少了中間人彌合生產者與消費者之間的差距，雙方都得付出更多努力來搭建橋梁，而他們可能不得不做出超過自己意願的妥協。但正如ＣＳＡ激發的成長所表明的，有時候，走出舒適區並多付出一些努力，可能是隱藏在壞事底下的好事。

ＣＳＡ是直接交易的一個極端例子，它永遠不會成為食物從農場搬上餐桌的主要方式。但你不需要屬於ＣＳＡ或有任何興趣加入會員，才能從中學到東西。正因為它們是如此極端，ＣＳＡ生動體現了直接交易的許多實際優勢，例如價格可以如何下降、品質可以如何提升，也展示了直接交易可以如何實現更多東西——例如促進交流、鞏固社區、創造意義。就算只有一小部分人口能接觸ＣＳＡ、也只有一小部分人口適合ＣＳＡ，它有助於解釋直接交易為什麼正逐漸興起，以及為什麼更直接的交易可以使人們更快樂。

大多數食物從農場移動到餐桌的高度中介方式與ＣＳＡ促成的直接路線之間的差異，和這兩種不同的途徑如何影響消費者的消費內容、農民的耕種方式及對更廣大世界產生的連鎖效應，在在體現了本書的許多核心概念，這兩個極端也是探索這兩端之間廣大領域的基礎。

第二部

中間人經濟的興起

第三章 零售巨擘

二女兒出生不久後，我們決定趁感恩節假期逃離都市生活，我們全家人帶上我的婆婆，飛也似地奔向我姨媽位於紐澤西州蘇塞克斯郡的鄉村度假屋。事實證明，在樹林中醒來，望著窗外的鹿，正是我們作為疲憊的新生兒父母所需的撫慰。唯一棘手的是，我們低估了自己對家中各種小裝置的依賴程度。於是，當到了採買食材的時候，我自告奮勇前去沃爾瑪，而不是當地的雜貨店。沃爾瑪離得不算太遠，而且可以讓我在囤積優格和早餐穀片的同時買到嬰兒搖椅和額外的奶嘴，似乎是件兩全其美的事。

幾個鐘頭後，我帶著食物、嬰兒用品和我出門時沒打算買的其他許多東西回來。我當時不知道的是，那樣的購物經驗是幾十年醞釀發展出來的結果；幾年後，我才開始意識到幕後的操縱力量。然而，其中的核心承諾——能夠在離我們落腳處不遠的一個地方，以低價取得那麼多不同的東西——是當今中間人經濟最具體、最普及的一個寫照。

便宜商品

事實證明，在那寒冷的十一月天，我覺得自己從優格到髮圈等每樣東西都買得便宜划算的印象，得到了許多實證支持。*（原註：正如開頭兩章所反映的，這裡的分析也在兩種不同的理解角度之間切換，其一是塑造經濟的力量，另一個角度是我們應該用以評估經濟是否運作良好的指標。這一部分主要關注經濟效率與摩擦，以及可以在這個分析架構下認識到的其他問題。這有助於闡明中間人經濟似乎釋放出的利益，以及政策制定者為什麼對其中的許多變化如此樂觀。在本章和下一章展示了它們的成長後，鏡頭將再次拉遠，以便將這個架構可能忽略的許多重要動態納入視野之中。）大量研究顯示，沃爾瑪在一九九〇年代初取得市場主導地位後，便持續提供低於競爭對手的價格。相對於一些地區性連鎖店，沃爾瑪可以讓顧客節省高達百分之二十一到百分之二十八的開支。與凱馬特（Kmart）和塔吉特百貨（Target）等其他折扣店相比，節省的力度往往比較小，平均只省了百分之二到百分之四，但同樣始終如一[1]。

在評估沃爾瑪對價格和消費者選擇的影響時，一大挑戰就是沃爾瑪門市在全美的拓展速度非常緩慢。這使得研究人員很難將沃爾瑪的成長帶來的影響，跟同樣也可能影響人們購物方式與支付金額的其他發展切割開來。經濟學家偏好「衝擊」（shocks）——驟然且意想不到的改變，讓人更容易推斷特定發展與後續觀察到的變化之間有什麼因果關係。

比沃爾瑪最初的增長快速許多的一項發展，是它開展生鮮食品業務的腳步。這啟發了兩位經濟學家——傑瑞・豪斯曼（Jerry Hausman）和埃夫拉姆・萊布塔格（Ephraim Leibtag）——研究既賣民生用品也賣食品的沃爾瑪和其他超級購物中心（supercenter）如何影響食品價格。豪斯曼和萊布塔格發現，沃爾瑪這類超級購物中心的價格確實比傳統超市便宜，超級購物中心通常以低於傳統超市百分之十五到二十五的價格，販售跟傳統超市一模一樣的食品[2]。一般消費者到超級購物中心消費究竟省了多少錢，視情況而定，從瓶裝水的百分之五到生菜的百分之五十不等。但在他們調查的食品項目中，超級購物中心的價格幾乎都比較低[3]。

沃爾瑪進軍海外市場的步伐也很快速。例如，三位經濟學家注意到，在墨西哥，從二〇〇二到二〇一四的短短十二年間，外國超市的數量幾乎成長四倍——從三百六十五家增加到一千三百三十五家[4]。在這段期間，沃爾瑪墨西哥分公司控制的一系列門市是最大的外資進軍者。這正是使研究人員得以更好地評估大型中間商如何影響一般消費者福祉的「衝擊」。經濟學家也得以蒐集一系列豐富的數據，包括特定品項每個月在不同門市的定價，以及特定家庭在特定門市的詳細消費資訊。

這項研究最重要的發現是，平均而言，幾乎每個人——從消費者的角色來看——都受益於沃爾瑪和其他大型外國中間商的到來。當外國超市在某個地區開設門市，一般消費者的可衡量福利（經濟學家用來評估生活品質的替代性指標）便上升百分之六，這是因為外國連鎖超市提供了更低的價格、多樣化的新品項和額外的設施。

和當地的商店相比，外國中間商通常以低百分之十二的價格販售同樣的商品。除此之外，來自這些新商店的競爭也促使現有超市降低價格。結果，就連從未踏入外國超市的墨西哥消費者，都發現自己花在生鮮食品的費用變少了。

沃爾瑪進駐墨西哥，也賦予消費者更多選擇。不同的人有不同的喜好，我的大女兒滿三歲的時候喜歡黃色，她從新的黃色芭蕾舞裙和明黃色生日蛋糕，得到了遠遠超過其他任何顏色所能帶來的快樂。選擇可以讓人們買到更適合他們品味的商品，從而使他們更快樂。研究人員發現，沃爾瑪及類似商店提供給消費者的選擇，是當地其他商店的五倍。較富裕的家庭將較多消費轉移到外商連鎖店，並且消費更多，因此他們享受了較多的好處。雖說如此，以外國連鎖店形式進入市場的大型中間商，似乎廣泛造福該地區的墨西哥消費者。

還有證據顯示，藉由迫使競爭對手降價，並逼著供應商想辦法以更低廉的成本製造商品，無論美國消費者在哪裡購物，沃爾瑪都幫助他們減少了開銷。根據環球透視（Global Insight）的一項研究，一九八五年到二〇〇六年間，沃爾瑪門市數量的激增導致總體消費者物價累計下降百分之三。假如研究準確無誤，這意味著僅僅二〇〇六年這一年，美國消費者就節省兩千八百七十億美元——平均每戶家庭節省兩千五百美元[5]。同樣地，這些利益不成比例地流向花費更高的富人。此外，這項研究是由沃爾瑪委託進行的，而且其研究成果沒有在其他地方重複出現，所以必須對此持非常保留的態度。無論如何，現有的實際證據確實顯示，消費者在沃爾瑪——並因為沃爾瑪的存在——減少了購物開支。因此，追本溯源地了解沃爾瑪的崛起過程，是研究大型中間商如何興起的絕佳起點。

故事的開始

一九六二年，一個炎熱的夏日，山姆．沃爾頓在阿肯色州羅傑斯市（Rogers）開啟了全世界第一家沃爾瑪商店的大門。當時四十四歲的山姆曾加盟經營好幾家專門賣廉價品的一毛錢商店（five-and-dime），但他認為「減價」是大勢所趨，沃爾瑪就是他為了融入這股潮流所做的努力。

山姆自己承認：「羅傑斯的第一家沃爾瑪不盡理想。」[6]正如該店早期的一位經理所解釋的：「我們沒有真正的補貨系統……沒有確立的供貨商，沒有信用。」而且，「所有東西隨意堆在桌子上，毫無條理可言。」[7]將店面開設在阿肯色小鎮的決策也不是出於任何策略計畫。山姆剛進入零售業時，他的願景是在大城市經營一家百貨公司。之所以改變路線，只因為他的妻子海倫拒絕住在居民超過一萬人口的市鎮。

然而，聚焦小城鎮的決策反而讓山姆大受其利。山姆後來發現，比起住在大城市的人，小鎮居民的選擇比較少，所以他們可以從新的沃爾瑪商店得到更多好處。他後來表示：「我們學到的第一個重大心得是，美國小鎮的生意遠比包括我在內的任何人所能想像的大得多。」[8]透過運氣、幹勁和其他動力的結合，他解決了羅傑斯總店展示的每一項挑戰。他跟銀行和經銷商建立關係，並創立一套分類系統來整理店內的商品，然後他開了一家又一家分店，讓他得以複製有效的創新、調整沒用的做法。

山姆的兩大愛好是取得划算的交易，以及尋找新方法展示商品或為商品定價，設法激起顧客的熱情——山姆稱之為「商品營銷」（merchandising）[9]。例如，當第三家沃爾瑪在阿肯色州斯普林代爾（Springdale）開張，山姆決定提供「一卡車」的廉價防凍劑和「每支兩毛七的佳潔士（Crest）牙膏」來打響名號。一個同事回憶說：「哎呀，還有人大老遠從土爾莎（Tulsa）過來跟我們買牙膏和防凍劑。」[10]山姆本能地明白一筆划算的交易有多大的力量吸引顧客進門，也明白顧客一旦進門還會購買其他多少東西。

去世之前，山姆．沃爾頓已成了全美第一富豪，並在過程中建立了一個霸權。每年，《財星》雜誌都會公布「財星五百大」名單，羅列全美收益最高的企業。名單上的企業合起來占了美國國內生產毛額（GDP）的三分之二[11]。這份名單涵蓋了福特、AT&T和埃克森美孚（Exxon Mobil）等老牌企業，也包括蘋果、臉書和亞馬遜等後起之秀。但過去二十年來，只有一家公司始終在財星五百大名單中屹立不搖，那就是沃爾瑪。沃爾瑪不僅比任何一家公司更常高居榜首，而且在二〇〇二年到二〇二一年間，它名列第一的次數高達驚人的十七次。轉而看看財星「全球五百大企業」名單，情況幾乎沒什麼不同，在同樣的二十年間，沃爾瑪曾十六度榮登榜首[12]。

一個原因是到處都有沃爾瑪商店。根據沃爾瑪表示，百分之九十一的美國人口居住在距離沃爾瑪十英里的範圍內[13]。我在紐澤西鄉下需要奶嘴時，沃爾瑪似乎是最近和最好的選擇，並非事出偶然。

今天的沃爾瑪並非只是隨便一家中間商。對許多供應商和消費者而言，它就是中間商的代名詞。深入琢磨沃爾瑪如何取得這樣的主導地位，以及它的主導地位如今如何發揮作用——如何跟供應商談判、如何將商品從生產地轉移到沃爾瑪貨架上——闡明了巨型中間商如何為消費者提供如此划算的交易以及由此產生的影響。

鞭策供應商

從第一天起，要求供應商傾盡一切給出最優惠價格，就是沃爾瑪營運模式的一部分。山姆明白，沃爾瑪的進貨成本愈低，對沃爾瑪及其顧客就愈有利。山姆和他的團隊以前經常飛到紐約拜訪一家又一家供應商，從大多數紐約客還在睡夢中就開始工作，持續忙碌到大多數人收工下班以後。他們省吃儉用，一個勁地努力殺價。

隨著沃爾瑪逐漸成長，這種死硬派作風的衝擊力也出現了變化。它的規模愈大，它能夠要求、也確實要求供應商做出的讓步就愈大。全世界的供應商都知道沃爾瑪有多大。他們知道，如果想賣東西給美國消費者，最好的方法莫過於供貨給沃爾瑪。沃爾瑪也知道這一點。沃爾瑪的採購人員不再四處走訪供應商；現在，供應商會自動找上門。大多數供應商在阿肯色州班頓鎮（Bentonville）建立了永久據點；沃爾瑪的總部至今仍設在那裡。

要評估沃爾瑪對它的供應商有多大的影響力，以及它如何行使這項影響力，一個方法就是觀察供貨給沃爾瑪對供應商的盈虧造成了怎樣的衝擊。貝恩顧問公司（Bain & Company）的吉布・凱瑞（Gib Carey）就做了這樣的分析。身為一名顧問，凱瑞曾替許多跟沃爾瑪談判的客戶服務，親眼見識了沃爾瑪殺價時的強悍態度。正如他解釋的：「假如跟他們展開年度談判時……你還沒開發出新的創新〔或〕更好的交付系統……你所能做的……無非就是說，『我們去年每件賣一塊四毛五，今年我們拿一塊四毛就好』」[14]。

凱瑞決定透過實證分析，評估大量供貨給沃爾瑪的公司有怎樣的表現。根據對三十八家上市公司的調查（其中每家公司都有一成以上的營收來自沃爾瑪），他發現，企業賣愈多商品給沃爾瑪，營業利益率就愈低[15]。他另外還發現，大量供貨給沃爾瑪——亦即至少四分之一的營收來自沃爾瑪——的公司，比起沃爾瑪不是其主要客戶的類似公司，利益率大約只有一半[16]。凱瑞只能評估相關性，不能就因果關係下定論，但這些發現與沃爾瑪極度壓榨供應商以致重挫供應商獲利能力的觀點不謀而合。

關於沃爾瑪要求供應商在價格上做出重大讓步，《沃爾瑪效應》（*The Wal-Mart Effect*）的作者查爾斯．費希曼（Charles Fishman）提出進一步證據。費希曼發現，沃爾瑪一九九四年的十大供應商當中，有四家被迫宣告破產，第五家在十年後瀕臨倒閉之際遭到收購[17]。儘管沃爾瑪帶來巨大銷售量，但該公司半數的最大供應商無法撐過十年的事實是個不祥之兆，顯示沃爾瑪鐵了心要求供應商做出會削弱供應商體質的價格讓步。

沃爾瑪一再要求價格讓步，對供應商來說是個壞消息（而且，正如我們即將探索的，那會迫使供應商改變營運方式來分散痛苦），但那為消費者帶來了明顯的降價。

從生產點到消費點

除了強悍地講價，沃爾瑪也努力節省物流費用。距離是經常阻礙交易的眾多障礙之一。地球另一端的某個人也許能以很便宜的價格提供很棒的商品，但如果需要花二十美元和兩星期才能把貨送到想要這項商品的消費者手中，產品的價值定位就會出現巨大變化。中間商提供價值的核心方式之一，就是幫忙彌合這個差距。

山姆很快意識到，沃爾瑪將商品從 A 點運送到 B 點節省的每一塊錢，都是公司能跟顧客分享的另一塊錢，一個運作良好的配送網路可以減少供應不足或供應過剩的問題。根據一項估計，零售商店有百分之八的時候無法提供顧客想要的東西，因而丟掉了生意[18]。其他時候，商店高估了需求，導致顧客不想要的商品過剩，最後只能打折出清[19]。沃爾瑪的系統能將這兩種分配不當降至最低，進一步幫助它壓低價格，這類的成本節約就是經濟學家所說的「效率」；經濟效率照理能讓每個人過得更好、確保資源分配得當，並減少浪費。

沃爾瑪降低配送成本的另一個方法，是跟受到他們如此強硬殺價的同一批供應商建立密切合作關係。這並非沃爾瑪想出來的點子，相反地，向沃爾瑪提議這種做法的，是沃爾瑪最大的供應商之一——寶僑（Procter & Gamble）。正如寶僑的一位副總裁所解釋，在那之前，他們兩家公司「不會共享資訊，不會共同規劃，系統之間也不會相互配合」。[20]寶僑相信，發展出更緊密的連結與合作關係，有助於確保全國各地的沃爾瑪商店得到顧客所需的汰漬（Tide）洗衣精和歐蕾（Olay）潤膚乳液，同時減少這些商品耗費在卡車和倉庫的時間。

寶僑認為，沃爾瑪和供應商的交易不必是一場零和遊戲。藉由匯集他們的不同技能和不同資訊，並加深對彼此的依賴，他們可以節省營運和物流成本，同時仍能為顧客提供相同的商品。很快地，沃爾瑪向寶僑提供了前所未有的資訊量，透露出他們的商品在哪裡賣得多好，這項訊息讓寶僑得以決定從哪一個工廠生產多少商品。長期下來，這也導致了新的配送模式，包括從寶僑直接且及時發貨到販賣商品的沃爾瑪門市，降低商品在倉庫白白浪費時間的必要性。

這也約略改變了寶僑的企業屬性。它仍然是全球消費者每天使用的眾多商品的製造商，但在很小的程度上，它也是一家中間商。現在，它不再單純追求生產力最大化，而是進一步以減輕物流負擔為目標，從而決定生產什麼及在哪裡生產，將商品送到需要它們的地方。這提高了整體經濟的效率，但也在沃爾瑪和寶僑之間建立緊緊相扣的關係，使得沃爾瑪能以低於同業的價格販售寶僑的商品，而依然能夠獲利。

正如沃爾瑪每次發現自己找到更好的做法那樣，它接著開始複製該模式。它跟大多數大型供應商建立類似的夥伴關係，也改變與小型供應商的合作方式，向他們提供其商品在各門市銷售情況的詳細資訊，好讓這些供應商也可以盡可能提升營運。如同《時代》雜誌所言，「沃爾瑪在多方面徹底改革了零售業者管理供應鏈的方式」，但它與供應商的夥伴關係，或許是其中「最具革命性的一點」。[21]

除了跟供應商建立更深的物流共生關係，沃爾瑪也持續對內部的配送網路進行投資，這是以節儉著稱的山姆始終願意花錢的少數幾個領域之一。他意識到，花錢投資於ＩＴ和配送網路的其他基礎設施，長期下來可以因成本節約而回本。到了一九九〇年代初期，沃爾瑪擁有在山姆看來「肯定讓我們這一行及其他行業的每個人都會羨慕」的一套配送系統[22]。

沃爾瑪很早就判定，假如要確保貨物配送順利，它需要建立自己的網路，而不是像其他許多零售業者那樣倚賴第三方，它很快設計並持續修正一套由專門的配送中心、自己的貨車車隊及可以追蹤商品位置的精密ＩＴ組成的整合系統。山姆接著更進一步，將擴展沃爾瑪門市數量的行動跟發展沃爾瑪配送中心的計畫整合起來，他很快找到一個有效的模式：興建一座配送中心，儲備典型沃爾瑪門市一般會賣的百分之八十到八十五種商品的存貨，然後在距離該配送中心三百五十英里──一天車程──的範圍內，盡可能開設多家沃爾瑪門市。

一九九二年，山姆在位時期結束時，全美總共有二十座這樣的配送中心，占地一千八百萬平方英尺。根據山姆所言，這套系統讓沃爾瑪得以在大約兩天內補充門市庫存，其他業者則需要五天。這也使沃爾瑪能夠將配送成本控制在百分之三左右，而競爭對手則必須花費「百分之四點五到百分之五，才能將同樣的商品送到他們的商店」。這套系統也讓沃爾瑪有更大的能力迎接突如其來的需求變化[23]，正如山姆的解釋；分店經理可以「週一晚上訂貨，週二晚上拿到貨。這一行沒有其他人有這樣的配送能力」。[24]

之後的數十年裡，沃爾瑪持續複製這套成功精髓，不斷在時間和空間上尋求更創新、更有效率的貨物運送方式。截至二〇一九年，僅在美國，沃爾瑪就有一百七十三座配送中心，總面積達一億兩千五百八十萬平方英尺，並僱用了八千名貨車司機，每年行車總里程數高達近七億四千萬英里[25]，這種型態的基礎架構讓沃爾瑪能夠準確地將商品在需要的時候送往需要的地方。在沃爾瑪之前，這樣的情況前所未有。

新的基準線

除了低廉的價格，沃爾瑪還為消費者提供許多便利。沃爾瑪的顧客需要擔心停車問題嗎？不，沃爾瑪確保停車是免費的，而且車位充足。如果需要香蕉和洗衣粉怎麼辦？沃爾瑪可以搞定。兒子的慶生會所需的尖帽子、玩具車伴手禮和藍色的桌布？有的，有的，通通都有。所有東西拼湊起來，沃爾瑪為美國民眾提供了短短幾世代以前難以想像的選擇與便利性。

根據創新專家戴瑞．里格比（Darrell Rigby）的說法：「大約每五十年，零售業就會出現這類的顛覆。」正如里格比在《哈佛商業評論》（*Harvard Business Review*）中解釋的，這些變動並未「抹除之前的一切」，相反地，它們「重塑競爭態勢並重新定義消費者的期待，往往讓局面煥然一新」[26]。沃爾瑪和其他超級購物中心的興起，就是這樣一種變革性的顛覆。

這或許是山姆．沃爾頓最重要的遺饋。沃爾瑪不僅為顧客提供划算的買賣，還教會他們期待買得划算，它創造了一個以低廉價格為前提的新基準線。當沃爾瑪年復一年持續展店，並持續創造比全世界其他任何一家公司都高的營業額，那條基準線也隨之擴散普及。各地的消費者都發生了變化，他們適應了一個新世界，在這個世界，他們會定期去沃爾瑪購物，或到因為沃爾瑪的存在而降低價格的競爭商店進行採買。

一個不完整的觀點

截至目前為止，分析的焦點一直在於沃爾瑪如何提供如此低廉的價格。這既是因為沃爾瑪最有名的就是低價，也因為經濟學家經常以價格作為替代指標。例如，他們通常假設當消費者花在一項商品上的費用愈低，就有愈多錢花在其他地方，所以就會愈快樂。他們還往往本著一個假設，那就是當一家公司能以低於競爭對手的價格提供某項商品或服務，是因為該公司找到了更好的、更有效率的做事方法。

這顯然是沃爾瑪可以提供較低價格的部分原因。例如，沃爾瑪在配送上的投資與創新，創造了真正的效率，讓社會變得更好，起碼在短期內如此。不過，沃爾瑪向其供應商壓榨出愈來愈低價格的能力，即便從一開始就比較難界定好壞。一方面，那些供應商可以做出類似沃爾瑪在配送系統上的改變，設法減少浪費。但隨著談判愈來愈艱難、價格愈壓愈低，供應商往往需要進行更根本的改變，例如將生產轉移到海外，或者以消費者也許不會注意到的方式降低品質。

此外，為了充分理解沃爾瑪的配銷網路及其談判策略的效力，我們需要更動態地認清這些優勢未來會如何影響沃爾瑪、沃爾瑪的顧客、沃爾瑪的供應商及其他人。接下來的章節將更深入探討沃爾瑪的影響，並提供一個更複雜的描述，揭示沃爾瑪的低價是需要付出代價的事實。部分代價由沃爾瑪購物者看不見的人和地方承擔，其他代價則隨著大型中間商運用他們的優勢進一步鞏固自己的地位並壓迫替代者，直至未來才會實現。

然而，正如將目光轉向直接交易所揭露的那樣，當不了解中間商是幹什麼的，以及他們為什麼如此有用，旨在破壞中間商或追求直接模式的理想性行動往往注定失敗。要解釋沃爾瑪如何變得如此強大，並說明實現有意義的改變所面臨的固有挑戰，理解沃爾瑪為什麼能夠提供如此低廉的價格是關鍵所在。但這裡揭示的好處，只是故事的第一步。

下一世代

沃爾瑪超級購物中心或許在一九九〇年代設立了選擇性與便利性的新標準，但他們很快就被超越了。今天，光走進商店推手推車，可能就讓人覺得很麻煩。相反地，許多購物者期待不必離開沙發，就能得到我在沃爾瑪買到的所有東西，以及更多。他們已經習慣擁有數百種選擇，而不是我在沃爾瑪不得不從中挑選的幾種選項。他們還進一步希望能夠透過星級評分及可搜尋的顧客證言來篩選這些選項，確切找到他們想要的東西。假如那樣還不夠，今天的許多消費者期望商品在短短幾天內送達，有時甚至希望在幾小時內送達，而且看似免付運費。

這種激進的轉變，解釋了里格比為什麼在文章中說下一波的顛覆性浪潮是「數位化零售」（digital retailing）。在不久前的二〇一〇年，整個零售市場只有百分之六點四的銷售額在線上發生；到了二〇一九年，這個數字幾乎翻了三倍，到達百分之十六[27]。同樣重要的是，發展軌跡每年都呈上升趨勢，而新冠疫情更加速了這項轉變。正如超級購物中心的浪潮，這項轉變是由其他業者望塵莫及的單一中間商所帶來的，那就是亞馬遜。

亞馬遜的線上購物霸主地位如此強大，以至於大多數消費者懶得上其他地方購物。就在不久前的二〇一五年，大多數消費者上網購物的過程，至少是從使用谷歌這類搜尋引擎開始的，這為消費者提供來自眾多中間商和製造商的眾多選擇。二〇一八年，情況出現了變化。兩項獨立調查及一項針對網路流量的分析發現，當消費者上網搜尋特定商品，他們上亞馬遜展開搜尋的頻率高於其他任何一個網站[28]。隨後的一項調查發現，在經常上網購物的族群當中，首先到亞馬遜購物的比例甚至更高[29]。

亞馬遜還奪取了線上零售市場總銷售額很大一部分。美國眾議院的一個小組委員會推斷，亞馬遜很可能占領了整體電子商務市場的百分之五十以上，而且在某些領域的市場占有率甚至更高。根據該小組委員會的報告：「二〇二〇年十月，亞馬遜的股價約三千美元，使其市值達到一點五兆美元左右——比沃爾瑪、塔吉特百貨、Salesforce、IBM、eBay 和 Etsy 加起來還高。」[30] 亞馬遜的營業額可能比不上沃爾瑪，但投資人顯然將它視為會在未來幾年稱霸市場的中間商。

亞馬遜和沃爾瑪有許多相似之處。早期，亞馬遜將沃爾瑪奉為榜樣，甚至挖走沃爾瑪的許多高階主管。近來，人才的流動呈現相反走向[31]。

和沃爾瑪一樣，為了在未來設計出更好、更有效率的做事方式，亞馬遜也準備好在今天做出重大投資。例如，亞馬遜在二〇一二年往前躍出一大步，斥資七億七千五百萬美元收購機器人公司 Kiva Systems。兩年內，亞馬遜推出「第八代」物流中心，將機器人與人類整合起來，更有效率地搬運並儲存貨物[32]。到了二〇一七年，亞馬遜全球各地的倉庫已派用超過十萬臺這樣的機器人[33]。搜尋「亞馬遜機器人」，你可以找到橘色機器人在巨大倉庫內疾行、搬運最高可重達三千磅貨架貨物的影片。它們非常敏捷，可以鑽到貨架底下很深的地方，進入凡人無法輕易到達的其他空間。透過倉庫設計來充分運用倉庫人員與機器人的不同能力，亞馬遜可以比競爭對手、甚至比幾年前的自己做得更多更快，並且占用更少空間。

也和沃爾瑪一樣，規模是亞馬遜的成功關鍵。巨大的規模使亞馬遜能夠對Kiva這類公司進行昂貴的投資，也使亞馬遜能夠在其成功基礎上更上一層樓，讓他們根據最新一代的理想物流中心，興建或改造一座又一座倉庫。規模還使亞馬遜能夠蒐集大量數據，了解在特定的倉庫設計中，哪些地方有效、哪些地方有待改進，從而促使專家團隊確保倉庫系統的每一次更迭，都在效率上得到長足的進步。

兩家公司的創始人也有一些驚人的相似之處，和山姆·沃爾頓一樣，傑夫·貝佐斯也非常好勝；而且和沃爾頓一樣，他知道確保顧客滿意是維持領先地位的關鍵所在。亞馬遜如今是全美最受信任的機構之一，二〇一八年的一項調查發現，民主黨人信任亞馬遜勝過信任調查名單中的其他任何機構；共和黨人對軍隊和警察更具信心，但他們對亞馬遜的信任仍然超過對總統、國會、州或地方政府、非營利組織、宗教團體、大學、谷歌或其他大公司的信任[34]。在另一項調查中，亞馬遜被認為在「很多」時候都會做出正確的事，排名僅落在受訪者的家庭醫生及軍隊之後[35]。這或許有助於說明，為什麼儘管這兩家公司招來一些批評，卻仍然風靡一時、受到廣大顧客的愛用。

貝佐斯和沃爾頓都是在改變他們那個時代零售業結構的一波顛覆性浪潮中創立他們的事業，然後藉由順應潮流並進而成為潮流本身而逐漸壯大。上個世紀最具野心的兩個男人選擇作為中間商來發家致富，並非偶然。

就某些方面而言，亞馬遜和沃爾瑪之間的界線逐漸變得模糊。沃爾瑪正在投資並發展線上業務；亞馬遜則收購了實體的全食超市，並建立屬於亞馬遜自有品牌的便利商店。儘管如此，是Amazon.com改變了許多美國人的購物過程。簡單看看它的一些關鍵特色——顧客評論、供應第三方賣家商品的整合市場及亞馬遜Prime——就能明白為什麼美國人如此頻繁地光顧亞馬遜、中間商如何為消費者提供價值，以及亞馬遜如何為顧客期望樹立了新的基準線。

商品評論

經濟學家口中的「資訊不對等」是橫亙在生產者和消費者之間的關鍵障礙之一，製造商遠比潛在顧客了解他們創造出的商品的品質與特色，更大的挑戰是，製造商可以藉由誇大品質或隱藏缺陷來獲利。長期以來，中間商一直在幫助各方克服這樣的資訊挑戰。

中間商幫忙克服資訊挑戰的一個方法，是賭上自己的聲譽。好比說，當消費者到沃爾瑪購物，他們在一定程度上仰賴沃爾瑪確保商品沒有隱藏的缺陷。亞馬遜則採取了不同的方法，它有意迴避為其網站上賣的商品承擔直接責任，方法是向消費者提供獲取所需資訊的另一條管道——來自其他消費者的評論。

首先，亞馬遜讓用戶以一個簡單的五顆星級別給每件商品評分，藉由將這些回饋彙總成單一評分。亞馬遜提供了一個粗略卻有效的評量標準，用來剔除那些與廣告不符的商品、鑑別出貨真價實的商品。其次，亞馬遜允許用戶透過評論與問答提供詳細的回饋。由於消費者經常面臨的最大挑戰，是試圖在五花八門的選擇中挑出最適合他們的選項，這樣的回饋往往更具有價值。這兩項工具的有用性會隨著評論數量的增加而上升，而亞馬遜提供的商品評論比其他來源來得更多。

這套系統還遠遠未臻完美。亞馬遜商品評論的銷售力量，給了賣家鑽系統漏洞的動力；而且由於亞馬遜可以從銷售中獲利，它或許沒有採取足夠措施來監管不實評論或揪出仿冒品[36]。儘管如此，人們愈來愈善於使用評論來影響人們的購物方式和購買內容[37]。將評論匯集起來，並使它們可搜尋、可分類或方便使用，是亞馬遜這樣的中間商提供價值的方式之一。如果你曾在現實生活中一邊逛著商店、一邊上亞馬遜查看商品評論，你就會明白這些資訊究竟多麼有用。

第三方賣家

亞馬遜之所以願意賦予消費者那麼大的知的權利，包括提供可能導致消費者決定不購買特定商品的資訊，原因之一就是消費者很可能轉而購買透過亞馬遜銷售的另一個選擇。從消費者的角度來看，亞馬遜提供的商品種類簡直無窮無盡。想要一張戶外餐桌？網站上有超過四百頁的選項，還附帶商品評論！

亞馬遜可以提供那麼多選擇，是因為其中許多其實不是亞馬遜的自家商品。相反地，它們是由第三方提供，由第三方決定以什麼價格出售什麼，並由第三方承擔滯銷的風險。換句話說，Amazon.com 其實不是單一企業；它是從消費者角度來看接合得天衣無縫的兩種不同生意：(1) 亞馬遜零售商，以及 (2) 亞馬遜平台。在兩種情況下，亞馬遜都充當了中間人的角色，但將兩者合併在一起，是亞馬遜能夠取得並維持線上零售霸主地位的核心所在。

亞馬遜一九九七年公開上市時，第三方的銷售額約為一億美元，占全公司銷售額的百分之三左右。到了二〇一八年，第三方銷售額達到一千六百億美元，意味著年均複合成長率為百分之五十二[38]，遠遠超過亞馬遜銷售額的百分之二十五的年均成長率。算起來，亞馬遜二〇一八年的銷售額有百分之五十八出於第三方，而該數字仍持續上升[39]。

亞馬遜願意如此幫助競爭對手，是因為它仍能獲取寶貴的數據，而且就算「丟了」一單生意給第三方，它仍能享受豐厚的利潤。利潤不僅來自賣家為了在亞馬遜網站銷售商品所需支付的費用，也來自第三方往往為了在亞馬遜網站脫穎而出而另外購買的一系列服務。這些額外的服務包括從占據顯眼的位置到「由亞馬遜物流配送」的資格，後者意味著賣家實際上將貨品存放在亞馬遜倉庫中，並由不斷壯大的亞馬遜車隊將貨品送到顧客手上。

對於這種策略，管理文獻有個術語：競合（co-opetition）。這個概念是，當競爭對手相互合作，他們可以共同取得比各自單打獨鬥更好的成果。據專家說，亞馬遜集市（Amazon Marketplace）是「競合商業模式的縮影」[40]。正如我們即將看到的，亞馬遜顯然是這種安排的最大獲益者，但一些賣家已設法透過在亞馬遜販賣商品創造出非常成功的生意。

亞馬遜零售業務與平台業務的相互供給與支援，說明了即使數位時代似乎應該讓生產者與消費者更容易在不需要中間商的情況下產生聯繫，大型中間商仍然如此強大的一些原因。正如第十章將更深入探討的那樣，市場支配地位往往是線上平台的常態。這是因為平台是「雙邊市場」（two-sided markets），每一方都有助於吸引另一方。當亞馬遜的賣家數量增加，選擇也跟著增加，使得亞馬遜對消費者更具吸引力。而當愈多消費者上亞馬遜購物，賣家愈覺得有必要在亞馬遜上銷售，以便接觸消費者。再加上整合而全面的配送基礎設施，數位化本身顯然對大型中間商毫無威脅。

Prime

亞馬遜現今的另一個重要成分是Prime。正如零售專家道格·史蒂芬斯（Doug Stephens）所言，「Prime是跳動在亞馬遜核心的重要器官」。[41]對於消費者來說，「Prime是通往整個亞馬遜王國的金鑰匙」。

二〇一九年，消費者情報研究合作夥伴（Consumer Intelligence Research Partners）的一項調查估計，高達百分之六十二的美國家庭加入Prime，為數驚人[42]。這項調查進一步發現，Prime會員每年平均花一千四百美元在亞馬遜上購買商品與服務，比亞馬遜的其他購物者高出兩倍以上。人們一旦取得通往王國的鑰匙，他們會在那裡花費更多時間和金錢。

亞馬遜在創造 Prime 的時候就知道這一點。當 Prime 在二〇〇五年推出，消費者每年支付七十九美元就可享受一系列商品的兩日送達服務，不限次數。正如亞馬遜隔年向公司股東說明的，Prime 是一個「有效的行銷工具」，因為它改變了人們的購物方式。一旦消費者付費加入 Prime，以後每次購物就有更多理由選擇上亞馬遜。

在那之後，價格上漲，但好處也增加了[43]。二〇一一年，亞馬遜新增「免費」觀賞的電視節目與電影。後來，它又增加了「免費」音樂，以及 Prime 會員獨享的其他購買選項，例如每月訂閱的折扣。而它的快速、「免費」送貨的核心承諾也變得愈來愈快、範圍愈來愈廣。二〇一九年，亞馬遜 Prime 向百分之七十以上的美國人承諾提供百萬件商品的隔日送達服務[44]。對於住在大城市的人來說，當天送達已變得稀鬆平常。雖然這一切實際上都不是免費提供給消費者的；消費者付了高額的年費，並在每次交易中提供寶貴的數據。但消費者每次播放電影或收到另一件商品時產生的零邊際成本，可以使這些好處在當下感覺猶如免費。

亞馬遜最成功的 Prime 福利之一，是在二〇一五年推出的「Prime 會員日」（Prime Day），初衷是作為七月份的黑色星期五活動。亞馬遜現在以獨家的串流內容為物美價廉的交易錦上添花。《滾石》雜誌盛讚泰勒絲（Taylor Swift）的紐約演唱會帶來了「奇觀」，這場演唱會由亞馬遜贊助，並向全球的Prime會員串流直播[45]。作為重要的音樂發行商，亞馬遜清楚地知道應該邀請誰，並使它的邀請對泰勒絲和其他表演者更具吸引力。亞馬遜二〇一九年的Prime會員日是該公司史上最盛大的銷售活動，超過該年黑色星期五和網購星期一（Cyber Monday）的總和[46]。

正如沃爾瑪的情形，這些好處只是故事的一部分。我們即將看到，亞馬遜的結構及Prime之類的優惠，很可能只是給了它投機鑽營的更多餘地。但是，如果貿然批評，而沒有先承認這些好處，並了解亞馬遜提供的服務和它帶來的威脅之間的交互作用，將無法幫助政策制定者及我們其他人了解我們的處境和未來的真正挑戰與機會。

巨擘不斷壯大

當疫情來襲，人們的生活和企業的運作被攪得天翻地覆之際，沃爾瑪和亞馬遜找到繼續將商品送達顧客手中的方法。二〇二〇年第二季，在疫情對經濟產生最大衝擊的時候，亞馬遜的銷售額達九百億美元，利潤超過五十億美元，這是前一年同期利潤的兩倍[47]。沃爾瑪在二〇二〇年第二季創造一千三百八十億美元的銷售額，淨利潤為六十五億美元，儘管前一年同期只賺了三十六億美元。這兩個中間商都是「Covid 贏家」，在 Covid 期間因為 Covid 獲得了遠遠高於沒有 Covid 時所能賺得的財富。

這意味著當其他公司都在放無薪假或解僱員工時，沃爾瑪和亞馬遜仍在持續招聘。這有助於解釋為什麼它們不僅是全美最大的兩家零售商，也是最大的兩家雇主[48]。截至二〇二〇年底，亞馬遜聘用一百三十萬名全職和兼職員工，相較於二〇一九年年底只有八十萬名，短短一年內擴充了百分之六十二。沃爾瑪的成長也許比較緩慢，但它僅在美國就有一百五十萬名員工，依然是全美最大的民營雇主，而且它也同樣在擴大隊伍[49]。

愈來愈集中的趨勢延伸至整個零售業。美國的六大零售中間商——沃爾瑪、亞馬遜、塔吉特百貨、家得寶（Home Depot）、勞氏（Lowe's）和好市多（Costco）——占了二〇二〇年第二季全美近三成的零售總額。大型中間商在 Covid 之前就很強大，但它們因為 Covid 而增強了支配地位。

這並不是說這些公司在這段期間過得如魚得水，它們也曾陷入掙扎。但是，儘管面臨許多挑戰，它們還是有辦法運用它們和供應商的關係、龐大的基礎設施與技術及其他影響因素，將盡可能多的商品送到需要的消費者手中。不管怎麼說，整個疫情期間，人們一而再、再而三選擇的，始終是這些零售巨頭。

沃爾瑪、亞馬遜和其他大型中間商是如此無所不在，以至於人們很容易忘記山姆・沃爾頓一九六二年開設他的第一家沃爾瑪時，世界看起來多麼不同。大型中間商並非總是享有支配地位，但今天，他們確實稱霸市場。

第四章▼幫忙買房

在一九四四年的國情咨文中，小羅斯福總統（Franklin Delano Roosevelt）宣布了「第二權利法案」，其中包括「每個家庭都有權擁有一個像樣的家」[1]。為了幫助實現這項新權利，小羅斯福總統帶領國會通過三項法案，大幅擴大了聯邦政府在住房融資上扮演的角色，使美國民眾更容易購買屬於自己的房子[2]。在這過程中，他把住房所有權推上就連醫療保健都瞠乎其後的崇高地位，成了所有美國人都應該享有的權利。

小羅斯福總統展開這項劃時代行動之際，市場上已有一批房地產專業人士亟欲幫助準購屋者找到他們夢想中的家園。一部分歸功於他的住房計畫，房地產專業人士的隊伍將會壯大，而且很快就會有大量銀行機構急切地提供大多數人買房所需的貸款。本章將審視這兩個互補的中間人群體。

研究住房的一個主要原因，是它攸關一般美國民眾的財富與福祉。富人將他們的大部分財產放在股票和債券等金融資產上，相形之下，住房則是美國中產階級最重要的財富來源[3]。同樣重要的是，由於房產對於除了超級富豪以外的所有人都至關重要，因此在美國持續存在的種族財富差距上，房產也扮演了重要角色。了解房地產市場，是了解誰擁有財富以及他們必須付出多少才能獲得財富的關鍵。

研究住房的另一個原因，是它闡明了中間人經濟至今尚未曝光的部分。和亞馬遜或沃爾瑪相比，房地產經紀人感覺起來可能更個人化，規模也小得多。儘管小有小的好處，但房地產經紀人也會透過全國規模最大、最井井有條也最有效的行業公會之一，攜手促進他們的共同目標。他們在幫助客戶之際也成功幫助自己，這顯示中間人網絡可以如何以類似大型中間商的方式提供服務並取得權力。房地產經紀人累積並運用其力量的方式，顯示中介活動本身往往具有某種會產生巨大影響力的特質，而本書揭示的問題，不能僅僅歸因於最大型中間商的規模。

房地產經紀人

如果你曾尋找住處，你會知道找到一個符合心意的地方有多麼困難。你的家是你每天早上醒來、每天晚上歸返、有時永遠不會離開的地方。家可以是你養兒育女、招待朋友或逃離塵世的地方。擁有房子會加深利害關係，使搬家變得更困難，並且增加了財務風險。

這有助於說明為什麼那麼多人在買賣房屋的時候尋求專業協助；但這無法解釋美國房地產市場的獨特結構。和律師、估價師與房屋檢查師等其他相關專業人士不同，房地產經紀人並非只是提供服務賺取費用的服務供應商。相反地，他們以中間人的身分運作，在幫助媒合買家和賣家之際，始終站在兩方的中間。要了解他們如何取得並維持這個地位，並比其他國家的同行賺得更多，稍微回顧歷史會有幫助。

房地產綜合信息服務網

在美國，房地產經紀人在房屋交易中的核心地位可以追溯到一八〇〇年代。當時，地方上的房地產經紀人會聚集在一起，交換他們的房源訊息。這些「交換」符合買方與賣方客戶的利益，因為那使得雙方更容易找到合適的對象。隨著時間推移，這樣的交換透過房地產綜合信息服務網（multiple-listing service，簡稱MLS）而逐漸正規化。

不同於沃爾瑪貨架上販售的任何商品，大多數房子都獨具特色，它們獨一無二，正如生活在裡頭的人一樣。這使得找到合適的「配對」，對買賣雙方而言都很重要。

對購屋者來說，找到合適的配對意味著滿足客觀條件，例如學區、房屋大小和臥室數量。其中可能涉及取捨，例如要不要為了多一間臥室而忍受更長的通勤時間。而且，讓一個房子有家的感覺的，往往在於一些細微的特色，例如從廚房窗戶望出去的風景。對賣家來說，找到「合適」的買家通常意味著找到願意支付最高價格或願意提供最大確定性的買家。由於房子往往是一個家庭的最大資產，最好的買家和動機稍弱的另一個買家之間的差異，可能對賣家的財務狀況產生重大影響。

MLS使這個配對過程對於買家和賣家都變得容易許多，它是個資料庫，其中涵蓋特定地區近期售出或待售房屋的詳細資訊。要明白MLS的重要性，理解經濟學家所說的「網絡效應」（network effects）會有幫助。有時候，一件商品或服務之所以有價值，不是因為它優於其他選擇，而是因為別人都在使用它。就像我們在上一章見到的，許多賣家選擇透過亞馬遜銷售商品，是因為有大量買家使用這個平台，而那些賣家會進一步吸引更多買家。同樣地，對於賣房子的人來說，被納入ＭＬＳ系統意味著他的房子可以呈現在積極找房的買家面前，提高找到「最佳」買家的可能性。對於買家來說，ＭＬＳ提供了鑑別與揀選特定地區待售房屋的簡單方法，幫助他更容易找到最適合自己和家人的房子。藉由將那麼多買家和賣家聚集在一起，並將資料彙整起來使它可供搜尋，ＭＬＳ增加了買賣雙方找到匹配對象的機會。

ＭＬＳ還幫助房地產經紀人為客戶提供更好的指引，協助客戶釐清哪些地方是他們實際負擔得起的社區，或者如何為他們打算出售的房屋定價。例如，藉由允許房地產經紀人輕易找出與賣家的房子類似的房產，經紀人可以幫助賣家降低房屋定價遠低於可能售價，或定價過高導致房子滯留市場好幾個月乏人問津的風險。

鑒於買賣房子在網際網路出現以前需要花費很大的力氣，ＭＬＳ的用處顯得尤為突出。從前，買家可能得花好幾個鐘頭瀏覽分類廣告尋找「待售」二字，仍然只得到ＭＬＳ可以提供的一小部分訊息。賣家可能得花大錢刊登分類廣告或其他形式的廣告，卻毫無把握可以觸及他們的目標對象。賣家還必須拜訪地政機關或仰賴很可能不準確的謠言來為他們的房子定價。這有助於說明為什麼在一九八〇年左右賣出的所有房地產當中，有超過百分之九十使用了ＭＬＳ。（雖然通常以單數形式表示，但實際上有好幾個ＭＬＳ，各自由特定地區的當地房地產經紀人擁有和控制。）

如今，這看起來或許沒什麼了不起。許多人已習慣到Zillow或Redfin等網站搜尋看似免費的房源訊息。但這些網站實際是借用並整合各地ＭＬＳ的房源訊息，而不是作為ＭＬＳ之外的另一種選擇。因此，ＭＬＳ依然是媒合買家與賣家的中堅力量，即便買賣雙方都沒有意識到這一點。

關係與重複性參與者

ＭＬＳ是房地產經紀人幫助客戶獲取寶貴資訊並完成必要聯繫工作的基石，但這絕非他們提供的唯一服務。大多數人也希望在買房之前先看看房子，房地產經紀人幫助實現了這一點。買方仲介和賣方仲介一起安排時間讓潛在買家參觀房子（賣方通常不在場），看看客廳的採光如何，或評估老屋翻新到底需要花多少功夫。這個過程通常很順利，原因之一是雙方仲介都是在人脈關係和行業規範構成的網絡中運作，面對同一個有益於促進密切合作的長期誘因。

房地產經紀人是經濟學家所說的「重複性參與者」（repeat players），他們必須一次又一次跟彼此打交道。這使關係得以形成，信任得以建立，也意味著說假話或不回電話的經紀人可能在未來受到懲罰。這降低了經紀人出現任何不良行為的可能性，進而讓客戶的搜尋過程變得更加順暢。

房地產經紀人之間的合作，因美國長期以來實行經紀人佣金拆分的做法而得到鞏固。一般而言，只有賣家正式為其房地產經紀人提供的服務支付費用，然後，賣方仲介將他收到的佣金跟買方仲介拆分。因此，買家可能覺得使用經紀人是不用花錢的，儘管事實遠非如此。在大半個二十世紀、甚至直到今天，賣家往往支付房屋售出價格的百分之五到百分之六，意味著兩方仲介各得這個金額的一半。這個結構再加上經紀人的客戶通常有買家也有賣家的事實，鞏固了鼓勵經紀人之間相互合作的經濟支柱。

支持並協助塑造這些安排的，是一個叫做全國房地產經紀人協會（National Association of Realtors，簡稱ＮＡＲ）的行業組織。若不提起ＮＡＲ，就無法了解房地產經紀人的運作方式和酬勞結構。自一九〇八年成立以來，ＮＡＲ的會員組織遍及全國，今天，超過一百五十萬名房地產經紀人加入ＮＡＲ。它在一九一三年頒布第一套「操守準則」，列出對成員的期望。ＮＡＲ定期更新這套準則，提倡房地產經紀人的證照與持續進修的規定，並控制對地方ＭＬＳ的使用。透過這些方法，NAR給了經紀人額外的誘因，讓他們繼續按照它的規範工作。大部分情況下，這對他們的客戶有利。好比說，準則提到利益衝突和坦承，使得經紀人更可能向潛在客戶提供正確資訊，說明房子可能以怎樣的價格售出，以及聘用他來協助整個過程需要花多少錢。

房地產市場的上述種種特徵——從MLS、鼓勵合作的經濟誘因，到NAR在促進房地產經紀人的合作與提升誠信上扮演的角色——都有其益處。但是，正如後續章節揭示的，它也創造了一系列機制來加深一個過度酬庸房地產經紀人的制度，並阻礙可以使房主過得更好的創新。

住房融資

幫助美國人買房的另一群中間人是銀行和其他金融中介機構，它們提供許多人所需的貸款，來購買價格遠遠高於其儲蓄的房子。房屋抵押貸款彌合了購屋者有限的儲蓄與未來收入之間的缺口，使得擁有房屋變得比原本容易許多。

取得房貸可以改變人生，這是節日經典電影《風雲人物》（*It's a Wonderful Life*）的核心精神。片中的主人翁——詹姆斯．史都華（Jimmy Stewart）飾演的喬治．貝利（George Bailey）——幫助周遭許多人。然而，他最突出的成就是經營當地的儲蓄機構——一家專門辦理房貸的銀行。作為銀行家，他幫助勤奮的社區居民購買自己的房子，而不必跟貝利的死對頭波特先生租住價格過高的貧民窟。在電影中，正如美國夢的刻板印象，取得房貸是普通老百姓負擔得起買房的唯一方法，而擁有房子則是在生活中享有一些舒適與保障的關鍵所在。房貸依舊扮演這樣的角色，幫助財務前景看好但儲蓄有限的人購買房子、避免付租金，並積極參與他們的社區[4]。

分散風險和專業知識

在新政（New Deal）實施之前，房屋貸款很難取得。十九世紀，擁有房屋的美國人大多數是百分之百的擁有者[5]。即便在那個世紀末，一般的貸款都必須在五年內完全付清，而屋主平均必須支付大約占房價百分之四十的頭期款，這讓許多人買不起房子。有限的融資管道也改變了市場上的房屋類型，以今天的標準來看，它們大多又小又擠。正如房產專家亞當．列維汀（Adam Levitin）和蘇珊．瓦赫特（Susan Wachter）所解釋的：「如果沒有抵押貸款融資，美國人會住在截然不同的劣質住宅中。」[6]

直到一九三九年，個人還持有總體未清償抵押債權的三分之一[7]。換句話說，存款人會把錢直接借給借款人。這種直接金融（direct finance）的一大壞處是，如果有人欠債不還，個體貸款人將蒙受重大損失。一部分基於這個原因，在景氣低迷的時候，例如大蕭條時期，個體貸款人往往會停止提供新的貸款。此外，他們很少借錢給社區以外的人，因而加劇了結構性不平等。這絕非理想的模式。

銀行緩解了這些挑戰。要做到這一點，他們的方式之一是將大量貸款集中起來。簡單來說，想像有一千人各存了一萬元，另外一千人各需要借一萬元。讓我們進一步假設百分之五的借款人——五十人——會拖欠債務，一毛錢也不還，不論是跟誰借的錢。假如個體存款人借錢給個體借款人，那麼每二十人就會有一人失去全部儲蓄。相較之下，假如所有存款人都把錢交給銀行，由銀行發放貸款，並將回收的錢平分給每個存款人，那麼每個人都可以拿回投資金額的百分之九十五。加上利息，存款人可以獲得相當可觀的報酬率，同時面臨低出許多的下跌風險。這就是分散化的妙處，而分散風險是從銀行到共同基金等金融中介機構長期扮演的角色。

在這種情況下，使用中間人的另一個好處是經驗。銀行可以彙整他們過去發放的所有貸款的資料，藉此建立並修正流程與標準，使他們更容易評估誰能以什麼條件獲取貸款。相形之下，大部分個體存款人完全不知道如何評估某個借款人準時還錢的可能性。

銀行遠遠不只是中間人而已。大多數存款人希望可以隨時提取他們的儲蓄，而借款人則希望得到他們可以隨時間慢慢還錢的保證。銀行吸收了這樣的期限錯配（maturity mismatch），並提供其他一系列服務。此外，銀行是中介機構也是貨幣創造者的事實，對於理解銀行在金融體系扮演的角色非常重要，不過在這裡意義不大。發放貸款時，他們不僅將資金從存款人轉移到借款人手中，更擴大了貨幣供給。儘管如此，就這裡的分析目的而言，銀行的核心作用是充當中間人，幫助克服資訊不流通和其他阻擋資金從存款人流向借款人的挑戰。

管理住房與銀行業的政策

從小羅斯福總統開始並持續至今，政府政策在促進房貸市場的成長並塑造其局面上，發揮了強大的作用。政府塑造住房金融市場的一個方式，是成立房利美（Fannie Mae）和房地美（Freddie Mac）等一系列機構，購買銀行手中的貸款。

稅收政策還透過減免來鼓勵人們辦理房貸，這些減免往往使借錢買房比借錢用於其他目的更便宜。

政府也透過管制銀行來間接塑造房貸市場。《格拉斯—史蒂格爾法案》（Glass-Steagall Act）禁止接受存款的銀行（如商業銀行和儲蓄機構）同時從事投資銀行業務，其他法律則限制銀行和儲蓄機構開設分行的能力。這些法律共同造就了許多小型銀行專注於服務地方社區的環境；銀行吸納當地鄉親的存款，向同一群人發放貸款。《風雲人物》一九四六年上映時，許多銀行的確酷似喬治・貝利經營的儲蓄銀行。

有一段時間，這些措施效果良好。銀行系統穩定，房屋自有率從一九四〇年的百分之四十四上升到一九七〇年的百分之六十三[8]。然而，儘管這套制度在許多方面奏效，它也有一些重大缺點。核心挑戰來自於銀行以短期財源（即存款）為長期的房屋貸款提供資金的事實，除了其他困難，這也讓銀行面臨重大的利率風險。了解這些動態及它們如何引發儲貸危機（savings and loan crisis）——一場導致上千家儲蓄機構在一九八〇年代和一九九〇年代初期倒閉的災難——有助於解釋為什麼證券化（securitization）做為下一代中介模式的興起，似乎是一件好事。

儲貸危機的根源，在於一九七〇年代末開始的利率飆升。隨著利率上升及更高報酬率的存款替代品（如貨幣市場共同基金）大量湧現，銀行和儲蓄機構不得不大幅提高利率來留住存款——它們的主要資金來源。與此同時，在資產負債表的資產面，銀行持有大量的固定利率房屋貸款，這些貸款是多年以前、利率低得多的時候設定的。最終結果是，就連謹慎審批貸款的儲蓄機構都面臨嚴重的財務壓力。由於國會和監管機關決定放鬆管制、允許體質較弱的銀行和儲蓄機構進一步冒險，情況因而加劇，形成納稅人最終不得不收拾善後的一個巨大爛攤子。[9]

在這種背景下，證券化似乎是一項有益的創新，它能使銀行移除資產負債表上的長期貸款，降低利率變化帶來的風險。因此，證券化似乎是建立一個更安全、更有韌性的銀行體系的關鍵——一個可以放心把存款交給他們，並持續在人們想買房時發放貸款的銀行體系。

從依賴單一中間人到複雜的中介鏈

證券化背後的核心理念是為了促成專業化，透過大量發放住房貸款，銀行已成了審核房貸的專家。但正如儲貸危機顯示的，那並不意味他們最有能力承擔持有那些貸款導致的相關風險。與此同時，有其他許多投資客希望分散他們的投資組合，卻不知道如何發起貸款，也沒有別的方法可以輕鬆地投資於房地產。證券化讓退休基金這類投資者得以投資於住房貸款，而不必捲入審核貸款或與借款人接洽等工作。雖然一開始是政府的一項創新，也是房利美和房地美協助促進銀行發放貸款的核心方式，但私人的證券化交易也開始蔓延。

理論上，這樣的安排對所有參與者都有利，銀行可以透過做自己最擅長的事——房屋貸款的審核與服務——來賺取費用；投資人可以藉由增加新的投資型態來降低整體投資組合的風險。而且，這兩種動態應該都有助於準屋主更容易取得條件更優惠的貸款[10]。也有一些證據支持這一點，例如，紐約聯邦準備銀行兩名經濟學家二〇一五年的一項研究顯示，在銀行很難將抵押貸款證券化的時期，銀行發放長期固定利率貸款的意願要低得多[11]。這一點很重要，因為這正是存款有限且所得不高的人買房時所需的那種貸款。

顯而易見的是，證券化也帶來了挑戰。其一是需要確保銀行在發放新貸款時持續以負責任的態度行事。為此，銀行通常必須做出許多關於貸款審批步驟的承諾。如果撒謊，他們可能被迫買回貸款。將貸款的發放與所有權分割開來的另一項挑戰，在於決定誰應該接洽借款人、收取還款，並在屋主停止還款時跟進追討，專門提供這類服務的服務商——通常是貸款銀行的附屬機構——便應運而生。

證券化促成專業化的另一個方式是分攤資訊負擔，大多數的不動產貸款抵押證券（mortgage-backed security，簡稱MBS）架構——證券化將抵押貸款轉化為投資的機制——都會發行許多不同風險級別的MBS分券（tranche）。最高等的分券（通常由第三方評級機構給予AAA評等）最保險，但利率最低。同時，透過詳細的瀑布條款（waterfall provision），較低檔的分券同意多多承擔標的貸款的信用與利率風險，換取較高的收益。

在瓜分標的貸款現金流的過程中，這些條款也為不同MBS檔次的持有人帶來不同類型的資訊負擔。好比說，對於購買AAA級MBS的投資者來說，少做一點盡職調查通常是合理的，因為瀑布結構提供的保護措施，使他們免於受標的貸款在信用品質和違約率上的些微變化所影響。在一篇頗具影響力的論文中，經濟學家蓋瑞・戈頓（Gary Gorton）和喬治・彭納齊（George Pennacchi）解釋分攤資訊負擔如何成為證券化創造價值的核心，那是因為投資者願意溢價購買違約風險極低的投資工具，好讓他們不需要認真執行盡職調查就可以輕易買賣這些工具[12]。這與中間人和其他中介機構在緩解資訊挑戰上所扮演的一般角色是一致的，但是完成的方式極其不同。

證券化表面上的好處，再加上政府政策及政府資助的企業在證券化扮演的核心角色，有助於解釋為什麼證券化在一九七〇年代末和一九八〇年代初利率飆升之後開始起飛。一九八〇年，只有略高於十分之一的抵押貸款後來被證券化；大多數抵押貸款還留在發起銀行的資產負債表上。到了二〇〇〇年代中期，超過一半的抵押貸款被發起銀行賣掉，然後置於某種證券化架構中[13]。

然而，隨著時間過去，銀行不滿足於僅僅複製過去的成功經驗。相反地，它們開始設計新的分券類型，導致更加複雜的MBS。它們也開始創造第二層的證券化工具，將MBS和其他證券化資產打包起來成為新的證券化工具，發行新的投資商品，一般稱為擔保債權憑證（collateralized debt obligation，簡稱CDO）。同樣地，這個模式奏效了，至少在紙面上如此。只要標的資產確實多樣化，證券化和分券化就可以透過將標的風險重新分配給更高收益、更高風險、對資訊高度敏感的工具，從風險較高的資產中產生對資訊不敏感的AAA級投資工具。

壞事和醜事之前的好事

證券化是一個例子，說明那些似乎有助於解釋中間商崛起的相同趨勢（例如設法運用專業化帶來的效率），往往也導致中間商出現許多層次。在證券化之前，資金從儲戶流動到銀行再流動到借款人，兩端之間只有一個節點。而且，這個節點——銀行——與兩邊都有長期的關係。在二十世紀大部分時間裡控制著美國版圖的小型銀行和銀行家，非常了解他們的客戶。證券化導致借款人與儲蓄者之間出現許多節點，許多「儲蓄者」並非個人而是中間商——為另一層受益人進行投資的退休基金和其他資產管理人——的事實，更加劇了多節點的現象。

除了導致更長、更複雜的資本供應鏈之外，證券化還促成更多的跨境資本流動。在這裡，那意味著海外儲蓄透過證券化工具和其他結構流向美國購屋者。美元仍是全球默認的貨幣，以美元計價的資產往往有很大的需求。許多國家的法規和有限的國內投資機會往往導致需求更形旺盛，因此，在二〇〇〇年代，全球各地許多投資者（例如歐洲的銀行）便開始購買以美國房貸為基礎的ＡＡＡ級ＭＢＳ。

當時，這些發展看起來是良性的，甚至是有益的。至少在理論上，能夠從那麼多新的資本池汲取資金，應該有助於降低美國人買房的融資成本。而且，一些證據顯示，證券化可能發揮讓更多美國人實現購屋夢想的作用。隨著證券化架構在一九九〇年代和二〇〇〇年代的普及，停滯了數十年的房屋自有率再次開始上升。一九九四年，百分之六十四的美國人擁有自己的房子，比例大致和一九七〇年相同[14]；到了十年後的二〇〇四年，百分之六十九的美國人擁有自己的房子，創下了歷史紀錄。

在美國，一直遠遠落後於白人房屋自有率的少數族裔房屋自有率，甚至出現了更快速成長。一九九四年，僅僅百分之四十一的西班牙裔家庭和百分之四十二的黑人家庭擁有自己的房子；到了二〇〇四年，百分之五十的西班牙裔家庭和百分之四十九的黑人家庭居住在自己名下的住處[15]。這些數字仍然遠遜於白人的房屋自有率，但比起一九八〇和一九九〇年代，其間的差距已明顯縮小。情況已有了改善，而漫長且複雜的證券化鏈似乎為此一進展注入動力。

正如中間人經濟常有的情況，表象並不可靠。銀行借助透過證券化將貸款從資產負債表上移除的能力，在幫助我們大多數人取得買房所需的信貸上發揮了重大作用。但正如二〇〇八年的事件所揭示的，這些中介機制也存在根深柢固的缺陷，引發遠遠超出當時任何人所能想像的傷害。

第五章 中間人背後的中間人

如果你信步走到你們家附近的沃爾瑪挑選嬰兒禮物，你很可能會找到一本毛茸茸的 Peek-A-Boo 躲貓貓遊戲書、一張五顏六色的 Tummy Time 俯臥墊，以及其他 Sassy 商品。Sassy 是領先的嬰幼兒用品供應商皇家工藝（Crown Crafts）旗下的三大品牌之一，該公司每年賣出兩千四百萬條嬰兒圍兜，相當於賣出六條以上的圍兜給每一個在美國出生的嬰兒；它還銷售嬰幼兒的床上用品、包巾、拍嗝巾、連帽浴巾、換尿布墊、鴨嘴杯、磨牙玩具、房間裝飾品和一大堆玩具[1]。儘管如此，該公司只有一百三十一名員工[2]。

人員之所以可以如此精簡，是因為雖然該公司每年向沃爾瑪、亞馬遜、塔吉特和其他零售中間商銷售數百萬件商品，但該公司實際上並不生產其中任何一件。相反地，它銷售的大部分商品都產自中國，由不受僱於皇家工藝的人員、在皇家工藝並不擁有也不控制的工廠裡製造。皇家工藝在中國的官方實體面積只有兩千平方英尺，相當於美國一間獨棟房子的大小。

情況並非向來如此。在皇冠工藝一九五七年創立之際到後來的三十年裡，該公司大部分生產工作都在喬治亞州完成。在那段期間，它從該地區眾多小型但盈利的紡織公司之一，成長為首屈一指的天鵝絨與床上用品製造商[3]，它還收購了丘吉爾紡織廠（Churchill Weavers）——歷史甚至更悠久的一家公司。丘吉爾紡織的總部設在肯塔基的伯里亞（Berea），這裡是以手工藝品聞名的阿帕契地區；該公司是最早以商業規模生產手工紡織品的美國公司之一[4]。「一九二二年以來的手工編造傳統」是它的格言，它的建築物如今已列入國家史蹟名錄。

事情在本世紀初開始出現轉變。二〇〇〇年，皇冠工藝賣掉它在喬治亞州的所有製造設備[5]，然後在二〇〇七年，皇冠工藝決定也關掉丘吉爾的一切營運，這是皇冠工藝美國製造業務的結束[6]。

原因很簡單。正如丘吉爾的地方負責人承認的：「由於全球採購已成大勢所趨……我們不再擁有足夠業務量來維持這裡的整體營運。」[7]但那並未減輕關廠帶來的痛苦。「人們深受打擊」，她解釋道。當地居民以丘吉爾紡織廠為榮，它的關閉剝奪了社區的驕傲，帶走良好的就業機會，並減少地方稅收。在她看來，「那是伯里亞和肯塔基州的重大損失」。

皇冠工藝現在是一家中間商，它是另一家中間商背後及另外一家中間商前面的中間商。皇冠工藝實際上不製造它販賣的玩具、毯子和圍兜，從這層意義上來說，該公司不生產任何東西，但這並不意味著它什麼事也不做。例如，藉由提出設計，皇冠工藝扮演的角色不僅僅在於克服交易障礙，和當今許多中間商一樣，它所做的不只是中介而已。然而，皇冠工藝也是一家中間商，它將生產 Sassy 牌商品的中國工廠和美國零售業者聯繫起來，它負責將貨物從一地運往另一地，通常以加州的巨型倉庫為中繼站。它安排運輸、藉由對商品品質負責來克服資訊不對等的問題，並且就數量與偏好和雙方進行溝通。將現在的皇冠工藝與往年在喬治亞與肯塔基等地的自營工廠生產自家商品的皇冠工藝相比，可以清楚看出該公司如何朝中間商的方向演化，漸漸減少製造商的角色。

皇冠工藝的故事很重要，因為它不僅僅是一家公司的故事。它體現了自丘吉爾與皇家工藝六十多年前成立以來的經濟變化，反映出超專業化及薄弱的全球供應鏈的興起，以及巨型中間商在這兩方面所起的作用。

今天，典型的製造過程涉及多出許多的參與者，每個參與者對整體製造過程的貢獻都小得多，但他們的行動規模卻大得多。棉花農場專門種植棉花；紗廠將原棉變成紗線；紡織廠將紗線變成布料，或許還改變其顏色；其他工廠則進行縫紉與裝飾，將大匹布料轉變成《冰雪奇緣》主題的床上用品（皇冠工藝的另一項商品）；接著，皇冠工藝這類公司進口這些床上用品，將它們從中國工廠轉移到位於明尼蘇達州德盧斯（Duluth）的沃爾瑪，小朋友的爸爸媽媽在那裡付錢，把它們帶回家。這就是中間人經濟的運作方式，一個節點接著一個節點，每個節點都在它最有成本競爭力的方面做出一點貢獻，直到整個製造概念被分解得如此零散，以至於沒有一家公司，遑論個人，可以聲稱自己是任何一件成品的製造者。

人們隨時可以在全國各地的沃爾瑪買到 Sassy 牌俯臥墊和遊戲書的事實，有助於說明皇冠工藝為什麼從一家棉被製造商演變成一個只做一點點設計工作的中間商。沃爾瑪不只是皇冠工藝的一個客戶，更是它的最大客戶。過去幾年裡，皇冠工藝每賣出十件商品，賣給沃爾瑪的就超過四件。皇冠工藝需要沃爾瑪，而正如我們所了解的，要抓住沃爾瑪這個客戶，關鍵就是不斷降價。

早期，降價的壓力可能帶來真正可以創造價值的改變，例如刪減多餘的行政流程。但皇冠工藝跟沃爾瑪做生意已經很長一段時間了，任何一家公司的營運只能精簡到一定程度。為了持續銷售給沃爾瑪及皇冠工藝的第二大客戶亞馬遜，皇冠工藝需要大量生產非常便宜的商品。放棄美國的製造業務，仰賴其他國家的其他公司生產它所銷售的商品，對於實現這一點而言至關重要。

皇冠工藝從製造商到中間商的演變，不僅發生在沃爾瑪與亞馬遜改變零售業格局的同一時期；它與這項轉變密不可分。本章顯示巨型中間商與冗長的供應鏈——中間人經濟的兩大特色——往往是一體的兩面，兩者彼此支撐並互相汲取動力，從而導致甚至更大的中間商，以及更長、更複雜的供應鏈。商品的生產和資金的流動都是如此，了解這些趨勢的形成原因與方式，以及它們變得多麼普及，是了解當今經濟真正運作方式的關鍵所在。

商品的製造方法與地點

「專業化」指的是發展出專精於某一特定領域所需工具與能力的過程，提高專業化程度——不論公司、個人或身體部位——往往是以犧牲通才的廣博或靈活性為代價。我們已經看過追求專業化的一些例子，包括我的表姨蘿拉的農場，以及證券化改造金融市場的方式。

早在一七七六年，亞當・斯密（Adam Smith）就在他的經典著作《國富論》（*The Wealth of Nations*）中說明專業化的力量。斯密觀察到，製針廠每個工人產出的扣針，比製造相同產品的工匠多得多。原因是：「一人抽出鐵線，另一人拉直，第三人裁切，第四人削尖鐵線的一端，第五人磨另一端以便裝上圓頭……」[8] 讓每個人或機器只做一件事，而且做得又快又好，這樣就能在一定的努力、原料和其他必要投入下，提高相對的產出，這就是專業化提高生產力的方式。

亨利・福特（Henry Ford）以發揮專業化的力量而聞名。一九一三年，他推出全世界第一條裝配流水線。當一輛輛汽車沿著流水線移動，每個工人一遍又一遍地重複裝上另一個零件或完成另一項任務，周而復始。這套流程使一群工人可以快速地生產更多汽車，比過去兩到三人一組共同拼裝一輛汽車的舊流程要快得多[9]。但它也改變了工作的性質，往往降低勞動者從工作中得到的精神滿足。

更精密的專業分工是工業革命的核心，也是工業化如何提高生產力的核心。然而，可能的專業化程度及隨之而來的規模，被第二項趨勢——生產投入與貨物日益增加的流動性——所改變。今天，大約百分之六十的商品與服務都跨越國境流動[10]。

經濟學家理查德・鮑德溫（Richard Baldwin）指出，廣義的「全球化」底下至少有兩種不同的模式[11]。在第一波浪潮中，降低貨物海陸運輸成本的創新，讓一個國家的消費者愈來愈有能力購買另一個國家製造的商品。在始於一九八〇年代的第二波浪潮中，資訊科技與通訊技術的長足進步促成一種新型的全球體系。其中，製造業不僅從一個國家轉移到另一個國家，更分散到許多個司法管轄區。通訊愈容易、愈便宜，依靠多階段、多節點的流程來製造單一成品的做法就變得愈來愈可行。

話題回到福特工廠。直到一九五〇年代，整個北美洲四分之三的汽車零件都是在密西根州境內或附近製造的[12]；到了二〇〇五年，密西根州的製造商僅生產北美汽車零件的四分之一。讓中介變得容易的創新，降低鄰近性的價值、擴大了競爭場域，並改變商品的製造方式。

如果沒有中間商，這一切都不可能發生。每當一個環節從整體流程中分解出來，就會產生一個缺口，於是就需要一個新的中間商，或讓某家公司在一定程度上成為中間商。十九世紀，當蒸汽引擎降低穿越實際距離的成本，情況就是如此。二十世紀末，當資訊科技讓人們更容易克服資訊不對等，情況更是如此。當蒸氣與光纖讓中介變得容易，經濟中的中介量也隨之增加*。（原註：往往由中間商自己推動的政府政策，也是這些發展的關鍵。例如，由於中國在二〇〇一年加入世界貿易組織，皇冠工藝將製造業務轉移到中國的行動也變得容易許多。）

最終結果是：更多的中介、更多中間商、更多公司——至少在一定程度上——成了中間商。這就是中間人經濟。大量中間人，既媒合又隔離，並在過程中改變世界各地人們的生活與工作方式。

金融的全球化與專業化

出於類似原因，金融業也歷經了類似的變化。近在一九八〇年，全美還有超過一萬八千家銀行[13]，其中許多是像電影中喬治·貝利經營的那種小型社區組織。這些銀行是中間商，但它們創造的資金鏈非常短，流經這些銀行的資金大多來自當地儲戶，然後流向當地的借款人。一般認為社區銀行經營人情與軟資訊的方法，與大銀行的運作方式有著根本性的不同；這個觀念得到經驗證據的支持。例如，傳統上，小企業業主比較容易從當地的社區銀行取得貸款，一部分是因為這些銀行相信，假如企業成功，銀行將會獲得長期的顧客[14]。小銀行著眼於長遠的未來。

然而，這些小型銀行很快就被甩在後頭。到了二〇〇五年，銀行數量減少一半以上，只剩六千五百家。與此同時，最大型銀行的規模愈來愈大，重要性也與日俱增。一九六〇年，十家最大的銀行只控制所有銀行資產的五分之一[15]；到了二〇一九年，僅僅四家銀行——摩根大通（JPMorgan Chase）、花旗集團（Citigroup）、美國銀行（Bank of America）和富國銀行（Wells Fargo）——就掌控了全美銀行資產的一半[16]。銀行集中度的大幅提高（導致銀行數量銳減、少數幾家巨型銀行宰制大部分市場）與證券化同時發生，也促成證券化的興起。正如小型銀行專精於關係，大銀行專精於數據、模型和標準化——這些是促使證券化與其他創新得到更廣泛使用的關鍵元素，從而導致資金在更長的供應鏈中流動。

正如貨物的供應鏈已全球化，資本流動的供應鏈也是如此。例如，到二〇〇七年，花旗集團已向美國以外四十三個國家的消費者發行超過三千萬張信用卡[17]，它還服務遍布二十五個國家的五千兩百萬個銀行帳戶，並為一百多個國家的組織提供金融服務。像花旗集團這樣的中間商，應該更準確地被理解為一個盤根錯節、層層疊疊的中間商網絡，而不是一個單一實體，它也體現了把公司（法人）當成真人對待的危險。當試圖評估相關供應鏈，也就是貨物或資金流動的曲折過程，一家公司的內部實際上可能存在許多層類似中間商的層次。

銀行與資本流動也變得愈來愈全球化，德國工業銀行ＩＫＢ的演變很有啟發意義。該銀行創立於一九二四年，總部設在僅有六十多萬人口、位於萊茵河與杜塞爾河交匯處的杜塞道夫（Düsseldorf）。在其歷史的大部分時間裡，ＩＫＢ都是從周圍地區的居民收取存款，然後用這些資金向德國的中小企業放款[18]。二〇〇〇年代，ＩＫＢ開始調整策略，它不再專注於發放貸款以幫助當地企業與家庭，而是開始購買第四章所述由美國住房貸款擔保的ＭＢＳ和ＣＤＯ。隨著資產負債表的資產面因為這些美元資產而擴張，它認為也應該開始以美元舉債為其活動融資。於是，它開始發行以美元計價的商業票據，結果就是出現一家如今向美國房貸市場提供資金的德國銀行，儘管這些資金往往至少流經一個、甚至兩個證券化架構；同一家德國銀行以商業票據為自己籌措資金，而這些商業票據最後往往進入貨幣市場共同基金，為美國人民和機構提供存款之外的另一種選擇。

和皇冠工藝一樣，IKB體現了一個更廣泛的趨勢。在這段期間，許多歐洲銀行都在資產負債表的兩端增加以美元計價的資產與債務，許多亞洲金融機構最近也做出類似決定。例如，二〇二〇年，一家傳統上為稻農提供服務的日本銀行，因持有赫茲（Hertz）等最終破產的美國大公司的債務而損失了三十七億美元[19]。正如零售供應鏈，價格——理論上反映經風險調整的報酬率（risk-adjusted return）——決定資金在全球流動的來源與去向。如果價格準確，這些機制可以幫助資金流向機會最多的地方，但在這個過程中，資金可能會遠離它的來源，而且往往流經愈來愈長而複雜的供應鏈。

將焦點從銀行業轉向資本市場，也可以看出類似趨勢——愈來愈長、愈來愈複雜的資本供應鏈，以及非常強大、非常龐大的中間商。傳統上，在美國，持有上市公司股票的人，大多直接擁有他們的股票。一九五〇年，美國上市公司的所有流通股中，只有百分之六點一由退休基金和共同基金等機構持有，其餘皆由個人持有[20]。

在那之後，局面發生了巨大變化。到了二〇〇九年，超過半數的上市公司股票由機構持有，而在前一千大的上市公司中，這個數字更高達百分之七十。因此，原本存在於個人投資者和企業之間的直接關係，如今被中間人將兩端切開的結構所取代。這項改變帶來權力結構的其他改變，當個人直接持有公司股票，他們得以投票決定董事會成員和其他事項。當共同基金和其他資產管理人代表投資人持有股票，行使投票權及伴隨股票擁有權而來的其他權利的，是這些中間人。

在這種情況下，中間人常常不只一個，而是有許多層中間人。例如，大多數退休基金——匯集退休人士的資源並代表他們進行投資的中間人——往往透過其他中間人進行投資，例如共同基金、ETF（指數股票型基金）、創投基金、對沖基金和私募股權基金，甚至還有為這個鏈條多加了一層的「組合型基金」（funds of funds）。例如，二〇一六年底，在投資於私募股權基金的資金中，有超過三千八百億美元流經組合型基金[21]。因此，一名銀髮族可能把錢放在退休基金（一號中間人），該基金將部分資金投資於組合型基金（二號中間人），後者再將資金分配到各種私募股權基金（三號中間人），在受益人與公司之間創造三個層級。更複雜的是，流經各個節點的資金跟其他投資人和其他中間商的資金混在一起，形成一個有著共同風險、唇齒相依的網絡。

集中也是這個領域的一個問題。儘管市場上大約有八千家共同基金公司，但在二〇一八年第一季季末，僅僅四家公司——貝萊德（BlackRock）、先鋒領航（Vanguard）、道富（State Street）和富達（Fidelity）——就掌握了超過百分之二十七的管理資產總額[22]。其中，貝萊德的規模最大，管理著超過六兆美元的別人的錢[23]。退後一步，我們可以看到在銀行業與資本市場，金融的演變與商品製造和銷售方式的演變有許多相似之處。在這兩個領域中，透過專業化、規模和跨境流動的推波助瀾，巨型中間人的崛起與漫長的供應鏈互為表裡，相輔相成。結果就是愈來愈大的中間人，以及愈來愈長、愈來愈複雜的供應鏈。

而且，正如嬰兒用品的製造與銷售，涉及其中的中間人既媒合又隔離。投資人可以接觸更多不同的投資選項，借款人則可以從不同的資本池汲取資金，但在愈來愈倚賴中間人的過程中，儲戶和借款人之間愈來愈隔絕。老練的中間人促進資金的流動，同時也豎起新的邊界。正如後續章節所揭示的，這不僅為歐洲和亞洲銀行在它們從未真正了解的美國投資上慘遭虧損埋下了伏筆，也削弱整個體系的韌性。

生活在當今的中間人經濟

本章的主要作用，在於顯示強大的中間商和複雜供應鏈的興起是定律，而不是例外，這兩個深深交錯的現象是當今經濟的標誌性特徵。儘管中間人的崛起及中介的普及，經常在以全球化、規模和其他特徵為架構的討論中被略而不提，但它們一直處於經濟實際運作方式的變化核心。本書的下一部揭示我們為什麼需要為中間商的強大及深植於當今供應鏈的複雜程度感到憂心。然而，繼續往下說之前，不妨先看看這些新經濟結構如何對我們所有人產生方方面面的影響，以便建立更完整的大局觀。

很明確的一點是，今天的人有更多管道以更低的價格取得更多的商品。根據一項估計，一九六〇年，一般美國人大約將收入的百分之十花在衣服和鞋子上，平均換來二十五件衣物；到了二〇一三年，一般美國人的服裝開銷要低得多（僅占收入的百分之三點五），得到的卻更多（大約七十件衣物）[24]。食品價格也大幅下降，對於美國家庭，食物支出占所得的比例從一九〇〇年的百分之四十三，降到二〇〇三年的百分之十三。儘管美國人在飲食上的支出有愈來愈高比例花在餐館和外賣上，但對大多數家庭來說，食物支出占所得的比例今天甚至更低[25]。

這些趨勢體現了美國人和其他消費者過去一世紀以來享受到的成本下滑。

融資與投資的管道也都增加了，正如第四章所述，隨著愈來愈多銀行和其他抵押貸款發行人可以將貸款賣給證券化架構，愈來愈多美國人取得房貸、買了房子。把存款拿去投資也變得前所未有地容易，共同基金和指數股票型基金為投資人提供建立多元資產組合的簡便方法。而對於那些想要買賣個股的投資人來說，手續費變低——有時甚至降到零——交易速度卻變快了[26]，而且和零售購物一樣，只需要在家裡的電腦上點擊幾下就可以完成大部分交易。

將製造與消費分隔開來的過程，也在經濟上造福了當今生產服裝、鞋類與其他商品的主要國家的工人，這些趨勢在中國表現得最為明顯。皇冠工藝已將生產大舉外包到了中國，皇冠工藝銷售紡織成品（床上用品和嬰兒圍兜）和塑膠製品（它的大部分玩具），而在這兩者上，中國都是全球首屈一指的生產與外銷大國。二〇一九年，中國的紡織品出口額高達一千兩百億美元，比整個歐盟、印度、美國和土耳其——僅次於中國的幾個主要紡織品出口國——加起來還多[27]。在二〇一八年生產的三千五百九十億噸塑膠製品中，中國的產量也占了其中三成[28]。這有助於解釋，中國的國內生產毛額如何在一九七九年到二〇一八年期間以平均百分之九點五的速度成長，遠遠超過其他任何國家[29]。一九九一年到二〇〇七年間，美國從中國進口的總額成長百分之一千一百，顯示這些趨勢也大幅改變美國人如今購買的商品的原產地[30]。

然而，人們往往以其他方式為他們如今作為消費者所享受的低價買單。好比說，隨著美國人購買更多衣物，這些衣物在美國製造的比例，從一九六〇年的百分之九十五左右直線下降到二〇一三年的僅僅百分之二。研究顯示，來自中國的競爭特別對美國製造業的就業機會造成明顯的負面影響，並導致仍在製造業工作的美國人工資下跌[31]。皇冠工藝無非只是一個更廣泛趨勢的例子之一。

泰麗・葛雷姆（Terri Graham）親身經歷這個新世界秩序的痛苦現實。遭到裁員時，她已經在伊利諾州皮奧里亞（Peoria）的尼爾遜（L.R. Nelson）草坪灑水器公司工作了八年；她是二〇〇五年被一舉解僱的八十名工廠工人之一。尼爾遜的總裁大衛・艾靈頓（David Eglinton）直陳原因：沃爾瑪。按照艾靈頓的說法，沃爾瑪的高層表示，儘管他們很樂意購買美國製造的商品，但是「成本差異如此巨大，他們告訴我們，除非我們從中國供貨，否則沒辦法做生意」[32]。面對在失去公司最大客戶和從製造商演變為中間商之間的抉擇，該公司選擇了後面這條路，這是皇冠工藝在大約同一時間做出的相同選擇。沃爾瑪贏了；泰麗和她在生產線上的同仁們輸了。

巨型金融中介機構和漫長資本供應鏈的發展，也會影響人們的日常生活。舉例來說，隨著標準化指標取代放款決策中的人情與軟知識，貸款過程發生了變化，借款人和放款人之間的關係也發生變化。這使借款人在遭遇突發狀況時，更難在貸款條款中找到寬限餘地，儘管這樣的彈性事實上可以增加貸款的價值。正如我們將看到的，這不僅會傷害借款人，也會傷害他們居住的社區。

轉而思考中間人經濟的興起如何影響人們的生活肌理，也揭示了近幾十年來主導政府政策的經濟視角所固有的侷限性。亞當・斯密製針廠第九號作業員的生活，迥異於製作扣針的工匠所過的生活。如同亞馬遜眾多員工令人難以置信的高流動率與低滿意度所反映的，作為中間人或者為中間商工作，得到的回報可能比作為第九號製針專員還低[33]。中間人經濟的興起，意味著更多人成為中間人或者為中間商工作，也代表愈來愈多人成為專才，通才變得愈來愈少。同時象徵愈來愈多人不僅要聽從上司的命令，還要聽從來自海外的命令。這導致消費者脫節、不清楚情況，即便想要做出不同選擇也沒有太多自由；且工作的性質、消費的本質及社會的結構無不發生了變化。

第　三　部

黑暗面

第六章 中間人究竟為誰服務？

關於中間人經濟的興起，一項理論認為它之所以能站穩腳跟，主要是因為它有益於民眾，起碼從人們作為消費者和投資人的角度來看。例如，沃爾瑪理應幫助人們花比較少的錢買到他們想要且需要的商品；亞馬遜理應幫助人們更容易在他們想要的時候得到他們想要的東西。單獨看任何一筆交易，這兩項承諾似乎都兌現了。沃爾瑪確實收取低價；只須點擊一個按鍵，亞馬遜確實會非常快速地送來各式各樣的商品。

然而，現代人似乎並未享受到節省金錢與時間照理應該帶來的額外財富與閒暇。如今美國人在食物與衣服上的開支，確實遠比他們的祖父母在同樣商品上的花費來得更少。然而，這幾乎無益於提高一般美國家庭的經濟保障。聯邦準備理事會（Federal Reserve Board of Governors）經常被引用的一項二〇一八年的調查發現，只有百分之六十一的美國人可以在不舉債的情況下支付四百美元的緊急開支[1]。另一項調查發現，只有百分之四十一的美國人可以從儲蓄中調出一千美元應急[2]。

將目光從家庭可以迅速調度的現金數額轉移到他們的淨資產，整體情況看起來並沒有比較好。一九八三年，中等家庭（即中位數美國家庭）的淨資產為八萬兩千九百美元[3]。二〇一三年，過了三十年，在中間人經濟的全部利益理應實現之後，該數字為八萬七千八百美元，幾乎沒有提高多少。不可否認，在這兩個時間點之間，財富的中位數主要曾因二〇〇〇年代中期的房市泡沫而大幅上揚，但這已被房價的修正及二〇〇八年金融危機帶來的經濟衰退抹平了[4]。新冠疫情造成的生活型態轉變，再加上資產價格上漲，再度讓許多美國人提高他們的淨資產，但那些收益也可能被證明只是曇花一現，而且分配極度不均。

在《狼在門外：經濟不安全感的威脅與應對之道》（*The Wolf at the Door: The Menace of Economic Insecurity and How to Fight It*，暫譯）一書中，麥可．格拉茨（Michael Graetz）與伊恩．夏皮羅（Ian Shapiro）兩位教授表示經濟不安全感已成了美國中產階級的常態，並大力助長政治的兩極分化和「為許多民粹主義議程提供養分的本土主義、種族主義和部落主義」[5]。如果沃爾瑪真的如同環球透視在沃爾瑪授意之下進行的研究似乎顯示的，每年為一般美國家庭「節省」了兩千五百美元，那麼顯示財務脆弱性普遍存在的證據引來了一個問題，那就是這些所謂的節省都去了哪裡[6]。

皮尤研究中心（Pew Research Center）的數據也讓人懷疑中間商照理帶來的種種便利，是否真能轉化為更多閒暇與自由。二〇一八年的一項研究發現，百分之六十的成年人有時覺得自己忙到無法享受現代生活[7]；在另一項研究中，超過半數的成年人表示他們常常試圖同時做兩件或更多事情。雖然很多原因可以讓人們感到忙碌，而且有些人或許很享受斜槓人生，但可以肯定的是，中介並未讓普通美國人的日子感到寬鬆。

將焦點轉到金融業，進一步顯示有些事情不太對勁。一方面，許多研究發現強勁的金融業有助於經濟成長——銀行、投資銀行和其他中間商可以幫助創業家和企業取得成長所需的資金，從而促進整體經濟。另一方面，近期的研究顯示，當金融體系相對於經濟變得過於龐大，關係就會出現反轉；金融業相對規模的進一步成長，與經濟成長率隨後的下降有關[8]。美國很早就過了最佳點，很可能是金融業過於龐大的國家之一。

在另一項研究中，兩位哈佛經濟學家深入分析美國金融業的異常快速成長；該行業占美國GDP的比例，從一九五〇年的僅百分之二點八激增到二〇〇六年的百分之八點三。他們發現，一九八〇年以後的大部分成長完全歸因於兩項變化——更高的家庭信貸額度及資產管理的成長[9]。然而，這些變化是否讓社會變得更好，或者只是肥了金融中間商的私囊，仍然存在很大的爭議。好比說，取得貸款可以幫助家庭買房並追求寶貴的教育機會，但債務也可能成為減損幸福感並限制個人自由與職業自由的一種負擔。其他著名經濟學家則認為，這種債務增長現象只不過是超級富豪將多餘儲蓄注入金融資產的一種機制，對改善社會狀況沒有太大幫助[10]。

在另一項頗具影響力的研究中，紐約大學經濟學家湯瑪斯・菲利彭（Thomas Philippon）試圖弄清楚，鑒於資訊科技的巨大變化，金融中介過程究竟改進了多少。ＩＴ的進步應該使橫亙在儲蓄者與投資項目之間的資訊障礙變得更容易克服，因而降低金融中介的成本。不過，菲利彭並未看到中介成本下降。相反地，他檢驗從一八八〇年以來的數據，發現儘管科技日新月異，金融中介的成本始終相當穩定，一個多世紀以來只有些微波動[11]。

由於金融體系發揮著許多功能，沒有任何一項研究能支持金融中間商究竟是提高或是削弱了經濟活力的廣泛結論。但結合種種研究來看，不免令人懷疑中間人經濟是否提供它理應提供的好處。這些研究顯示，即使中間人和錯綜複雜的中介制度創造了價值，中間人也非常善於將他們創造的大部分價值（以及他們並未創造的一些價值）放進自己的口袋。這一部將證明，「中間人經濟」不僅僅是一個擁有大型中間商的經濟，它也是一個往往犧牲中間商理應服務的對象來令中間商致富的經濟。

回頭看看沃爾瑪

當我為了替感恩節週末補貨而踏上那趟命定的沃爾瑪之旅，我成功地一口氣買到各種雜貨和一把嬰兒搖椅，但我也買了我走進店門時原本沒打算購買的其他許多東西。後來，當我把一個袋子又一個袋子放進我們的旅行車，我迷惘不已，我剛剛到底幹了什麼？

尋找嬰兒搖椅的途中，我經過童裝區，注意到我的大女兒會喜歡的一件紫色花洋裝，只要五塊錢，我把它扔進購物車。然後我看到一些髮圈，想起她一直要求我幫她綁辮子，所以我也把它們扔進購物車。一開始，這樣似乎很好玩。

但我並沒有在樂趣開始減退時停下來，我繼續血拚，一路逛過童裝區、嬰兒用品區、雜貨區，以及更多。我經常因為找不到想要的東西而感到挫折，但在尋找那些品項的過程中，我不斷發現划算到似乎不容錯過的交易。「有機的梅子嬰兒食品，每包只要一塊錢。」我想：「好的，謝謝……火雞圖案的餐巾紙？通常不是我的風格，但也許可以增添過節氣氛，而且只要二塊九毛九，何樂而不為？……噢，薑餅屋，價錢比我自己烤的成本還低得多！」於是就這樣買買買，然後繼續買下去。

即便當我試圖抗拒誘惑，我也經常發現自己陷入內心交戰：「也許我應該提前為耶誕節購物？席拉會喜歡這套黏土烘焙組，我可以給艾喜買幾件新的連身衣……不，艾喜可以穿姊姊傳下來的連身衣，而且現在為耶誕節購物實在太早了……」

經常到同一家沃爾瑪購物的人或許比我更有效率，希望也比我更精明。但是，既因為選擇太多而無所適從，又被看似划算的交易弄得心癢難耐的經驗，並非我所獨有，也不是偶發情況。從開設沃爾瑪的那天起，山姆．沃爾頓關注的不僅在於低價，他形容他「最熱愛的事」，就是讓顧客對沃爾瑪提供的優惠感到興奮[12]。沃爾瑪第三家門市開張時，他知道當人們跨越州界來買牙膏和防凍劑，他們不會只帶牙膏和防凍劑回家，他們還會買其他很多東西。而且，正如沃爾瑪擠壓供應商的能力隨著它的成長而增強，它影響消費者行為的能力也在增強。今天的中間商擁有比過去任何時候都多的數據，也比從前更老練，而且絕大多數會毫不猶豫地運用他們的洞察力來謀取私利。沃爾瑪的宗旨就是讓你花錢。

我在沃爾瑪推的手推車比一般購物車大，不過我當時沒有意識到這一點。多出來的空間狡猾地讓我堆放更多商品，因為我很可能低估了我已經在購物車裡添了多少東西——直到進入結帳櫃檯。我必須穿越我其實不需要逛的童裝部才能到達我需要的嬰兒用品部，這也不是一項巧合。巨大的規模和路線規畫，讓顧客更有可能在計畫性購買的同時進行非計畫性購買，大型的低價廣告牌進一步誘使我添加我並不需要但似乎很划算的東西[13]。我也沒有留意背景音樂及我進門時聞到的甜甜圈香味，儘管這兩者很可能增加了我的舒適感，提高我在店裡花費的時間與金錢。

和大多數中間商一樣，沃爾瑪不會大肆宣傳它用來讓人們更頻繁光顧、逗留更久、買更多東西的手段[14]。但山姆．沃爾頓知道，要讓顧客打開錢包，消費者認知與實際優惠一樣重要，而消費者的想法是可以被操縱的。愈來愈多研究顯示，山姆．沃爾頓絕非唯一玩弄消費者認知偏誤的中間商。

從跳樓大拍賣到暗黑行銷術

二〇〇〇年，芝加哥大學布斯商學院（Chicago Booth School of Business）的

經濟學家決定研究生鮮超市定價策略的驅動因素[15]，對於需求量很大的食品，超市是否如同傳統經濟理論暗示的那樣提高價格，或者反而降低商品價格來吸引消費者上門？為了回答這個問題，他們從芝加哥地區第二大連鎖超市蒐集了七年的詳細數據，發現該連鎖超市確實會在商品需求最旺盛的時候降價。芝加哥地區的家庭在大齋節期間享受價格低廉的鮪魚，在國殤紀念日享受打折的啤酒，在感恩節享受更便宜的餅乾零食。研究人員進一步發現，連鎖超市更有可能宣傳這些季節性優惠，遠甚於宣傳其他商品。

學者之所以知道要進行這類研究，是因為就連經濟學家都意識到人們並非完全理性，而零售業者明白如何操縱消費者偏誤來為自己牟利。心理學家和行為經濟學家，如諾貝爾獎得主丹尼爾．康納曼（Daniel Kahneman），研究人們的真實決策過程。康納曼和他的同仁已經證明，在現實生活中，人們不會理性評估可能與決策有關的所有資訊，然後選擇令其長期利益最大化的選項。相反地，他們給予某些因素遠遠超過理性認為這些因素應得的權重，同時完全忽略其他因素。中間商知道這一點。這就是為什麼生鮮超市在消費者最想要的商品上提供巨大優惠，他們知道，在決定去哪裡購物時，許多消費者會將太多注意力放在哪裡可以買到連假所需的廉價啤酒，輕忽了一旦上門之後他們也會購買的其他種種商品的價格。

從實體世界轉入虛擬世界，似乎會改變權力的平衡。畢竟，離開一個網站轉到另一個網站，比走出一家超市開車到另一家超市容易得多。然而即便在這裡，零售中間商也已學會如何操縱消費者的認知偏誤。例如，發表在《哈佛商業評論》（*Harvard Business Review*）上的一項調查發現，當人們上網購物——而不是在商店購物時，他們往往在每筆交易中購買更多商品。平均而言，結帳時，網上購物籃中的商品會比實體店多出百分之二十五[16]。對此，作者將部分原因歸於網路商店有能力儲備更多種類的商品，但也歸因於一個常常用來誘使人們購買更多商品的伎倆——提供免費送貨服務，前提是顧客的消費金額必須超過一定門檻。這項研究令我心有戚戚，為了避免支付七美元來運送我確實想要的東西，我的確買了我不需要的額外商品，並且浪費了比我願意承認的更長時間來挑選它們。

二〇一〇年，英國認知科學家哈利・布里格努（Harry Brignull）發明「暗黑行銷術」（dark pattern）一詞，用來形容「精心設計，非常注重細節，並對人類心理有著深刻理解，目的是誘騙使用者去做他們原本不會做的事」的使用者介面或其他網路設計特色[17]。正如他的解釋：「使用網路的時候，你不會閱讀每一個字……你粗略地讀過去，做出想當然耳的假設。」企業知道這一點，並「利用這一點，讓頁面看起來在說一件事，實際上說的是另一件事」[18]。暗黑行銷術的例子包括將額外商品偷偷塞入消費者的線上購物籃，或者在預設值設定中自動替消費者訂閱商品或時事通訊，除非他們明確拒絕訂閱服務。

普林斯頓大學和芝加哥大學研究人員的後續研究證明，零售中間商是多麼頻繁地使用暗黑行銷術或甚至假話來操縱購買行為。研究人員分析跨一萬一千個購物網站的大約五萬三千個商品網頁，找出超過一千八百個暗黑行銷術的實例。在這一千八百個例子中，「大多數本質上是隱蔽的、具欺騙性的、隱匿資訊的」。他們進一步發現，「許多伎倆運用認知偏誤，例如預設值效應（default effect）和框架效應（framing effect）」[19]。今天的中間人了解人類的偏差與弱點，有組織地設計線上環境來壓制關鍵訊息，或者操縱人們購買更多商品。彷彿那樣還不夠，研究人員還在一百八十三個不同網站上找到兩百四十三個例子，顯示中間人從事徹頭徹尾的欺騙行為來扭曲消費者決策，藉此達到他們的目的[20]。

如果說山姆的廉價牙膏和大齋節的打折魚肉，象徵零售中間商操縱消費者偏誤的第一代手法，而暗黑行銷術是第二代，那麼我們正在迅速進入可能極其有害的第三代巨變：使用人工智慧、機器學習與大數據來微調環境，以便更好地為創造這些環境的中間商效勞，滿足他們的利益。

二〇一六年到二〇一九年間，設法運用人工智慧的零售商比例，從不到百分之五上升到將近百分之三十[21]。人工智慧不僅用於線上，也被用來影響實體店面的設計，亞馬遜再度起了帶頭作用。如今，消費者可以走進亞馬遜無人商店（Amazon Go），挑選他們想要的商品，然後逕自走出店門，無需跟任何一個人互動。顧客必須先在手機上下載一個應用程式，才能享受如此輕鬆的購物經驗。在顧客刷了手機進門後，亞馬遜可以追蹤他的一舉一動，包括他看了什麼，以及離開時拿了什麼。這消除了結帳的需要，使得購物經驗更加順暢，但這也意味著亞馬遜除了透過交易賺錢，還獲取更多的數據。

沃爾瑪不甘屈居人後，於是創建了自己的智能零售實驗室。二〇一九年，它將位於紐約州萊維頓（Levittown）、占地五萬平方英尺的分店改造成一座試驗場。用沃爾瑪的話說，該分店使用「為數驚人的一系列感應器、錄影機和處理器……靠著足以攀登聖母峰五次的電纜進行連線」[22]。沃爾瑪意識到，當它在關於消費者的實際購物方式及他們對特定商品的反應上擁有愈多數據，愈能好好地決定囤積哪些商品、如何展示它們，並想出其他方法提高業績。正如約瑟夫・塔洛（Joseph Turow）教授在他的著作《通道有眼睛：零售商如何追蹤你的購物、剝奪你的隱私、定義你的權力》（*The Aisles Have Eyes: How Retailers Track Your*

Shopping, Strip Your Privacy, and Define Your Power：，暫譯）中解釋的，沃爾瑪隸屬於「新一代商家」，它們「經常追蹤我們，儲存我們的購物訊息」，定期實驗，然後運用這些集體見解來修正並訂製購物經驗，以滿足它們的目的[23]。

除了隨著中間商在愈來愈多層面監控消費者的逛街購物方式而產生的許多隱私問題之外，大數據的迅速崛起及數據分析工具的不斷改進，從根本上改變了擁有數據者與不擁有數據者之間的權力平衡。在這場競賽中，中間商戰勝了消費者，而一次又一次獲勝的，是那些擁有最多數據的最大型中間商。

我每次上亞馬遜或沃爾瑪購物，都為它們提供了數據，我向它們透露購買幫寶適（Pampers）三號尿片的人，通常也會買艾惟諾（Aveeno）嬰兒沐浴乳和脆穀樂早餐穀片。然後，它們利用這些資訊向其他尋找尿片的買家提出商品推薦訊息。同樣地，在二〇二〇年春天疫情爆發初期，亞馬遜「知道」要推薦一款蝴蝶養殖工具包（我立刻就買了），因為這款商品在和我一樣囤積相同練習本和口紅膠的其他購物者之間深受歡迎。

今天，數據的價值不僅在於如何供演算法使用，更在於它如何被用來訓練演算法，這就是機器學習的力量。亞馬遜和沃爾瑪之所以能制定如此具有針對性的商品推薦訊息，原因之一是它們不斷獲取愈來愈多數據，這些數據可以輸入演算法中，得出愈來愈準確的推薦訊息——使我更有可能對我不知道自己想要的一些商品點擊「購買」。然而，它們還可以更進一步制定流程讓這些演算法透過機器學習系統修正自己，從而產生甚至更精準鎖定目標的推薦訊息[24]。

正如常見的狀況，這對顧客是有幫助的。如同亞馬遜的一位電腦科學家在他與人共同撰寫的一篇文章中解釋的，「二十年來，亞馬遜網站一直在打造每位顧客的專屬商店」，[25]你每次登入亞馬遜網站，「就彷彿走進一家商店，貨架開始重新排列，把你可能想要的東西移到前面」。但那也意味著顧客最終很可能買下遠遠超出原本打算購買的商品。三位專精於行銷學的學者進行的一項研究顯示，亞馬遜 Prime 的會員資格可能加劇了亞馬遜常客超額購買的傾向[26]。亞馬遜的 Prime 會員往往覺得他們掌握了控制權，導致他們更加信任亞馬遜——而不是像消費者感覺自己被誘騙買下更多東西時那樣腐蝕了信任。然而，正如作者說明的，「這反直覺地強化了購物者的衝動性購買行為」，顯示 Prime 這類商業模式，「對採用這類模式的網路零售商的營收和利潤都有直接的正面效應」，並且「突顯這種關係模式可能是以犧牲購物者為代價的事實」。[27]這可能有助於說明為什麼亞馬遜的 Prime 會員每年在亞馬遜上的花費，往往是非 Prime 會員的兩倍多[28]。

這可以為儘管亞馬遜這類公司愈來愈不被信任，但最大型中間商仍持續快速增長的眾多原因再添上一筆。中間商擁有的數據愈多，推薦的商品就愈切中目標，導致更多人到那裡購物，因而為他們提供更多數據，使他們得以建立相對於同行的更大優勢。這也有助於說明為什麼個體消費者很難抗拒去使用最大型的中間商，因為其他人提供給該中間商的數據，確實使它比競爭對手更好，即使消費者因此長期下來花了更多錢。將分析從中間商如何鼓勵過度消費，轉移到它對普遍存在的金融脆弱性以外的影響，提供了情況不容樂觀的進一步證據。

愈多不見得愈好

讓我們先回頭談談食物問題。今天的美國人在食物上的花費比他們的祖父母低得多，而且可以用更少的力氣買到他們需要的東西，沃爾瑪及其超級購物中心是這些趨勢的核心。但是現在讓我們思考一下，假如中間商不僅能給消費者更大的優惠，還成功讓消費者拿他們照理應該省下的一些錢來買更多東西，我們可以預期什麼狀況。當牽涉食物，這些額外的購買不僅反映在縮水的銀行帳戶上，還反映在擴大的腰圍上。

兩位經濟學家一項別具巧思的研究發現，沃爾瑪超級購物中心的擴展確實產生了這種效果[29]。查爾斯・庫特曼奇（Charles Courtemanche）和亞特・卡登（Art Carden）兩位經濟學家，首先從各州衛生部門及美國疾病管制局進行的調查，蒐集有關個人健康狀況與健康行為的詳細數據。接著，他們拿特定郡縣的數據與該郡的沃爾瑪超級購物中心、山姆會員俱樂部（也屬於沃爾瑪旗下）及其他折扣商店的數量進行比對，看看健康狀況和超級購物中心的鄰近程度如何隨時間變化。

在控制可能影響健康行為的一連串因素後，庫特曼奇和卡登發現因果關係確實存在。沃爾瑪超級購物中心或山姆會員俱樂部的開張，提高了該地區居民的平均身體質量指數（BMI），而且每在「十萬居民當中新增一家超級購物中心……個人的肥胖機率就會提高二點三個百分點」[30]。根據他們的評估，研究結果顯示「自一九八〇年代末期以來的肥胖率上升，沃爾瑪超級購物中心的蓬勃發展占了其中百分之十點五的因素」[31]。

有個觀點認為，消費者照理因為沃爾瑪這類中間商而省下來的錢，起碼有一部分會直接回到同一群中間商手中，即便這些額外消費有損健康和福祉。庫特曼奇和卡登的研究結果與這個觀點一致。而且，正如研究發現肥胖會提高憂鬱症機率所反映的那樣，超重對人類的影響可能遠遠不只在於增加醫療費用而已[32]。

類似模式也出現在其他領域。回想一下，一九六〇年到二〇一三年間，一般美國人每年購買的衣服和鞋子從二十五件增加到大約七十件[33]；全球的服裝產量在二〇〇〇年到二〇一四年間成長了一倍[34]。中間商和他們促成的全球供應鏈降低了商品的製造成本，但似乎也導致人們愈買愈多。

這樣的消費增長看起來可能不是什麼問題。多幾件襯衫不像攝入太多卡路里那樣有害健康。但即便這樣，其影響也絕非良性，美國人平均每年扔掉七十磅的紡織品[35]。美國環保局估計，二〇一七年的紡織品廢棄物總量為一千六百九十萬噸，其中只有百分之十五被回收使用[36]。這幾乎是美國人在一九六〇年——人們當時買的衣服比較少，穿得比較久——產生的紡織品廢棄物的十倍。這是很大的垃圾量。

多買這麼多東西是否會讓人們更快樂，這一點也遠遠無法下定論。近藤麻理惠（Marie Kondo）的第一本書《怦然心動的人生整理魔法》（*The Life-Changing Magic of Tidying Up*），已盤踞《紐約時報》暢銷書排行榜一百六十多個星期[37]。這本書和受它啟發的電視節目風靡了全球，兩者都圍繞著清除多餘雜物的重要性打轉。近藤收納法的核心是聚焦於快樂，某件物品是否帶來快樂？如果沒有，就應該被捨棄。在實務上，這已轉化為人們丟棄成堆衣物和其他物品的說不完的故事[38]。

從律師變成作家再變成幸福大師的葛瑞琴．魯賓也有類似發現，當她設法提高幸福感，生活方式的其他改變很少可以像擺脫雜物一樣帶給她那麼大的快樂[39]。清理衣櫃帶來的快感如此強烈，她很快發現自己自告奮勇地替朋友做同樣的事，即便他們並未提出請求。

還沒有人科學化地研究過，當人們以「快樂」作為清理衣櫃和廚房抽屜的指導原則，他們會選擇丟棄什麼。但假如我的經驗可以作為借鏡，我純粹為了達到最低消費門檻而放進購物車的東西，往往是我後來後悔買下的東西。

過度消費不僅會令購物者後悔不已，還可能考驗婚姻關係。研究顯示，當金錢——而不是其他東西——成為夫妻之間的最大分歧，兩人更可能離婚，而關於金錢的許多爭吵，都是源於不滿伴侶花錢花得太凶[40]。例如，德州一對五十多歲夫妻香娜莉和佩里尋求專業指導，幫忙解決關於亞馬遜的持續紛爭。香娜莉使用亞馬遜購買從食品雜貨到公司用品等所有東西，每年在亞馬遜購物超過三百次。儘管她認為這些東西都是必需品，但佩里估計他們「每年在亞馬遜浪費一萬美元」[41]。當他們為了亞馬遜吵得不可開交，導致兒子擔心亞馬遜購物會害他們家分文不剩而崩潰大哭，他們轉而向外尋求建議。

儘管就算沒有亞馬遜，這對夫妻很可能也存在其他分歧，但我們對亞馬遜的認識，有助於說明香娜莉和佩里的看法為什麼如此天差地遠，以至於導致激烈口角。由於香娜莉經常使用亞馬遜，亞馬遜掌握了關於她的購買習慣的大量數據，可以用來制定特別針對她的商品推薦訊息。這也許包括她一旦知道就可能覺得是必需品、否則根本不會想到要買的東西，而佩里只看到愈堆愈高的帳單和箱子。沒有誰對誰錯，只有一對不快樂的夫妻、一個焦慮的兒子，以及全國各地或許陷入類似爭吵的其他許多家庭。

對於本書揭示的挑戰，許多人已略有體會。他們已經厭倦了巨型中間商及它們掌握的權力。以泰麗為例，她在沃爾瑪要求公司將生產轉移到海外時，失去了她在伊利諾州皮奧里亞的工作，她親身體會到沃爾瑪如何傷害美國民眾的工人身分。然而，她告訴查爾斯·費希曼：「我還會去沃爾瑪購物嗎？遺憾的是，我偶爾不得不這麼做。它們的東西比別人便宜。我負擔不起多付二塊錢……我真恨這種情況。我被困住了。」[42]

泰麗是研究人員所說的「矛盾型購物者」（conflicted shopper），亦即非常討厭沃爾瑪卻仍在那裡購物的人。她並不孤單，根據一項調查，在奧克拉荷馬市，百分之十五的沃爾瑪購物者都是矛盾型購物者[43]。他們依然在沃爾瑪購物，平均每週超過一次，而且花很多錢，但是對此，他們並不開心。這類內心衝突會損害幸福感，但往往不被經濟學家和政策制定者納入考量。

亞馬遜也會激起矛盾情緒，而且同樣難以避免。強納森・漢考克（Jonathan Hancock）在寫〈我與亞馬遜的愛恨情仇〉（My Love-Hate Relationship with Amazon）一文時，表達了他這一代人的心聲。漢考克描述他的驚愕感，因為他不斷上亞馬遜購物，而且不斷給予亞馬遜「充分同意，讓它得以使用〔他的〕數據——來創造它提供的無與倫比的服務、延伸它的觸角、繼續捍衛它的霸權」。然而，他也很感激自己「能向亞馬遜語音助理 Alexa 徵詢關於父親生日禮物的建議，然後請它購買、進行禮品包裝、送到他家門口」。這種便利程度有助於說明為什麼亞馬遜一直是「他成年以後大部分時間的首選，而且……是個很難破除的習慣」[44]。證據顯示他並不孤單，根據二〇一九年針對十八歲到三十四歲的美國人進行的一項調查，百分之四十四的人表示他們寧願放棄性生活，也不願意一年不使用亞馬遜；百分之七十七的人寧願一整年滴酒不沾，也不願停止使用亞馬遜[45]。一開始的便利性很可能變成一種習慣，甚至令人成癮。

再次看看房地產市場

多餘的體重和成堆的衣物，是顯示當今中間人經濟造成浪費的兩項指標。將目光轉回房地產市場，可以看到另一個具體實例：房地產經紀人用來吹噓近期業績的大量郵寄品。這些郵件沒有促進實際的房屋銷售——郵件上描述的房屋都已經賣出去了；也沒有向人們提供關於新服務的訊息——擁有房屋的人都知道房地產經紀人是做什麼的。儘管這些郵件成本高昂、有害環境，而且在昂貴的城市裡無所不在，但它們對提高社會福祉毫無幫助。唯一的作用，就是假如原本沒打算賣房子的屋主突然考慮出售，寄出這些郵件的仲介（而不是其他仲介）更可能拿到生意。

經濟學家謝長泰（Chang-Tai Hsieh）和恩里科·莫雷蒂（Enrico Moretti）所做的研究，初步解釋了為什麼房地產經紀人可以花那麼多錢在浪費資源的郵件上。[46]他們的焦點在於房地產經紀人獨特的酬勞結構——賣家通常向他的經紀人支付銷售價格的百分之五到百分之六，賣方仲介接著再跟買方仲介對分這筆佣金。他們使用一九八〇年到一九九〇年十年間兩百八十二座城市的數據，發現當房價上漲，佣金因而上漲，房地產經紀人的人數也隨之增加。

例如，謝和莫雷蒂發現，一九八〇年，明尼亞波利斯的房仲每年平均賣出大約七間房子，波士頓的房仲每年平均賣出六間房子。十年後，明尼亞波利斯的房仲每年依然平均賣出六點六間房子，但波士頓的房仲每年只賣出三點三間房。如果光看一九九〇年的數據，或許會懷疑波士頓的房屋或客戶存在什麼問題，導致銷售過程比較艱難。但兩座城市的房地產經紀人在一九八〇年生產力不相上下的事實，讓這項懷疑很難成立。

根據謝和莫雷蒂的說法，波士頓房屋仲介生產力迅速下滑的原因，在於過去十年間，波士頓的房價往上翻了一倍，而明尼亞波利斯的房價則維持穩定。而且，隨著房價上漲，房仲繼續收取所售房屋價格的百分之六左右，這就增加了他們從每筆交易賺取的金額。然而到最後，昂貴城市的房地產經紀人實際上並未獲得更高收入，因為更高的佣金吸引更多人成為房地產經紀人，導致每個經紀人的交易量變少，而且造成更多浪費——例如那些昂貴的郵寄品。

正如謝和莫雷蒂的說明：「尋找客戶的成本，隨著市場上房屋仲介人數的增加而增加，卻不見得會為客戶帶來額外的好處。」[47]整體而言，他們發現，低房價城市典型經紀人的生產力是高房價城市典型經紀人的四倍半。就作者看來，這顯示如果波士頓和紐約這類高房價城市的許多房地產經紀人將他們的時間運用在其他事情上，社會會變得更好。

綜觀海外，有更多證據證明美國的房屋轉手制度過於昂貴且浪費。根據《華爾街日報》（*Wall Street Journal*）匯集的數據，網際網路和其他技術進展顯著降低了大多數國家的房地產佣金。例如，在加拿大，每筆交易支付給房地產經紀人的平均佣金總額，從二〇〇二年的百分之四點五降到二〇一五年的百分之三。同一時期在瑞典，典型的佣金從百分之五降到百分之一點五。其他國家，例如英國和澳洲，佣金總數也只占交易金額的百分之一點五到百分之二。儘管如此，根據同一組數據，美國的佣金僅小幅下降，從二〇〇二年的百分之六降到二〇一五年的百分之五點五。

儘管對大多數人而言，買賣房屋只是偶一為之的行為，但是當他們真的這麼做，支付太多佣金還是會造成很大的總體影響。別忘了，房屋淨值是一般美國家庭最首要的財富來源。當房屋所有人將他們最有價值的資產轉換成現金，他們必須支付給房地產經紀人的費用愈高，所能收回的錢就愈少。儘管科技出現巨大進展，美國的佣金卻依然比其他地方高出許多。這是一個鮮明的警訊，顯示在房地產經紀人帶來的諸多好處之外，他們還利用自己的工具鞏固一套過時且過於昂貴的制度。

將美國與國外的房地產經紀人進行比較，也顯示一旦我們建立正確基準線，中間人經濟的兩大特徵——過於強大的中間人和過於冗長的供應鏈——也存在於房地產仲介業。首先，就權力而言，問題不在於往往肯拚肯幹的個別經紀人；相反地，問題出在制度層面，例如施展重大影響力的NAR及地方MLS這類參與者。其次，針對供應鏈方面，在一個經紀人便已足夠的情況下使用兩個經紀人，以及將雙方經紀人定位成阻礙賣家買家直接溝通的屏障的行業常規，創造了一個更長、更複雜，且隔離程度超過最佳狀況的結構。房地產經紀人個人充滿同情心與善意的事實，並不能抵銷他們隸屬於一個破碎制度的可能性，這個制度顯示媒合與隔離的行動如何成為巨大的影響力來源，被用來傷害買賣兩端的真實民眾。

加深不公現象

所有房主都可能受NAR及它幫助協調的房地產經紀人的自利策略所傷害，但中間人塑造房地產市場的其他方式可能更有害，而且如同美國的其他許多挑戰，遠遠談不上種族中立。

財務脆弱是許多美國中下層家庭面臨的問題，但有色人種尤其明顯。前面引述的美國聯準會關於家庭財務的研究進一步發現，儘管每十個白人成年人中就有八人表示他們的財務狀況起碼還過得去，但只有三分之二的黑人和西班牙裔成年人有同樣的感覺。布魯金斯研究院（Brookings Institution）的一份報告指出，二〇一六年，一個典型白人家庭的淨資產為十七萬一千美元，幾乎是典型黑人家庭的十倍，後者為一萬七千一百五十元[48]。有很多因素造成如此懸殊的差距，但其中一個最大因素就是房地產[49]。白人家庭的住房自有率比黑人家庭高出將近百分之三十，而在許多地區，差距甚至更大[50]。明尼蘇達州的明尼亞波利斯不僅是喬治・佛洛伊德（George Floyd）命喪警察之手的地方，也是全國種族住房差距最大的地方之一。二〇一八年，在明尼亞波利斯地區，百分之七十五的白人家庭擁有自己的房子，但只有百分之二十五的黑人家庭可以這麼說[51]。

更突顯挑戰的是，和白人家庭相比，黑人家庭往往在別的社區購買比較便宜的房子。一項研究發現，即使考慮社區品質與公共設施，在黑人占大多數的社區，房屋價值低了百分之二十三，累計損失達一千五百六十億美元[52]。該研究和其他研究顯示，許多美國黑人居住在以黑人為主的社區，那些社區的房屋價值往往比白人社區的房屋價值低。這使得美國黑人很難利用擁有住房來累積財富，就像美國白人行之有年的那樣。

在《競逐利潤：銀行和房地產業如何損害黑人的房屋自有權》（*Race for Profit: How Banks and the Real Estate Industry Undermined Black Homeownership*；暫譯）一書中，普林斯頓大學教授齊安加—雅馬赫塔・泰勒（Keeanga-Yamahtta

Taylor）顯示包括銀行和房地產經紀人在內的複雜中間人網絡，如何促成這些動態。她說明他們是如何「運用魔力，在種族分化的住房市場上化種族為利潤」[53]。他們的一部分做法是繼續加深種族分化，例如，房地產經紀人會不斷強調「好社區」的觀念，並把白人客戶引到那些社區。在此同時，他們往往引導黑人客戶遠離那些社區，轉向現任居民大多也是黑人的地區[54]。

中間人在住房融資上扮演的角色，加劇了這項挑戰。一個歷史性問題是紅線政策（redlining），即銀行拒絕發放以黑人社區的房子為抵押的貸款；另一個問題在於提供給黑人借款人的貸款商品種類。黑人借款人往往被迫接受不合心意的貸款，這項趨勢在二〇〇〇年代中期次級貸款的蓬勃發展中得到了充分展示。正如紐約大學社會學家雅各．費貝爾（Jacob Faber）所解釋，證券化及從次級貸款衍生出特別高收益的MBS的能力，提供市場對次級貸款的需求。貸款發行者的反應是迅速擴大此類貸款的發放，從二〇〇三年僅占抵押貸款市場的百分之七點六，激增到二〇〇六年的百分之二十點一[55]。

為了釐清究竟是誰被發放次級貸款，費貝爾蒐集近四百萬份房屋貸款申請資料，這些申請有些被拒絕，有些被批准一般貸款，有些則被批准次級貸款。費貝爾發現，即便控制收入這個變數，黑人申請貸款被拒絕的可能性是白人的三點六倍，獲得次級貸款而非一般貸款的可能性則是白人的二點六倍。他進一步發現，對於所有有色人種來說，收入與獲得次級貸款呈正相關——意味著收入愈高的借款人愈可能得到次級貸款；而對於白人借款人來說，較高的收入增加了他們得到一般貸款的機會。費貝爾承認，其中可能存在各式各樣的解釋，包括借款人詐欺，但一個可能性是，「賺取佣金的經紀人有動機向潛在借款人推銷金額更大、風險更高的貸款」，而他們更可能將這類貸款推給有色人種[56]。

中間人的引導、劃紅線，以及促成種族隔離並阻礙黑人家庭累積財富的其他許多方式都是非法的，起碼理論上如此。但偵查與執法始終沒有落實，使得其中許多做法得以持續，即便是以比較不明顯的形式。中間商並非運用貧富不均與種族主義為自己牟利的唯一一群人，但他們是造成目前存在的結構性問題的罪魁禍首之一，並在過程中受益。

另一面

更深刻的重點是，中間商提供的許多好處都有其反面。中間商根據多年經驗，知道人們喜歡在超級盃星期天喝啤酒。好消息是，他們運用這項知識囤積啤酒，以便滿足高漲的需求。但中間商也運用同一知識來制定價格和行銷策略，善加利用人類決策過程中的已知弱點。它們用廉價啤酒吸引人們進入商店，因為它們知道顧客一旦上門，也會大量購買讓它們更有賺頭的其他許多商品。

正是這些使中間商如此有用的資訊優勢、基礎架構和其他屬性，也使它們能夠以犧牲我們其他人的利益為代價，滿足它們自己的目的。中間商並非只是恰巧站在有利位置來誘使人們購買更多，或者來延續貧富不均的現象。它們有辦法這麼做，正是因為它們在消費者和供應商之間發揮的媒合作用。弊端和好處纏繞在一起，交織成團。

中間商往往不會從它們出售的所有商品得到同等收益，這加劇了消費者與中間商之間的潛在利益衝突。相反地，中間商從某些商品賺取的利潤往往高於其他商品，導致它們有動機運用自己的影響力，驅使人們選擇令中間商賺取更多利潤的選項。

這些做法無所不在，而成本雖然在個別情況下往往不值一提，但加總起來確實不容小覷。相較於種族財富差距與財務脆弱性，愈來愈寬的腰圍和爆掉的衣櫥或許似乎微不足道。然而，意識到那麼多弊病至少可以部分追溯到中間人經濟，是理解「透過誰」購買與投資的決策究竟攸關多大利害關係的關鍵所在。

第七章 中間人鞏固人們對中間人的需求

二〇一三年，長期從事房地產業的約書亞·杭特（Joshua Hunt），認定必然有更好的方法來銷售房屋。他知道當前的制度造成了多少浪費，也知道網際網路應該如何賦予買家和賣家更高的自主能力，使他們降低對房地產經紀人的依賴。於是他創立 Trelora——Realtor（房地產經紀人）這個英文字的重新排列組合——一家由有執照的房地產經紀人組成的公司；他們提供比較少的服務項目，但收費遠遠低於傳統經紀人。

一開始的營運模式是這樣的：賣房子的人支付一筆固定費用——僅僅六千美元，由 Trelora 跟買方仲介對分——請 Trelora 經紀人幫忙將房子登上當地的 MLS，並提供一些基本服務，例如安排看房。Trelora 同樣對買家承諾，當 Trelora 幫助他們買房，買家只需支付三千美元。落實這項承諾需要費一點功夫，別忘了，傳統上，買家使用仲介並不需要自付費用；相反地，買方仲介是在賣方仲介分享賣家支付的佣金時，間接獲取酬勞。為了幫助買家省錢，Trelora 承諾，當 Trelora 從賣方仲介收到的金額超過三千美元，多出來的部分會作為「返利」，回饋給這些客戶。假設一個買家使用 Trelora 經紀人買了一棟三十萬美元的房子，賣家則使用傳統經紀人。房屋過戶時，賣家會向他的仲介支付一萬八千元的佣金（三十萬美元的百分之六），該仲介再將其中一半（九千元）分給買方仲介，Trelora 接著將六千元退給它的買家客戶（九千元減三千元）。

除了收費低於提供全方位服務的房地產經紀人之外，Trelora 還決定以更像服務供應商的方式運作，而不是充當中間人。例如，傳統上，房地產經紀人控制著客戶之間的一切溝通交流。因此，假如潛在買家對衣櫃的大小有疑問，他必須請他的仲介去問賣方仲介，後者再詢問賣家；答案也會流經同一條鏈。Trelora 試圖創造一個允許買賣雙方直接溝通的平台，藉此改變這種狀況。Trelora 還試圖公開披露所謂的「購買價格」有多少流向中間人——雙方的房屋仲介——而不是賣家，進一步為潛在買家賦予力量。

這種模式確實吸引了很多人。該公司在科羅拉多州迅速成長，並很快擴展到其他州，許多用戶盛讚這項服務及他們省下的錢。Trelora 並不適合所有人，但它確實是一種創新的、價格更低的選擇，應該會為購屋者和售房者帶來更多的選擇和更低的價格。

然而，Trelora 已經被迫大幅改變它的營運模式，其長期的成功仍然充滿不確定性。二〇〇〇年代初期，數十家資金雄厚的公司同樣試圖提供有別於傳統房地產經紀商的低成本選擇。然而，每一家都以失敗告終[1]。在那之後，同樣的模式一次又一次重複。二〇一六年，《華盛頓郵報》（*Washington Post*）宣告：「百分之六的房屋仲介費曾經是常態。這種情況正在改變。」文中講述一個賣家的故事，他使用商業模式與 Trelora 類似的 SoloPro，最後省下了許多錢，並得到愉快的經驗[2]。兩年後，SoloPro 加入失敗的新創公司埋骨的墓園，這些公司無不試圖為購房提供更新、更好的選擇。

正如產業專家布萊德．英曼（Brad Inman）在二〇一八年美國聯邦貿易委員會（Federal Trade Commission，簡稱ＦＴＣ）主辦的一場會議上所言：「對我來說，房地產的買賣過程似乎總是處於改變的尖端。我看到新的事物，我說，這真的會改變它。」然而，一次又一次，轉變有如曇花一現。在他看來，儘管有那麼多的新創企業與創新，儘管有了網際網路，「房地產的生態系統並沒有太大變化」[3]。

本章和下一章將焦點從中間商影響個人決策的方式，轉移到系統性挑戰上。儘管有時不那麼直觀，但這些系統性漣漪效應是理解當今中間人經濟帶來的多種危害的關鍵。例如，研究 Trelora 面臨的挑戰，有助於解釋為什麼占主導地位的中間商和中介系統往往在超越它們的最佳效用之後仍能維持霸權，進而損害了依賴它們的民眾的利益。

關鍵基礎架構的黑暗面

Trelora設法向潛在買家說明房屋銷售價格中有多少流向中間商而不是賣家，這樣的做法對買家很有幫助。正是這樣的透明帶來了良性競爭，並使人們看清使用經紀人其實不是免費的，從而做出更好的決定。然而，正因為充分知情的買家或許意識到他們並不需要全方位服務的經紀人，該地區的全方位經紀人將資訊的自由流動視為對其營運模式的潛在威脅，於是展開反擊。相對於以更低的價格或更好的服務來競爭，他們擁有另一項武器——使用MLS的管道。當地的MLS——由當地房地產經紀人與NAR協調控制——告訴Trelora的負責人杭特，他向購屋者提供真實訊息的做法是違反MLS規則的，假如他不停止披露這些訊息，將被處以罰款或禁止進入MLS。

這項針對Trelora的脅迫，只不過是傳統房地產經紀人一世紀以來，利用他們對MLS的集體控制來壓制競爭，並鞏固高收費制度的最新表現。由於

ＭＬＳ仍然是美國房地產市場的支柱，甚至充斥在 Zillow 和 Redfin 這類看似獨立的網站上，杭特覺得自己無法忽視這項威脅。結果是：Trelora 停止發布訊息。傳統的房地產經紀人成功恢復了不透明性，拒絕讓潛在買家輕易取得準確有用的資訊。

有一些法律旨在防止這類反競爭行為，對抗權力的過度集中。在美國，這些法律被稱為反壟斷法。聯邦反壟斷官員已多次提起訴訟，指控地方ＭＬＳ與ＮＡＲ為了保護提供全方位服務並收取全額費用的經紀人免於遭受重大競爭，同時為了壓制創新，限制ＭＬＳ的使用。例如，二〇〇一年，聯邦貿易委員會指控，控制著底特律地區ＭＬＳ的行業團體 Realcomp 透過將折扣經紀人置於不公平劣勢的規則，非法地「縮小消費者的選擇範圍」，並「阻礙競爭過程」。兩個聯邦法院表示認同，上訴法院認為證據支持此一結論，亦即認為 Realcomp 對ＭＬＳ的掌控給了它「巨大的市場力量」，而它運用策略非法地濫用這個力量[4]。指控地方ＭＬＳ及其附屬機構從事反競爭行為的民間訴訟，也有很長的歷史，法庭裁定地方ＭＬＳ採取了非法步驟來壓制競爭[5]。

當這些行動都不足以帶來持久的改變，司法部——另一個主要的聯邦反壟斷執法機構——啟動一項重大調查和訴訟，最終在二〇〇八年與ＮＡＲ簽訂和解協議。這項協議照理應能顛覆遊戲規則，扭轉局勢。協議指出，管理全國八百個MLS的NAR政策，以可能阻礙創新且傷害消費者的方式進行非法歧視，必須加以改革來實現公平競爭。十年後，政府監管機構召開會議評估該協議的成效。與會專家承認，該協議確實為消費者帶來一些改善。但最重要的訊息是，該協議未能促成真正的顛覆。核心的市場結構——兩個中間人及過高且過於僵化的收費結構——並未改變。此外，NAR及地方MLS仍持續利用MLS規則與網站功能，讓包括Trelora在內的創新者陷於劣勢。

儘管MLS曾經是讓買賣房屋的人都能受益的一項重大進步，但它現在成了一個剛性的防禦機制。NAR及其經紀人成員經常利用它來鞏固一個制度，這個制度把太多錢放進房地產經紀人的口袋，把太少錢交到賣房者手中。

有些動態使房地產經紀人得以阻礙有益於房屋擁有者的改變；這些動態並非房地產業所獨有。相反地，每當占主導地位的中間商創造並掌控關鍵的基礎架構，這種情況就會出現。

當中間商控制著經濟學家所說的「雙邊市場」，自利行為的潛在力量往往最有害。[6]正如我們即將詳細研究的那樣，雙邊市場是將兩種類型的使用者連結起來的市場，例如：報紙連結讀者和刊登分類廣告的人，MLS連結買房者和賣房者，亞馬遜集市連結全球各地的買家和賣家。有關這類市場的經濟文獻顯示，這些領域往往只有一個或少數幾個贏家，而且，就連遠遠未達最佳水準的平台，也能在有缺陷的情況下維持主導地位。這是因為該平台擁有各類使用者最想要的東西——接觸另一類使用者的管道。

例如，回想一下，今天人們上網購物時，大多數人首先上亞馬遜網站搜尋。這意味著假如你想賣東西，就算你不喜歡亞馬遜公司的某些營運方式，你仍可能選擇透過亞馬遜銷售，因為登上亞馬遜網站是被絕大多數買家看見的關鍵。而且，隨著新賣家不斷湧向亞馬遜，亞馬遜能夠提供比其他平台更多的選擇，從而提高買家只上亞馬遜的傾向。這些動態為亞馬遜和其他主流平台提供了迴旋餘地，使他們能夠從事自利行為，卻不一定會因此失去許多用戶。

這是美國眾議院司法委員會（U.S. House Judiciary Committee）反壟斷、商業與行政法小組，針對亞馬遜及其他大型數位平台享有的市場力量發起重大調查的原因之一。照該小組委員會的報告所言：「根據與賣家的訪談，以及小組委員會工作人員審查的文件，亞馬遜顯然對大多數第三方賣家及其供應商具有壟斷力量。」[7] 如同MLS，亞馬遜不再只是眾多平台中的一個，而是最強勢的頭號平台。賣家與亞馬遜合作，不是因為他們想這麼做；許多人透過亞馬遜銷售，是因為覺得自己別無選擇。

然而，讓亞馬遜聚積如此巨大力量的關鍵基礎架構，超越其數位平台的範疇，廣泛的實體與物流基礎設施加劇了它的影響力。沃爾瑪與亞馬遜在全美各地都有最先進的配送中心、卡車車隊與司機，以及使他們準確知道什麼貨物在哪裡，並懂得如何快速且高效率地將貨物運送到所需之處的技術。這些公司運送的貨物量帶來的規模經濟，為消費者帶來實實在在的好處，但在過程中，它們也為這兩家公司帶來凌駕其他中間商和貨品直接供應商之上的巨大優勢。假如某家製造商必須支付二十美元才能在兩天內將貨品送到顧客手中，因為它必須支付包裝和第三方運輸服務的費用，而亞馬遜和沃爾瑪可以利用內部基礎架構，以僅僅一美元的邊際成本同樣快速地將貨物送達，那麼任何不透過亞馬遜或沃爾瑪購買的決策，都會帶來龐大的額外成本，必須由某個人承擔。

Prime 突顯了亞馬遜利用其基礎架構來發揮優勢的能力。消費者也許只是為了免費電影或全食超市的外送服務而加入 Prime，然而一旦加入會員，消費者就可以享受不僅快得驚人，而且每一個標有「Prime」的商品似乎都可以免費送貨到家的服務，這使得消費者選擇去其他地方購買都會變得昂貴許多。很高比例的亞馬遜購物者都是 Prime 會員的事實，也限制了第三方賣家的自主權。理論上，第三方賣家可以選擇直接出貨給顧客，或者付費請亞馬遜代為儲貨與運送。但實際上，向亞馬遜支付額外費用，意味著商品也能在它的詳情頁面上標示「✓prime」。賣家知道，大約百分之六十二的美國家庭已是Prime會員，而賣家自己無法提供免費的隔夜送達服務，所以絕大多數賣家選擇加入。根據小組委員會的報告，在亞馬遜網站上排名前一萬的第三方賣家中，百分之八十五的賣家付費請亞馬遜儲存並運送它們的商品，儘管這會帶來額外的成本並喪失控制權。這不僅意味亞馬遜從這些銷售中賺取更多，也透過增加消費者可以在隔天免費收到的商品數量，進一步提高Prime的價值。

這就是亞馬遜為了服務客戶而設計的工具——包括詳盡的商品評論、廣泛的實體與技術基礎設施，以及前面討論過的Prime會員資格——加起來遠遠超過這些部分總和的原因之一。商品評論吸引那些更常發表評論的買家。第三方賣家為了那些買家而來，後者則因為第三方賣家而更常光顧。更多商品因為貼上「Prime」標籤而被免費快速運送，導致更多人成為Prime會員，這反過來吸引更多第三方賣家選擇將商品交給亞馬遜配送。而當出現愈來愈多賣家，任一賣家就愈難吸引目光，迫使賣家付出更多代價來獲取特權地位……這些優勢不僅是疊加的，而且是共構的，在一輪又一輪的交易之中互相提供養分。

儘管細節各有不同，但共同的模式是一個循環：中間商投入資金與精力，建設使他們更容易連結買家與賣家的基礎架構。這些公司所做的投資使他們能夠提供更大的便利性、更好的價格，以及有利於消費者的其他好處。但這也意味著，假如消費者選擇去其他地方，他們必須放棄更多好處。這增加了使用該中間商的消費者數量，讓中間商得以進一步進行龐大的投資，猶如蓋了一條能捍衛碉堡的護城河。取代控制關鍵基礎架構的強勢中間商或中間商網絡，並非毫無可能，但確實非常困難。因此，使中間商如此有用的基礎架構，就成了他們鞏固霸權的一項工具。

合作與關係的黑暗面

中間人為了成為優秀中間人而培養的關係，加劇這個惡性循環。舉例來說，如我們所知，房地產經紀人是重複性參與者，而且絕大多數既有買方客戶也有賣方客戶，再加上NAR的道德準則和獨特的報酬結構，導致房地產經紀人之間出現高度合作。大多數時候，這有利於買家、賣家和房地產經紀人，並使交易過程更加順暢，皆大歡喜。

但現在，讓我們看看此一制度對 Trelora 等新創企業意味著什麼。丹佛一帶的房地產經紀人對 Trelora 的反應並不友善。根據杭特的說法，Trelora 及其客戶曾遭遇窗戶被磚頭砸破、汽車被鑰匙刮花的經歷。他曾被大量憤怒訊息轟炸，例如：「你惹惱了每一個想帶客戶看你的房子的經紀人，所以沒有人想帶客戶看你的房子。」[8]

然而，在房地產業，合作的重要性意味著當這些經紀人被惹怒，他們也有辦法報復。二〇一八年，杭特整理「一份僅在丹佛就有七百一十九家仲介公司的名單，這些仲介直截了當地表示不會展示 Trelora 的房源」。對於其他房地產經紀人的客戶來說，這是個壞消息。這意味著，如果最適合他們的房子正由 Trelora 的經紀人代理出售，他們的經紀人可能故意不帶他們看這個房子，而他們最終可能買下價格高一點或者沒那麼適合他們的房子。對於想跟 Trelora 合作的賣家來說，這也是個壞消息，意味著使用 Trelora 原來的方法，可能導致他們的房子被比較少潛在買家看到，因此降低可以拿到的價格或延遲成交的時間。

最終，這促使 Trelora 修改其營運模式的核心元素。Trelora 開始告訴每一個賣家：「假如你不提供百分之二點八到百分之三的佣金，四成的經紀人會想盡辦法不去展示或推銷你的房子。」因此，儘管遠遠看不出來買方仲介是否付出值得收取這類費用的努力，Trelora 仍鼓勵它的客戶付費。懷疑論者可能會說，這些傳統經紀人需要被「賄賂」才能盡責地為自己的客戶服務。

其他非傳統的仲介公司也面臨了類似挑戰。Redfin 是最成功的新型房地產仲介平台之一，但即便 Redfin 也有由於傳統經紀人為了維護高收費制度而導致他們丟掉生意的類似故事。二〇一八年，Redfin 的執行長舉一個西雅圖的客戶作為例子。Redfin 擔任經紀人，為該客戶賣掉他的房子，和傳統經紀人相比，替客戶省下了超過十萬美元。客戶一開始也希望跟 Redfin 合作，去買一間更豪華的新房子。然而當時機成熟，該房子的賣家（其實是賣方經紀人）選擇使用「密售掛牌」（pocket listing）——一種保持房源半私密性的做法，所以客戶覺得自己別無選擇，只能放棄 Redfin，轉而選擇傳統的房地產經紀人[9]。每棟房屋的獨特性意味著，交易一方（買或賣）的經紀人引導客戶遠離使用折扣經紀人的另一方的能力，對改變造成了真正的障礙。

受到這類故事普遍存在的啟發，芝加哥大學經濟學家史蒂文．李維特（Steven Levitt）和查德．賽弗森（Chad Syverson）決定看看他們能否找到證據，證明經紀人確實引導客戶遠離由折扣經紀人代理銷售的房子[10]。他們分析三個不同城市為期二十個月的數據，並控制了通常會影響房屋吸引買家的一系列變數，例如地點與大小。他們發現，當賣家選擇使用折扣經紀人常見的固定費用模式，他們確實省下了錢，但更可能無法以他們認為合適的價格售出房子，而且即使他們真的設法賣掉了房子，通常也必須比使用全方位經紀人出售類似房子的鄰居等待更長時間。這類發現顯示，Trelora 和 Redfin 面臨的困難是常態，而不是例外。

同樣地，當中間商參與其中，這類動態屢見不鮮，投資銀行有時也充當中間人。例如，當企業首次尋求上市，投資銀行長久以來一直發揮有益的作用，幫忙在企業與投資人之間牽線，並幫助投資人理解為什麼該公司的股票可能會是個好投資。然而，正如房地產市場的狀況，投資銀行幫助企業上市時收取的費用仍然非常高昂，而且始終不變，儘管技術的變化照理應該讓克服這些障礙變得容易許多。

除了最大規模的ＩＰＯ（首次公開募股），投資銀行通常會收取百分之五到百分之七的發行費用，從而減少了流向公司的資金，以及公司對投資人的價值。作為中間人，投資銀行還獲得了分配ＩＰＯ股票的權利，當股價預期在交易第一天上漲，這項權利本身就很有價值[11]。根據一項針對二〇一五年至二〇二一年初的六百五十件傳統ＩＰＯ（即涉及以投資銀行作為承銷商／中間人）的研究，中位數公司上市時產生的總成本，占籌集資金的百分之二十一點九。這個數字既包含公司支付給投資銀行的實際承銷費用，也包含該公司在首次發行時股票定價過低而間接產生的成本。正是這種對ＩＰＯ股票的結構性抑價，使得獲得這些股票的機會如此搶手，也使投資銀行分配這些股票的能力如此有價值[12]。

直到最近，投資銀行承銷ＩＰＯ仍是私營企業上市的唯一途徑，這項事實尤其令人震驚，因為圍繞ＩＰＯ的資訊與制度環境都已出現巨大變化。網際網路和其他創新促進資訊的流動，使投資人更容易自行研究，並對企業的價值與前景形成自己的看法。此外，現在的上市公司投資人比前幾個世代更加老練。如今，湧入上市公司的大部分資金都是流經機構投資人，與投資銀行最初擔起如此重大角色時占據大部分版圖的散戶相比，這些機構投資人更有能力評估一家公司的前景。況且，私募股權的增長及初創企業更長時間保持私有的趨勢，意味著有更多私營企業由需要在某個階段（如ＩＰＯ）退出的投資人持有。

最近的發展顯示改變終於即將到來。美國證券交易委員會（ＳＥＣ）已允許尋求上市的公司，在不籌集額外資金的情況下直接掛牌；愈來愈多公司透過另一種結構上市。在這種結構中，主要投資者承擔了中間商長期以來扮演的許多角色（儘管至今為止，價格往往非常高昂），而且，更好的替代方案也即將出現[13]。這些帶領企業上市的替代模式有時仍使用投資銀行，但參與其中的投資銀行比較不像中間人，它們施加較少的控制，賺取較低的費用。從讓所有公司遵循同一條老路，過渡到擁有各式各樣的選項以滿足不同企業的不同需求，過程有一些混亂。然而，儘管這種有意義的改變能帶來顯著的成本節約與其他優勢，但改變的步伐如此緩慢，再次證明中介機構的影響力過於龐大。

而且，正如房地產業的情況，傳統且昂貴的IPO流程之所以能長期作為公司上市的主要方式，動力之一就是投資銀行之間及投資銀行與老練投資人之間的重複性關係[14]。理論上，將IPO流程從昂貴的投資銀行手中解放出來，投資人作為一個群體將受益匪淺，因為銀行收取的高額費用大部分由他們承擔。然而實際上，投資銀行與老練投資人在多宗IPO及其他互動中的重複性關係，可能使個別投資人很難過於激烈地反擊。撇開別的不說，他們也不想錯過機會購買價格略低、備受歡迎的IPO股票。

然而，很多時候可能有所助益的重複性關係，同樣有其弊端。上市的途徑太長時間以來過於狹窄的事實，使投資銀行能夠以犧牲企業與投資人的利益為代價來賺取更多。這也可能是大公司上市比例下降的原因之一，導致資訊更加隱蔽，進一步降低了透明度和問責性[15]。

資訊與資源的黑暗面

中間商鞏固並擴展其霸權的另一個方法，是透過成長。成長有時是有機的，正如沃爾瑪在美國及海外的系統性擴張。藉由帶來關於在哪裡設置及如何設計新倉庫與店面的大量資訊、提供執行這些計畫的資源，並善加利用與供應商的既有關係，大型中間商可以逐步擴大它們的足跡，擠掉從前可行的替代者，包括當地企業和較小的連鎖店。收購是中間商延伸觸角並增強力量的另一種方法，例如，銀行吞併其他銀行是美國銀行體系的核心機制。透過這個機制，美國銀行體系從擁有超過一萬八千家專注於為地方服務的銀行，演變成剩下不到五千家銀行，其中僅六家銀行就把持了絕大部分的銀行資產[16]。

本質上更令人不安的是，原本已經很強大的中間商利用收購來抵禦或壓制可能將他們趕下王位的威脅。亞馬遜再次成為絕佳案例。二〇〇〇年代，Soap.com和Diapers.com（兩者皆屬於Quidsi公司）的用戶和知名度迅速增長，亞馬遜的內部電子郵件顯示，公司高層將Quidsi視為亞馬遜在某些領域的最大競爭對手。由於消費者有了深受許多人喜愛的替代選擇，亞馬遜覺得有必要降低價格，並提供更好的顧客服務[17]。根據一項評估，亞馬遜準備每月虧損兩億美元來銷售尿布，以免顧客轉而到 Diapers.com 購買。這項策略和芝加哥生鮮超市使用的策略雷同，但是規模要大得多，涉及的虧損也大得多。與其繼續以提供更好的價格和服務來取勝，亞馬遜很快改弦更張，二〇一〇年，它決定收購 Quidsi，將競爭對手轉化為不斷擴張的帝國的一部分。

就在一年前，亞馬遜收購了 Zappos。這是一家備受歡迎的網路鞋店，擁有非常忠實的客戶基礎。這次收購不僅讓亞馬遜得以控制一個深受鞋迷喜愛的網站，也限制了供應商在不透過亞馬遜的情況下接觸鞋類愛好者的能力，例如，在亞馬遜收購 Zappos 之前，耐吉（Nike）拒絕與亞馬遜建立經銷關係。耐吉只是透過 Zappos 賣出大量鞋子，堅決不對亞馬遜讓步的眾多廠家之一。藉由買下 Zappos、消除耐吉之前接觸線上消費者的獨立的替代方法，亞馬遜讓耐吉覺得自己別無選擇，只能跟亞馬遜合作[18]。

然而，僅將焦點放在 Quidsi 和 Zappos 被亞馬遜收購時對亞馬遜構成的威脅，無疑低估了這些收購案的影響。亞馬遜之所以如此成功，部分原因在於它總能高瞻遠矚，它運用驚人的豐富數據，根據人們現在正在做什麼來規劃它接下來應該做什麼，並了解未來可能對其主導地位產生威脅的事物。正如反壟斷專家史考特·亨菲爾（Scott Hemphill）和吳修銘（Tim Wu）所解釋，收購剛萌芽的競爭威脅——那些今天可能是也可能不是競爭對手，但未來可能構成重大威脅的公司——會對競爭和創新造成特別有害的影響[19]。多虧亞馬遜適時收購 Quidsi 和 Zappos，永遠不會有人知道它們原本可以對亞馬遜的霸權造成多大威脅。

亞馬遜也曾利用收購，以其他方法令競爭對手處於劣勢。想想亞馬遜為了提高倉儲效率而收購的機器人公司 Kiva，在被亞馬遜收購之前，該公司向許多家電子商務公司出售機器人。在談判合併的過程中，亞馬遜一位高階主管向 Kiva 的創辦人保證，Kiva 可以繼續賣機器人給其他公司，包括亞馬遜的競爭對手。該創辦人花了多年時間深耕這些關係，這些客戶也已對 Kiva 產生依賴，所以這句保證對他來說很重要。然而，併購後短短幾年內，亞馬遜改變了心意（或表明它從頭到尾就抱著相反的意圖），逐步阻止 Kiva 將機器人賣給其他公司，甚至是依賴他們的長期客戶[20]。這使亞馬遜從收購中得到的競爭優勢達到了最大，但僅僅是因為亞馬遜在改善內部營運的同時給競爭對手設下障礙。

反壟斷法賦予政府權利去審查並阻止會削弱競爭的收購案。然而，正如愈來愈多的政策制定者和學者表示的那樣，近幾十年來，這些法律未能實現它們的目的。其中一項挑戰是，監管機關迷上了旨在為交易或行動的競爭衝擊提供實證評估的經濟模型，而往往忽略了更廣泛的政策問題，以及在快速發展的環境中為權力進行量化的先天限制[21]。另一項挑戰是，每當監管機關試圖阻止或對合併案施加重大條件時，這些企業可以也往往會在法庭上進行反擊。法庭因此成了另一個空間，讓大型中間商可以運用他們的雄厚財力和對市場的深刻理解，編造出交易為什麼對消費者有利的故事，即便他們的用心遠非如此良善。企業可以隨時反擊，而受到合併案傷害的消費者、工人和其他人不能的事實，可能會加劇監管機關為過多合併案放行的趨勢。

正如上一章的深入討論，明白合併已被用來從根本上改變中介體系（如銀行業），並讓尋求主導地位的中間商進一步實現霸權（如亞馬遜所反映的），為重新思考並重新提振競爭政策的價值提供了更多證據。貫穿本書的分析顯示，中間商擁有的力量既是多層面的——涉及了龐大的資訊優勢、關係，以及對基礎設施和其他資源的掌控——也是動態的，因為中間商利用他們目前的優勢塑造明天的市場結構。沒有人能像亞馬遜那樣深刻理解收購 Quidsi 和 Zappos 對亞馬遜的價值。同樣地，銀行業的轉型突顯出，以個案為基礎來審查合併案的方式，會讓監管機關落入見樹不見林的境地。銀行業與金融業的轉變，是銀行不斷吞併其他銀行的結果。然而，現今審查合併案的流程，使監管機關狹隘地專注於個別合併案對競爭的影響，忽略了大局。

多起針對NAR及其附屬團體的反壟斷訴訟案，只帶來了有限的好處，這顯示即使反壟斷當局立意良善並找到了正確目標，他們仍然不知道如何設計有效的補救措施來對付中間商通常擁有的明顯權力集中。除了揭露近期反壟斷執法方式的缺陷之外，這些動態還有助於說明，在論及的參與者是中間商時，為什麼被市場基本教義派視為確保企業讓社會變得更好、而不僅僅是在為自己牟利的關鍵力量——競爭——往往無法實現其目標。

影響立法：組織的黑暗面

如果競爭無法遏制中間商，現行法律的執行又不足以解決問題，那麼，應付中間人經濟的辦法似乎在於制定能恢復更健康的權力平衡的新法。然而，在中間商與小人物的拔河鬥爭中，立法者並不總站在小人物這一邊。相反地，立法是中間商非常善於利用自己的優勢來扭曲過程，以達成自身目的的另一個領域。

房地產市場再度提供了生動的例子。Trelora 的營運模式有一個前提基礎，那就是買房者應該能夠選擇他們是想要一個昂貴的、提供全方位服務的經紀人，還是想付一筆固定費用，換取較小的服務組合。相對於國外的房地產買賣，美國人超額支付最多的一方是買家（在許多地方，買家甚至沒有使用經紀人），這使得讓消費者有機會接觸 Trelora 這類的低成本選擇，成了一個特別重要的議題。儘管如此，十八個不同的州分別在某個時間點禁止促進買方這一面競爭所需的返利（rebate）。雖然幾個州後來廢除了這些法律，但仍有十個州將這類法律保留下來[22]，原因是遊說。

遊說指的是用來影響立法的行動，無論行動者是公司、像 NAR 這樣的行業組織，或是山岳協會（Sierra Club）這類的公共利益團體。近期的研究顯示，利益團體花在遊說上的費用遠遠高於選舉捐款，而且大約百分之八十五的遊說經費來自企業或 NAR 這類的行業協會[23]。各種研究也表明，遊說可以有效地影響稅賦政策、補助和特定行業的規範[24]。使 Trelora 最初的營運模式變得不合法的反返利法律，只是這些行動可以如何收效的一個例子。

在《集體行動的邏輯》（*The Logic of Collective Action: Public Goods and the Theory of Groups*）一書中，曼瑟爾・奧爾森（Mancur Olson）奠定了理論基礎，說明為什麼一些群體可以如此有效地影響政策，即便他們的利益與廣大群眾的利益背道而馳。他把焦點放在阻礙有效集體行動的挑戰上，例如，在房地產市場，屋主的人數遠遠超過房地產經紀人，如果法律允許返利，屋主將因而得利。但是對大多數人來說，買房只是偶一為之的事情，所以他們或許不會太關注禁止返利的法律為他們帶來的小成本。而屋主沒有現成的機制來攜手促進他們的集體利益，更加劇了此一挑戰。而且，就算存在這樣的機制，個別屋主也可能理性地置身事外，希望靠別人的努力「搭便車」。基於這些動態，對於那些有利於廣大、分散群體的法律，倡議的力量往往過於薄弱。

房地產經紀人的情況就大不相同了。反返利法律有助於鞏固高收費的雙仲介結構，所以他們有更強的動力來爭取這樣的法律，他們也更有能力聯合起來。正如奧爾森的解釋，提供個別化利益來吸引成員的組織，可以被用來促進這些成員的共同目標。NAR與地方MLS完美契合這個模式。房地產經紀人享受會員資格帶來的專業利益，但隨後成為遊說巨頭的一分子。NAR是全美最大的行業協會，成員遍布各州和聯邦的每個投票區[25]；自二〇一二年以來，它也是遊說支出最高的五大組織之一，每年花費超過四千萬美元，有時甚至遠遠超過[26]。

然而，要成為優秀的遊說者，需要的不僅僅是金錢，資訊是關鍵。在此，資訊不是客觀傳遞的事實，乃是為了推動某一套政策而選擇性呈現的特定事實。資訊可以被用來突顯有利於中間商的監管制度的優點，掩蓋其缺點，也可以被用來混淆視聽、散播不確定性，讓人不知道什麼對公眾最有利。由於立法者並非無所不知，專家可以影響立法者看待問題的方式。中間商用來幫助媒合買賣雙方的一切資訊優勢，也可以被重新調配來塑造政策。這又是另一個反面。

事實勝於雄辯。房地產經紀人不僅說服各州立法禁止返利，也成功影響了聯邦法律。二〇一七年，NAR主席吹噓NAR長期以來如何靠著成功遊說保護房貸利息扣除額[27]，儘管這項抵稅優惠不成比例地有利於富人[28]。他還自吹自擂地說，二〇〇八年，「NAR成功說服國會擱置一項針對房地產交易夥伴的增稅計畫」——保護了私募股權和對沖基金經理人廣泛用來逃漏所得稅的一項減免，因為房地產經紀人也能從中得利。而當監管機關提議允許銀行及其附屬機構提供房地產仲介服務——可能帶來有益於消費者的重大競爭，NAR「努力阻止這項議案」，並得到國會支持[29]。總體結果非常驚人。正如紐約大學經濟學家羅倫斯・懷特（Lawrence White）所解釋：「美國目前的住房政策可以輕易用幾句話概括：有房子很好；有更多住房就更好了。而增加住房的方法，就是提供補貼。」沒有什麼行業比房地產經紀人更能受益於對住房的支持[30]。

房地產經紀人的遊說，甚至有助於解釋小羅斯福總統為什麼決定把住房所有權視為理應獲得巨額補貼的聯邦首要任務。NAR多年來一直在倡議這樣的政策[31]，NAR明白，要促進房地產經紀人的集體利益，最好的辦法莫過於增加房屋買賣的交易量，而聯邦補助正好可以做到這一點。簡單回顧一下小羅斯福總統原本可以採納的其他方案，例如讓醫療保健成為每個美國人都能享有的權利，或者為托兒服務提供補貼或基礎設施，就可以看出該決定攸關多大的利害。

安排有序、消息靈通且處於有利地位

同樣地，房地產業只不過是一個例子，體現了更普及於所有中介活動的一項趨勢。根據奧爾森的說法，集體行動的賽局經常會出現兩種類型的贏家。有些是為成員提供個別利益，並代表全體成員進行遊說的行業組織，例如NAR；另一些之所以進行遊說，則是因為它們的規模如此龐大，以至於它們能享受到的個人利益為投資於遊說的行為提供了合理性。中間人可以是這兩種類型中的任何一種，有時兩者兼具。

行業組織很常見。國際金融協會（Institute of International Finance）和銀行政策研究所（Bank Policy Institute）這類組織在開展對銀行有用的研究與活動之際，也努力推動有利於銀行的法律。而且，摩根大通和花旗集團等銀行如此龐大，以至於它們本身就有強烈的個人動機試圖塑造會影響其營運的法律。根據

OpenSecrets 的說法，「金融業無疑是聯邦候選人與政黨的最大競選捐款來源」。[32]

零售中間商也是其中的大咖。一九九八年到二〇〇八年間，沃爾瑪的遊說支出從每年僅十四萬美元，增加到每年超過六百萬美元，而且在這條路上一往直前。亞馬遜比較晚加入戰局，但近年來不斷加大遊說力度，光二〇一九年就在遊說活動上花了將近一千七百萬美元——超過美國任何一家公司[33]。它也毫不猶豫地聘請大人物，例如聘用歐巴馬總統的前新聞秘書杰伊·卡尼（Jay Carney）替它工作[34]。

然而，同樣地，不僅僅因為中間商斥巨資影響法律，更因為它們有能力結合對所在市場的深刻理解來運用投入的巨資，才令中間商具有如此令人不安的影響力[35]。

紐約證券交易所（New York Stock Exchange）在一九七〇年代的演變，為這種動態的實際作用提供另一個例子。一開始，作為買賣上市公司股票的集中平台，紐約證交所的崛起是一個正面的發展。藉由將買家和賣家聚集在一起，它提高了價格的準確度和股票的流動性，對投資人和企業都有益處。然而，紐約證交所一旦確認自己的核心地位，任何人都很難到其他地方買賣在紐約證交所掛牌上市的股票，即便紐約證交所的一些規則以犧牲投資人的利益為代價，使紐約證交所的成員受益。

正如房地產市場，財富從投資人轉移到中間商的過程，是透過一個人為僵化的定價結構[36]。其形式是一種固定費用結構，亦即要求紐約證交所的所有成員對任何一筆交易收取相同的費用。相似之處還不止於此，在這兩種情況下，使用管道與組織都是關鍵。只有紐約證交所的成員能在該交易所進行買賣，這防止了價格競爭，並將紐約證交所轉變成代表全體成員進行遊說的強大力量。當美國證券交易委員會推動改革（多虧司法部的敦促），紐約證交所運用其組織能力和資訊優勢展開反擊。紐約證交所及其成員宣稱，競爭有可能被證明是有「破壞性」的，會導致過度整合，從而對小型證券公司和一些投資人造成損害。

這讓美國證券交易委員會陷入尷尬處境：它必須在一個已知運作良好的結構，和一個可能對投資人更好、但也充滿不確定性的替代方案中選擇。最終於一九七五年，在延宕多時並歷經許多爭議之後，美國證券交易委員會採納了允許證券公司進行價格競爭的規則。業界發生天翻地覆的變化[37]，規則的改變使折扣券商得以興起，它們提供的服務較少，但價格也低得多，這導致市場變得更有效率、更競爭，投資人平均花更少的錢交易股票。改革不無副作用，有些公司也確實倒閉了，但業界編造的恐怖故事通通沒有實現。

從競爭機制的實施到規則的改變，終於發揮作用，中間耽擱的時間再次證明中間商如何利用它們對集體基礎架構、組織能力和優勢資訊的掌控，鞏固讓它們以犧牲終端用戶的利益為代價來賺取過高費用的運作模式。

了解紐約證交所、NAR及它們的成員如何運用資源和市場地位來推動有利於中間商的法規制度，有助於洞察大型中間商帶來的威脅在未來幾年將如何增長。雖然企業遊說的影響看起來可能很熟悉，但是當涉及的參與者是中間商，就出現了額外的層面。中間商不僅深諳它們的行業，也了解它們試圖媒合的人（例如消費者和散戶投資人）有什麼需求。這增強了它們編造故事的能力，謊稱某一項干預措施會如何傷害該法案試圖保護的消費者或生產者，以及消費者如何從其實對中間商最有幫助的法條變更中獲益。這使立法者很難忽視中間商的利害關係，甚至使立法者和監管機關很難分辨真偽。

金融法規不足且監督不力

不完善的監管制度降低了金融中間商的經營成本，並給普通借款人和投資人及整個金融體系帶來風險。這進一步證明金融中間商的遊說行動多麼成功。舉例來說，掠奪性放款（predatory lending）是二〇〇〇年代初期的一大挑戰。人們對可證券化貸款的需求，特別是對次級貸款的強勁需求，意味著貸款經紀人有強烈動機將這類貸款塞給借款人，即便他們沒有足以償還貸款的收入，或者他們其實有資格獲得傳統貸款。回想一下，這類商品不成比例地以黑人借款人為目標，導致更多黑人借款人為不符合他們需求的貸款支付過高的費用[38]。這促使北卡羅萊納州、喬治亞州和其他各州實施更積極的消費者保護法。

銀行找到聰明的反擊辦法。大多數大型銀行都是全國性銀行，這代表它們受聯邦監管機關——美國貨幣監理署（Office of the Comptroller of the Currency，簡稱OCC）——的監管[39]。（相較之下，大多數小型社區銀行仍是各州的地方銀行，由州監管機關和聯邦存款保險公司〔FDIC〕負責監督。）作為聯邦監管機關，貨幣監理署享有一項特殊權力——只要有另一項相關的聯邦法律可以適用，它能豁免全國性銀行遵守特定的州法律[40]。這樣的豁免降低了銀行的合規成本，使它們能在全國各地的業務上採取統一的政策。而且，只要州和聯邦的法律同樣嚴格，即使細節不同也無傷大雅。

但是在二〇〇〇年代初，當某些州頒布較強力的消費者保護法，而國會和聯邦監管機關還沒有這麼做時，州和聯邦制度提供的保護程度出現顯著差異。儘管如此，二〇〇三年，貨幣監理署提出一項法規，使全國性銀行免於遵守新的州法律，或以州法律為基礎的其他消費者保護措施。消費者保護團體反對這項法規，認為它「使消費者暴露在全國性銀行廣泛的掠奪與濫權行為下」[41]。全國性銀行及其行業協會設計一套新的說詞作為回應，聲稱這樣的豁免對消費者有利。根據銀行的說法，假如被迫遵守東一塊西一塊的各州法律，銀行面臨的複雜性和不確定性將使它們不敢在特定市場放款，也不敢提供貸款給風險較高的借款人。它們利用自己擁有的資訊和資源編造了一個看似合理的故事，表示旨在保護消費者的州法律其實是出自天真的副產品，未能理解證券化這類創新的好處，以及標準化對促進證券化的重要性。這是一場典型的消費者對抗中間商的戰爭，正如經常發生的那樣，中間商假裝對它們最有利的事情也會使消費者受益，而政府站在中間商那一邊。

事後看來，貨幣監理署的邏輯漏洞百出。正如法學教授派翠夏．麥考伊（Patricia McCoy）和凱瑟琳．恩格爾（Kathleen Engel）展示的，貨幣監理署的做法意味著許多借款人「對濫權的放款人幾乎無計可施」[42]。雪上加霜的是，事實證明，住房自有率的上升只是曇花一現。由於金融危機，許多在二〇〇〇年代第一次購屋的人被趕出自己的房子，黑人家庭的起落尤為明顯，他們幾乎失去了在危機爆發前似乎取得的一切。哈佛大學的一項研究發現，二〇一七年，黑人住房自有率與白人住房自有率之間的差距，甚至比一九九〇年代中期更大[43]。

這是強大的金融機構在二〇〇八年之前的幾十年權力愈來愈大的典型情況，使得這些中間人在立法與監管過程中享有超乎尋常的影響力，從而導致對消費者保護不足、管制放鬆、改革不力的情況，即便金融體系的演變帶來新的威脅時也是如此。

這不僅體現在個別案例中，更體現在長期觀察到的廣泛趨勢上。例如，自一九八〇年代開始，聯準會和貨幣監理署逐步拆解《格拉斯—史蒂格爾法案》樹立在銀行和投資銀行之間的分隔牆。在銀行的推動下，這些監管機關開始允許銀行從事愈來愈多類似投資銀行業務的高風險活動，而它們這麼做的時候，通常沒有考慮到這些變化會如何改變競爭局勢，或者銀行在面臨如今可能遭遇的新風險時應該做出哪些改變[44]。同樣地，資產管理公司（另一種類型的中間商）試圖創造一種新型的投資基金，這種基金可以在沒有人實際支付存款保險的情況下複製存款——即現在到處可見的貨幣市場共同基金。美國證券交易委員會為他們鋪平這麼做的道路，而且沒有其他人加以攔阻。這為一個以市場為基礎的龐大中介體系奠定了成長的基礎，這個通常被稱為影子銀行（shadow banking）的體系發揮著和銀行相同的許多功能，卻沒有受到監管來應對它帶來的系統性威脅。

國會——競選捐款的主要收受者兼遊說行動的經常性目標——也扮演一個角色。例如，當商品期貨交易委員會（Commodity Futures Trading Commission，簡稱CFTC）建議對衍生性金融商品進行監管，國會通過一項法律，有效地讓衍生品不必受到監管[45]。而當銀行試圖進一步打破銀行和投資銀行之間的格拉斯－史蒂格爾分隔牆，國會同聲應和，促進了過於龐大、複雜、大到不能倒的金融機構的發展[46]。國會還免除短期出售與回購協議的核心破產保護，促進短期融資市場的發展。而短期融資市場常常是金融脆弱性的源頭[47]，如果沒有這些豁免，回購市場的規模會小得多。正如我們將在下一章看到的，國會與監管機關一次又一次選擇支持金融中介機構的決定，最終證明對整個國家和大半個世界都是災難性的。金融危機後，政府顯著強化了銀行和其他金融中介機構的監管規則，二〇一〇年的《陶德－法蘭克華爾街改革與消費者保護法》（Dodd-Frank Wall Street Reform and Consumer Protection Act）處理了這裡描述的許多特定弊端。然而，非得經歷如此嚴重的災難才能促使立法者通過適當的監管措施，進一步證明了權力大多數時候多麼失衡。

第八章 ▼ 供應鏈責任歸屬的迷思

二〇〇七年九月十八日，在美國華府一個陽光明媚的秋日，聯準會主席柏南克（Ben Bernanke）和同事齊聚聯邦公開市場委員會（Federal Open Market Committee），也就是眾所周知的ＦＯＭＣ。ＦＯＭＣ負責國家的貨幣政策，掌握巨大權力。由於次級房貸市場出問題，這次會議有了新的重要性。然而，真正令人擔憂的是，那個小市場的問題似乎正在蔓延，導致金融體系的其他環節功能失靈。

ＦＯＭＣ已經很不尋常地在兩次定期會議之間降低了利率，但這是他們第一次面對面開會評估出了什麼差錯，以及未來可能發生的狀況。會談很快揭示，證券化是引發這些問題的癥結所在，同時阻礙了柏南克和他的同事看清整個金融體系的風險配置，以及未來可能出現的情況。

正如聯準會理事蘭德爾．克羅茲納（Randall Kroszner）所解釋的，「在『貸款後證券化』（originate-to-distribute）模式之下……風險分散得多」[1]，導致出現「一些不確定性，而那正是實際發生的情況。人們掌握的資訊沒有他們以為的多」。[2]

那些所謂精明幹練的投資人，是「掌握的資訊沒有他們以為的多」、導致市場失靈的族群之一。回想一下，證券化的一個「好處」是分攤風險與資訊負擔，使得風險低到被認為「資訊不敏感」的一些MBS得以誕生。評等機構為這項轉變推波助瀾，他們向投資人額外保證大部分MBS及其他已發行的證券化資產風險很低，足以獲得AAA級的信用評等。遺憾的是，許多評等被證明錯得離譜。

二〇〇七年夏天，幾大評等機構為許多以次級貸款和其他非典型貸款為基礎的MBS降低了評等。但由於資金從抵押貸款流向MBS的供應鏈極其複雜，投資人如果不能信任評等，他們很難確定這些投資工具的價值。這導致許多投資人急於出售次貸MBS，但很少人願意接手。正如法國巴黎銀行（BNP Paribas）在八月份暫停贖回三支持有MBS的基金時解釋的那樣：「美國證券化市場的某些區塊，流動性完全蒸發，使得特定資產的價值完全無法被公平評估，無論它們的品質或信用評等如何。」[3]沒有人買就沒有交易，因此沒有簡單的方法為這些基金持有的MBS資產定價。

接下來的發展令所有人猝不及防。這項公告引發人們對各種證券化商品的實際價值產生擔憂，由於對評等失去信心，又缺乏必要的工具和資訊來評估借款人違約率上升會如何影響各種檔次的ＭＢＳ，以及支持或持有這些ＭＢＳ的其他各種投資工具，買家太少、流動性太低和市場失靈等纏繞在一起的問題，一下子蔓延開來。

當時負責監督執行聯準會貨幣政策的威廉．達德利（William Dudley）向ＦＯＭＣ提出一份報告，羅列次貸ＭＢＳ市場問題引發的一連串令人始料未及的連鎖效應[4]，例如，銀行和其他貸款發行機構很難將沒有得到聯邦政府擔保的貸款證券化。由於許多銀行已開始依賴證券化將新的貸款從資產負債表上移除，證券化市場的突然凍結為他們的資產負債表製造了壓力，因而限制他們發放新貸款的能力，甚至無法放款給信用最好的借款人。

達德利進一步解釋，短期融資市場也受到嚴重破壞。另一項新奇的金融創新——資產擔保商業本票（asset-backed commercial paper，簡稱ＡＢＣＰ）——是罪魁禍首。這些是當代錯綜複雜的資本供應鏈的典型例子，簡單地說，銀行會成立一個新的、不列入資產負債表的實體（例如特殊目的機構）來購買ＭＢＳ，並透過發行由這些資產擔保的短期商業本票——ＡＢＣＰ——及一些能吸收虧損的長期工具來籌集資金[5]。貨幣市場共同基金是ＡＢＣＰ的最大買家，很長一段時間，他們就這樣不斷累積持有量。整個系統的運作與銀行雷同，其中，貨幣市場共同基金的股份扮演短期存款的角色，為長期的房屋貸款提供資金，但是有更多的層次和複雜性。這就是二〇〇七年前後的影子銀行的核心。

這些額外的複雜情況在景氣好的時候並不重要，但是當形勢惡化，影響就大了。人們一旦對次貸ＭＢＳ的價值和信用評等的可信度產生疑問，向投資人承諾安全保障的貨幣市場基金就不想跟涉及這些資產的ＡＢＣＰ有任何瓜葛。根據紐約聯準銀行的一份報告，到了二〇〇七年底，百分之四十的ＡＢＣＰ項目都遭遇「擠兌」[6]，麻煩因而蔓延到這些項目的擔保銀行。

與投資人的資訊缺口一樣顯著的，是監管機關的資訊缺口[7]。恰恰因為任何一家依靠短期負債（如存款或商業票據）為長期資產（如貸款）提供資金的機構固有的脆弱性，美國各家銀行長期以來一直受到嚴格的管制與監督。然而，卻沒有類似的監管機制來規範影子銀行，所以才叫做「影子」。這正是克羅茲納理事對他同事提出的觀點：隨著證券化興起，投資人和監管機關都不清楚風險究竟有多大，也不確定風險如何分散。

當這種以市場為基礎的新中介系統——影子銀行——在二〇〇〇年代初期蓬勃發展，作為其支柱的長而複雜的證券化鏈條似乎創造了效率。藉由讓尋求住房貸款的人有機會接觸新的資本池，它們似乎幫助人們更容易實現買房夢想。看起來，這個系統是長而複雜的供應鏈帶來的超專業化，能讓人們過得更好的另一個例子，就像服裝和食品的生產一樣。

但是，在整個系統崩潰瓦解、連帶拖垮經濟之前，沒有人意識到，透過層層中間人和愈來愈複雜的資本供應鏈創造短期效率的行動，也創造了一個過於脆弱、僵化而不透明的系統。和許多複雜的供應鏈一樣，短期收益是以犧牲簡單性為代價，連帶犧牲了簡單性帶來的彈性和問責性。

其結果已廣為人知。事實證明，相對於後來的地動山搖，二〇〇七年秋天令聯準會如此擔憂的波動，只不過是小小的震盪而已。投資銀行雷曼兄弟（Lehman Brothers）的倒閉，以及保險巨頭ＡＩＧ的瀕臨破產（該公司因聯準會提供八十五億美元的緊急貸款才勉強躲過破產命運），撼動了全球金融市場。

隨之而來的金融危機，重創了美國的勞工階層和整體經濟。超過九百萬家庭因為無力償還房貸，房子遭到法院或銀行拍賣[8]。失業率達到百分之十，這還不包括許多已放棄找工作的美國人[9]。房價下跌百分之三十，主要的股市指數也跌到腰斬。每個人的財富都縮水了。

雪上加霜的是，雖然最上層百分之十的家庭在危機過後的幾年內迅速恢復財富，比較不富裕的家庭仍持續受苦[10]。和白人家庭相比，黑人家庭的房屋淨值、住房自有率和財富的下跌幅度更大[11]。這場危機也給社會留下持久的傷痕，加劇了政治分歧，人們普遍認為政府拯救了華爾街，卻任由廣大人民蒙受損失。這引發了眾怒，並助長日益壯大的民粹運動。

儘管聯準會官員和其他政策制定者從二〇〇七年九月在FOMC會議上得知核心問題，到二〇〇八年九月雷曼和AIG垮臺之間有整整一年的時間，這一切還是發生了。時任舊金山聯準銀行行長的葉倫（Janet Yellen），在二〇〇七年對聯準會同事提出警告，「對於第四季度及後續的發展，影響預測的最重要因素是自七月中以來攪亂金融市場的地震」。聯準會理事弗雷德里克．米什金（Frederic Mishkin）也是在二〇〇七年警告，「有可能出現惡性循環或下降趨勢」，其中，「金融瓦解」使「資本更難分配給有生產性投資機會的人」，導致「經濟活動萎縮」[12]。政策制定者在整整一年後仍如此手足無措的事實，並不表示他們無視這些威脅，而是證明了由於系統變得如此複雜，任何人都很難弄清楚問題會如何透過這麼多不同的交互關係蔓延開來。

從市場開始失調到雷曼倒閉，再到錯失機會避免後續災難的這一年，證明中介鏈一旦變得太長、太複雜，要從一個以指標（例如信用評等）為基礎的系統轉向以實際資訊為基礎的系統有多麼困難。證券化鏈的複雜不僅提高了投資人的逃離傾向、引發脆弱性，更降低聯準會為市場參與者填補知識缺口的能力，進一步加劇脆弱性[13]。

儘管細節有所不同，但其中的動態與德國在二〇一一年爆發大腸桿菌疫情時的情況類似。這兩起事件都出現了問題的早期徵兆，顯示會對公眾福祉帶來重大威脅。但是，負責保護公眾的官員面對的困境如此複雜，以至於無法輕易看清威脅的完整性質或來源。

在這兩起事件中，資訊缺口都導致政府官員做出錯誤診斷，引發了不良後果：德國公共衛生官員貿然地誤指西班牙番茄是疫情元凶，然而疫情源頭其實是德國本地種植的豆芽。同樣地，二〇〇八年，聯準會官員駁回監管當局的提議，這項提議原本或許可以阻止雷曼兄弟倒閉及後續的災難。在貝爾斯登（Bear Stearns）倒閉後——離雷曼倒閉還有五個多月，參議員克里斯·陶德（Chris Dodd）問柏南克，聯準會是否需要享有更大的權力來監管貝爾斯登和雷曼兄弟這類券商，柏南克說不需要[14]。這只是無數次錯失的機會之一，與其說是因為用心不良，不如說是欠缺資訊導致根本性誤解。正如德國爆發的大腸桿菌疫情，問題的規模與範圍不斷擴大，由於供應鏈變得過於複雜而產生的盲點，給普通民眾造成更大的傷害。

複雜的供應鏈，既脆弱又僵化

過度複雜的資本供應鏈在二〇〇〇年代中期占據主流地位，其複雜度除了製造令人無力的資訊挑戰，也帶來有害的僵化現象。隨著房價暴跌，許多屋主發現他們欠下的房貸超過房產價值；在二〇一〇年的巔峰時期，一千五百萬美國家庭發現自己被套牢了[15]。這不僅給屋主造成巨大痛苦，也給持有那些房屋貸款的投資人帶來挑戰。

當供應鏈相對簡單（借款人—銀行—存款人），借款人可以直接去找銀行，而銀行可以——也通常會——重新協商，因為假如貸款條件相對於房屋價值過於嚴苛，屋主永遠可以選擇一走了之。降低欠款金額有時可以提高貸款的預期績效和價值，但是當借款人不得不去找服務商，而服務商不得不考慮各個不同檔次MBS的利息（這些利息會視更改了哪些貸款條件而受到不同的影響），貸款就很難用對借款人最有幫助的方式進行修改，進而最有效地避免房子遭到法拍[16]，最終結果就是太多房子被沒收拍賣。這傷害了屋主，傷害了MBS投資人，傷害了那些房子所在的社區，也傷害了整體經濟[17]。同樣地，經濟景氣時所謂的效率帶來過度僵化的現象，在房市下滑時傷害了所有參與者和其他人。

供應鏈僵化帶來的影響，另一個短暫而鮮明的例子出現在二〇二〇年三月。當新冠病毒顯然已侵入美國並迅速傳播，人們的生活方式很快出現改變，而且通通朝著同一方向改變。平常一週五天會在工作地點或學校如廁的人，現在面臨了只能在家上廁所的前景。美國人預見這項變化，並且希望避免過於頻繁地進商店採買，因此在囤積大米和冷凍蔬菜之際也開始囤積衛生紙。

但是長年為了提升效率而減少庫存的零售商，無法跟上需求的增長。雪上加霜的是，關於何時能供應更多衛生紙的不確定性引發了恐慌，導致更瘋狂搶購，造成甚至更嚴重的短缺，到了二〇二〇年三月二十三日，七成的美國超市（包括網路商店）完全缺貨[18]。追尋衛生紙成了全國性消遣。美國前眾議員布萊德·米勒（Brad Miller）在推特上宣布他度過了勝利的一天，因為他在當地的西夫韋超市（Safeway）「買到二十捲衛生紙」。埋藏在這種玩笑話之下的，是對共同脆弱性的體認。彷彿對公共衛生和經濟的衝擊還不足以把生活攪得天翻地覆似的，日常必需品的供給也得不到保障。對許多人來說，苦苦找不到衛生紙的困境，加劇並體現了當時的精神痛苦。

然而，事實證明，二〇二〇年的衛生紙短缺現象只是即將到來的供應鏈挑戰的一個溫和前兆。隨著經濟在二〇二一年強勁復甦，需求也跟著回升。人們想要建造和翻修房屋，增加了對木材的需求，但木材的採購和中介系統跟不上速度。木材價格在二〇二〇年四月到二〇二一年五月之間，暴漲了百分之三百二十三，導致工程延宕和挫折感。木材價格很快回跌，但價格的波動只是增加了不確定性，令建商和家庭難以計畫。

二〇二一年春天，半導體——「全世界每一臺電子設備的『大腦』」——短缺也達到了危機程度[19]。蘋果公司不得不延遲推出最新款的 iPhone；福特和其他汽車公司預計，它們各自會因為短缺而少賺二十億美元的利潤；就連美國國防部也糾結於如何取得這項關鍵性原物料。連鎖效應蔓延到了其他市場，例如，新車的減產導致二手車需求上升。二〇二一年六月，一個被廣泛使用的二手車價格指數比前一年上漲了百分之三十六，有些二手車的售價甚至超過它們全新出廠時的價格[20]。

當今供應鏈的長度並非造成這些短缺和價格波動的唯一因素，但是它扮演了重要角色。多節點、跨洲際、多公司的製造模式，創造了依賴性、脆弱性和巨大的資訊缺口。大多數人以為是製造商或生產者的公司，其實只不過是漫長供應鏈的最後一環，而這些公司對供應鏈的控制和視野都很有限。巨大的延誤和損失反映出從蘋果到福特等公司，都沒有意識到由於供應鏈解構而導致的上游脆弱性。令挑戰更形險峻的是，採取單一流程並將流程拆解成各個節點的做法，使得每個節點都必須自求多福。這導致了在細微層級上看似最佳、但會對整體產生不良連鎖反應的決策，例如半導體業者決定壓低產量，直到產業鏈上的其他公司承諾購買。但是到了那個時候，生產速度只能提高一定的程度，不同供應鏈之間的相互依賴，進一步加劇脆弱與僵化。例如，木材製造商很難提高供應量，因為他們所需的製造設備出現了供應鏈問題[21]。其中的動態類似於二〇〇八年圍繞證券化的挑戰：追求短期「效率」最大化的行動導致了隔離，這在一切順利時能降低成本，一旦遭遇衝擊就會放大成本、不確定性和機能障礙。

經濟復甦期間的全球運輸加劇並體現了這些挑戰。正如經濟學家兼歷史學家馬克・萊文森（Marc Levinson）在他的著作《貨櫃外的全球化》（*Outside the Box: How Globalization Changed from Moving Stuff to Spreading Ideas*，暫譯）所說的：隨著製造流程的分解，「國際企業遲遲沒有意識到他們的新商業模式如何創造新的風險」，其中一個風險就是更容易受到運輸成本與檔期的改變所影響[22]。到了二〇二一年春天，運輸成本比疫情之前上漲了百分之二十五到五十，有時甚至更多[23]。至於實際把貨物運送到需要它們的地方，公司也面臨嚴重的延誤。二〇二一年三月，只有百分之四十的貨櫃船按時到港[24]，使得製造商和中間商很難知道他們可以預期何時能收到什麼。正如一位專家所言，這促使許多公司訂購超出他們實際需要的貨物量，以便得到他們所需的一部分原物料和產品。然而同樣地，這可能是這些參與者的最佳策略，但它也進一步提高價格混亂的可能性，並讓供貨量進一步在不足與過剩之間來回擺盪[25]。

正如二〇〇八年的情況，這些動態對美國百姓的生活造成負面影響，他們面臨物價快速上漲及完全無法取得某些商品的問題。這些動態也為政策制定者帶來許多挑戰，木材的短缺顯示美國建商和購屋者深受加拿大伐木政策影響；半導體的短缺則敲響了警鐘，因為外交政策專家意識到，十家最大的製造商都在亞洲，包括兩家在臺灣，兩家在中國。與中國的緊張衝突已隱隱沸騰——一部分是因為對臺灣自治有不同的看法；這帶來了風險，美國政治領袖可能必須在美國企業與消費者的經濟健康，以及以道德和其他政治考量為導向的議程之間做出艱難的取捨。

供應鏈的薄弱波及整個經濟，影響了價格，也為聯準會帶來挑戰。聯準會長期以來肩負促進價格穩定和充分就業的雙重任務，二〇二〇年，當通貨膨脹率持續低於聯準會的百分之二目標，它修改了貨幣政策架構以便讓經濟「發熱」，就像它在疫情之前十年大部分時間所做的那樣。許多人希望這個新的架構會讓聯準會在疫情過後保持比較寬鬆的貨幣立場，為更多工人創造更多就業機會和更高的薪酬。供應鏈的斷裂及其造成的價格上漲，為這項計畫蒙上了一層陰影。例如，二〇二一年五月，消費者物價指數比前一年高出百分之五，是近二十年來最大的上升幅度[26]。比較大的挑戰是，聯準會官員沒有預料到這樣的漲幅，一時也無法確認原因。假如這只是會自行修正的供應鏈挑戰，他們可以逕自推動他們的計畫，幫助更多人重新回到工作崗位。但假如價格的上漲反映出更根本的改變，那麼有些人擔心延遲緊縮可能會導致過度通膨[27]。

儘管具體情況不同，但大方向是一致的：中間人經濟的某些層面似乎創造了短期效益，但也同時帶來潛在的脆弱性。當這些脆弱性引發市場失靈和不確定性，美國百姓就會受苦，政策制定者也沒有能力釐清如何最好地提供幫助。

供應鏈與責任歸屬

二〇〇八年的金融危機掀起了一場政治革命，原因之一就是它引發不公平感。不僅僅是因為大銀行獲得救助而房主卻蒙受了損失，重點在於檢方沒有追究掌管這些銀行的高階主管在促成這場災難中扮演的角色。

訴訟的闕如，不能歸因於沒有出現不良行為。二〇〇七年到二〇〇八年間，FBI調查了兩千八百多起抵押貸款詐欺案件，其中近半數涉及超過一百萬美元的損失[28]。在為這些抵押貸款注入資金的供應鏈另一端，許許多多帳目顯示投資銀行知道，或者應該要知道他們出售的MBS和CDO是建立在低品質抵押貸款之上[29]。一項調查顯示，美林證券（Merrill Lynch）告訴投資人，他們證券化的貸款是發放給有意願也有能力償債的借款人，儘管其盡職調查經常發現大量承銷缺陷及不符合規定的地方[30]。這是調查結果發現的眾多不良行為之一，這些不良行為最終導致美國銀行（當時是美林的擁有者）與司法部達成一百六十五億美元的和解，其他銀行也達成類似和解。到了二〇一七年，整個銀行業因為在房屋貸款的發放和證券化上採取各種不良行為並從中獲利，不得不支付超過兩千億美元的罰款和法律費用[31]，如此龐大的數字顯示存在著大規模的失敗和普遍的不當行為。然而，美國銀行或其他任何大型銀行，沒有一個高階主管遭到起訴；雷曼兄弟、貝爾斯登和AIG的高層，也沒有任何一個人因為搞垮公司而面臨刑事責任。

一邊是貸款發放和MBS銷售上看似猖獗的詐欺行為，另一邊是對銀行高層提起刑事訴訟的付之闕如，兩者之間的脫節是另一個例子，顯示漫長而複雜的供應鏈如何破壞了問責。儘管有大量證據顯示基層員工有不良行為，但是很難證明高階主管對正在發生的事情有足夠認識，以至於必須跟他們經營的公司一起負責。這絕非唯一的解釋，正如珍妮佛．陶柏（Jennifer Taub）和傑西．艾辛格（Jesse Eisinger）分別在兩本精采著作中所展示的，檢方追捕白領罪犯的意願存在著重大的系統性缺陷，但它有助於說明發生的不良行為與高層不被起訴之間的落差[32]。

除了法律責任之外，沒有任何機制可以追究高階主管的責任，這件事情本身顯示允許借款人和供應資金的人之間存在如此巨大的鴻溝有什麼缺點。早年，在社區銀行和儲蓄機構占據大部分版圖的時候，借款人、存款人和銀行行員往往是同一社區的成員，這使得人們很難撒謊，並且為誠信和良好行為提供額外的誘因。儘管金融業始終存在一些狡詐行為，但複雜結構投下的黑影讓更多的欺騙得以發生。

永續的牛仔褲

由於我沒有坐進邊間辦公室的志向，我可以輕易批評高階主管問責制的付之闕如，但有時候，我也會躲在冗長供應鏈所滋生的無知背後。例如，我知道便宜的衣服往往是棉農和成衣工人在不安全的條件下，為了極低工資而辛苦勞動的副產品，而且常常會對環境造成傷害，但這只偶爾阻止我購買。

就此而言，我並不孤單。正如我們所了解的，人們今天購買的衣服和鞋子比短短十年前更多，而且遠遠超過他們的祖父母。除了運用花哨的數據分析來鼓勵人們購買更多，中間人經濟還透過不讓人們看到這些購買決策的衝擊，促成這樣的額外消費。

行為經濟學家認為，顯著性（salience）是影響現實世界決策過程的重大因素之一[33]。這有助於解釋為什麼人們在想減肥的時候還吃蛋糕，為什麼關心環保的人仍會駕駛耗油的大車，或者在鬧水荒的時候長時間淋浴[34]。對他們來說，直接、有形的樂趣體驗，比他們的行動對健康或環境在機率上的抽象影響更顯著。姑且不論好壞，我們大多數人都高估了我們所見、所感的一切，忽視我們沒有親身經歷的東西。

行為偏誤的一項挑戰，在於知道一件事是錯的，並不能讓我們免於這件事。儘管我對可可的不當勞動行為有所認識，在結帳櫃檯看到巧克力棒時，我仍然常常忍不住想買它。我為家人採買新的T恤和牛仔褲時，也會發生類似的問題，在那當下，我仍然本能地優先考慮價格、便利性、風格和舒適度。當發生這種情況，我經常在我認為對我更重要的其他價值觀上讓步，例如尊重全人類的尊嚴和我們的星球。

問題從T恤中的棉花開始。採摘棉花向來是件費力的事，這就是為什麼摘棉花的工作通常委派給那些對自己處境最無能為力的人。根據美國勞工部的說法，在十大產棉國中，有七國的棉花產業使用了強迫性勞工或童工[35]，美國、澳洲和墨西哥是唯一不這麼做的產棉大國。然而，由於美國部分地區使用監獄勞工，有些人懷疑美國是否也應該列入名單中。

再來，棉花需要被篩選、製成棉線、再製成紡織品、進行染色，然後變成T恤和其他成品，這其中的每一個節點都充斥著值得商榷的勞動措施[36]。例如大量報導顯示，中國的棉花、線紗、紡織和成衣產業，一直依賴著一百八十萬維吾爾族和其他穆斯林少數民族的強迫性勞工[37]。有些公司被美國當局認定銷售沾染了維吾爾人血淚的衣服，包括H&M、耐吉和巴塔哥尼亞（Patagonia）[38]。這些是許多人信賴的品牌，一部分是因為在報告發布時，每家公司都制定了旨在處理整條供應鏈勞工問題的政策。例如，美國勞工部認定耐吉銷售受汙染的商品時，耐吉有一項政策聲明「我們有責任以合乎道德的方式經營企業」，並且「期望我們的供應商也能做到這一點」。它還有一份詳盡的「行為準則」，據稱是為了防止供應商使用強迫性勞工或從事其他不法行為[39]。儘管如此，這些政策未能阻止金錢從耐吉商品的購買者流向耐吉，再流向使用強迫性勞工的耐吉供應商。

就算成衣工人照理享有中國維吾爾人被剝奪的自主權，他們仍然經常面臨危險的工作條件，這一點在二〇一三年得到生動的說明。當時，孟加拉的熱那大廈（Rana Plaza）倒塌，造成一千一百多人死亡，另有兩千五百人受傷，其中大多是成衣工人[40]。孟加拉成衣工人在不安全環境中工作的事實，已得到了充分證明，在坍塌之前的六年裡，孟加拉有超過五百名成衣工人在工廠大火中喪生[41]。然而，當地法律幾乎沒有對他們提供任何保護，也沒有要求資方對工人承受的風險進行相應的補償。當時，成衣工人的工資可以低到每個月六十八美元，比起中國為大多數成衣工人規定的每月兩百八十元最低工資，這只是個零頭；若是與那些在美國合法受僱做同樣工作的人的最低工資相比，更是微不足道。這些工作條件讓我得以為我的女兒購買如此便宜的 T 恤，但是當我在網上或店裡仔細端詳，我看不到有關這方面的任何跡象。

中間商和冗長的供應鏈也幫忙蒙蔽消費者，讓他們看不見自己的購買所造成的環境影響。根據聯合國的一份報告，時裝業占了全球碳排放量的百分之八到十，占全球廢水量的百分之二十[42]。生產一條牛仔褲，就需要用掉兩千加侖的水，大約是一個人七年的用水量[43]。棉花的生產也占了全球百分之二十四的殺蟲劑和百分之十一的農藥用量[44]。而且，由於成衣業很大一部分是在依然仰賴煤和天然氣發電的亞洲部分地區運作，假如維持現有的發展軌跡，預計到二〇三〇年，該行業將占全球溫室氣體排放量的百分之五十之多[45]。正如勞動條件一樣，在我購物時，這一切都沒有顯現出來，中間商或許也因此賣出更多商品。

對於這些挑戰，一個可能的應對方式就是要求企業向消費者提供更多資訊，讓他們可以更輕易地看見自己的選擇會造成什麼影響。恰恰因為近幾十年來，許多政策的制定都是以經濟學為依據，披露的要求似乎給了消費者和企業很大的自主權去做符合他們個人偏好的決定，所以這種類型的干預措施一直備受歡迎，並且被廣泛採用。假如這些規則能發揮預期作用，應該可以減少為了處理此處揭示的問題而進行結構性改革的需求。然而實際上，證據顯示，資訊的披露很少像倡議者聲稱的那樣有助於應對政策挑戰：中間人經濟也不例外[46]。

軍閥與 iPhone

「衝突礦產法規」（conflict minerals rule）是一項用心良苦的議案，旨在運用強制的披露要求來揭發不良行為，並向美國消費者和投資人提供更多資訊，幫助他們了解自己的行動會造成什麼影響。根據這項法規的原始提案人之一共和黨參議員薩姆・布朗貝克（Sam Brownback）所言，他和民主黨的拉斯・芬格爾德（Russ Feingold）一起參訪剛果時，看見了「令人髮指的人道主義危機」[47]。他解釋說，過去十年裡，剛果和鄰近國家有數百萬人喪生，強姦和其他形式的暴力行為猖獗，而美國消費者可能助長了這些挑戰。因為讓暴力綿延不絕的反叛組織一部分是靠開採和銷售礦物來資助他們的活動，而這些礦物被製成了手機、筆記型電腦和其他商品進口到美國[48]。

國會要求業者披露供應鏈上游，試圖藉此解決這個問題。更確切地說，國會決定，上市公司只要使用來自剛果礦場的礦物（主要是金、鉭、錫和鎢），就應該向投資人提供更多訊息，表明他們是否正在、或者有可能跟資助剛果反叛組織的礦山購買礦物[49]。

這項法規的執行，揭露了大多數企業對他們使用的礦物來源所知無幾的事實。二〇一四年，只有百分之三十三的企業能說出他們從哪些國家採購礦物[50]；法規實施後，能說出礦物原產國的企業多出很多，但他們仍然很難分辨自己是否正在支持叛軍的礦場[51]。

鑒於這些困難，許多受制於該法規的企業選擇避免購買來自剛果的任何礦物，不論開採者是反叛組織或其他百姓。結果，剛果礦物的售價往往遠低於其他產地的相同礦物，這傷害了該法規意欲保護的許多剛果人民[52]。根據一項估計，「一、兩百萬手工採礦的剛果礦工」受到直接影響，另有「高達五百萬到一千兩百萬的剛果平民」因該法規而受到間接傷害[53]。

倡議這項法規的立法者用意良善，而且也已出現一些正面效果，例如反叛組織控制的礦場數量變少了。該法規也導致企業更勤勉地監控他們的供應鏈，例如，經常成為爭議核心的蘋果公司，已將一百多家拒絕審計的冶煉廠和精煉廠從他們的供應鏈上除名[54]。美國國務院和美國國際開發總署在這個領域的補充行動，包括為合法礦場進行認證，可能會產生有益的長期效果，但也有許多意想不到的後果。雖然這只是一個例子，但它說明了為什麼披露規定本身很難達到和縮短供應鏈相同的問責水準。

從信用評等到綠色債券

即使政府沒有強制規定，許多企業仍願意提供有關其勞動措施、永續行動或商品品質的資訊來吸引顧客和投資人。鑒於這類指標往往成了提高標價的正當理由，也有許多機構旨在為這類宣言設定標準或進行認證，其概念是仰賴值得信任的獨立專家，消除因供應鏈和中介機制變得冗長且複雜而產生的資訊差距。

導致二〇〇八年金融危機的幾起事件，再次充當有益的起始點。大量買進MBS的投資人並非盲目依賴MBS發行商的說詞，他們還依賴信用評等。照理說，信用評等機構應是中立且可信的。理論上，由於他們的存續取決於投資人是否信任他們發布的評等，他們理應有很大的誘因來提供準確的評估，他們也是評估信用風險的專家。這有助於說明為什麼投資人、甚至監管機構，經常仰賴信用評等。

當信用評等機構評估個別公司的健康狀況，並對該公司發行的債務進行評等，這個系統運作良好。但是將多元化的資產打包起來，然後創造不同檔次的新金融工具以便更精細地切割、劃分並分配風險的過程，讓評估債務可能績效的任務變得極其複雜。隨著MBS愈來愈複雜，證券化工具又因為CDO的出現而多了好幾層，這項任務變得益加混亂。正如二〇〇七年和二〇〇八年的事件顯示的，評等機構並不擅長這項工作。他們的失敗有很多原因，包括利益衝突和過於依賴有限的歷史數據，但最核心的挑戰是層層級級的供應鏈變得太過複雜。

這些結構的複雜性，也破壞了要求評等機構負起更多責任並減少對他們的依賴的努力。二〇〇八年金融危機後，立法者通過了一系列改革措施，但僅收到好壞參半的效果。沒有外部的指引，大多數投資者和監管機關根本沒有資源去評估像MBS這樣複雜的東西可能會有怎樣的表現。而且，只要投資人願意付更多錢購買被評等機構視為安全的資產，債務發行人就有動機去鑽系統漏洞，盡可能多地創造所謂的安全債務。

出於相關原因，類似的動態也在其他眾多領域上演。首先，投資人和消費者愈來愈願意支付溢價，以保證他們支持的是公平勞動、永續性及無法從商品本身看出來的其他特色。其次，由於投資人和消費者很難自己判斷，他們往往仰賴第三方來驗證一項投資是綠色的、食物是有機的，或者服裝是以可永續發展的方式生產的。第三，賺取此一溢價的可能性往往引來各種花招，例如，企業會想方設法只採取剛好足以贏得良好評等的正當行動，同時仍然可以迴避採取更昂貴的步驟來落實評等機制所要評估的精神。為了了解這種情況是如何發生的，我們依次探討每一步驟，先看看消費者領域，然後是金融業。

首先，最近的實證證據顯示，愈來愈多消費者願意為良心商品支付溢價。例如，二〇一四年，研究人員展開一項大規模調查，評估希臘消費者——他們經常在調查中表示關心勞工保護措施之類的議題——是否真的願意為保證工人得到公平待遇而付更多錢[55]。他們將焦點放在通常會跟廉價移民勞工聯想在一起的草莓，並使用其他研究人員專門設計的技術，以取得關於人們實際支付意願的更準確評估。他們發現，當保證勞工獲得公平的酬勞，消費者平均願意多付百分之七十的價錢購買草莓。儘管溢價程度各有不同，但其他許多研究同樣發現，消費者願意付更多錢購買採用更符合道德的方式生產的商品。

然而，其次，除了社區支持型農業（CSA）和農場攤位這類允許消費者與農場和農民直接互動的設置外，消費者沒有現成方法來評估工人是否真的得到公平的工資，或者可能使用了哪些化學品來防蟲並盡可能提高產量。這是中間人經濟的一個缺點：消費者沒有辦法親眼看看這一切[56]。

這帶來第三個問題——第三方認證機制是否能有效地消除這個差距。在這一點上，證據可謂正反互見。一方面，有些研究發現第三方認證機制可以傳遞有意義的訊息，帶動更好的勞工措施和可永續發展的做法。例如，從一九九〇年代開始，即使面對來自巴西和越南等地咖啡種植園日益激烈的價格競爭，許多中美洲咖啡農仍成功運用第三方認證機制來維持較好的做法。為了避免他們的咖啡豆被視為另一項大宗商品，他們透過提供更好的品質和更符合環保的產品，將自己區隔出來。具有公信力的第三方認證系統——公平貿易（Fair Trade）和雨林聯盟（Rainforest Alliance）——及有機認證，是他們的成功關鍵。

後續的研究證實，咖啡種植者可以從經過認證的有機咖啡賺取實實在在的溢價；而為了獲取有機認證，農場對他們的生產過程做出重大改變[57]。然而，這些方法是否顯著提高農民的生活品質，尚未可知。為了爭取有機認證而產生的額外成本，大幅降低農民的經濟收益。此外，儘管公平貿易咖啡尤其可以用高出許多的價格賣出，但需求有限。這意味著農民往往不得不選擇加入公平貿易組織，並承擔相關費用，卻不能保證他們的咖啡豆能以公平貿易所能支付的較高價格賣出。

其他研究甚至對認證工作的效用和忠實度提出更多質疑。一項核心挑戰是，許多顯示公平貿易有益的研究，都是由企圖利用認證機制來促進自身商業利益的公司贊助的[58]。為了對這些機制進行獨立評估，英國國際發展局資助一項為期四年的研究計畫，評估衣索比亞和烏干達的工作環境和貧窮比率，以及公平貿易行動對兩者的影響[59]。在政府經費的支持下，學者設計一套嚴謹的研究計畫，使用調查、訪談及對薪酬與工作條件的其他評估，並且設置適當的參考值，例如比較衣索比亞的兩個大型花卉種植區，一個加入了公平貿易組織，一個沒有。

對於任何一個曾因為購買有公平貿易認證的商品而自我感覺良好的人來說，結果令人沮喪。在四個研究項目的三個項目上，在公平貿易區工作的僱傭勞工，獲得的酬勞更可能比中位數工資低百分之六十（中位數是該研究為所謂的體面工資劃下的臨界值，儘管這個數值很低）。公平貿易區通常有較大的薪資差異，高薪工人賺的比較多，但是跟沒有獲得公平貿易認證的地區相比，低薪工人的收入要低得多。對工作環境的檢驗也呈現類似的差異，儘管情況各有不同，但在沒有公平貿易認證的區域，工人的境況通常比較好。而當研究人員兩年後回訪，差距擴大了，這意味著公平貿易地區勞工的平均情況甚至變得更糟[60]。

這只是一項研究，而且和所有研究一樣，它也有很大的侷限性[61]。儘管大部分研究顯示公平貿易的影響好壞參半，但有跡象表明公平貿易和其他旨在改變當前體制的行動可以帶來好處。儘管如此，這類工作也顯示，要透過漫長而複雜的供應鏈促進更能永續發展的做法和更好的工作條件，需要面對難以置信的挑戰。提高工資、創造安全良好的工作環境、採取能減少對環境產生負面衝擊的預防措施，在在需要付出高昂的成本，這創造了強烈的經濟動機來耍花招鑽漏洞，而中間人經濟的結構可以輕易讓消費者看不見他們所消費的商品背後的真相。

綠色或漂綠（greenwashing*）？（*指企業為了塑造環保形象所做的不實宣傳）

在金融業，這些問題也變得日益緊迫。歐洲和北美洲投資人正在將資金傾注於那些除了提供誘人的經濟回報，還聲稱將環境保護、社會責任和公司治理（ESG）放在首位的基金。在美國，這些基金的資產價值在二〇一七到二〇二〇年之間呈四倍成長，如今占指數型基金所管理的資產的整整百分之二十[62]。

在促進永續發展的努力中，「綠色債券」（green bonds）成了特別受歡迎的金融工具。顧名思義，綠色債券旨在為具有環境效益的專案提供資金，它們的目的是吸引關注氣候變遷導致環境快速惡化——從海平面與氣溫的上升到更強的颶風及更頻繁的乾旱與山林大火——的投資人[63]。這些工具的發行量近年來大幅增加，光二〇一九年就超過兩千五百億美元[64]，這啟發了國際清算銀行（Bank for International Settlements）的研究人員試圖量化評估，發行綠色債券如何影響發行公司的「綠色程度」。正如他們指出的：「對於購買綠色債券和類似工具的投資人來說，關鍵問題在於如何驗證承諾的環境效益確實得到兌現。」[65]

研究人員首先確認被提供綠色債券數據的四大組織之一視為「綠色」的所有債券，發現大多數債券的收益符合適用標準，例如關於資金可用於哪些專案和活動的限制，以及持續的報告。但是當他們擴大分析範圍，看看綠色債券發行公司的碳排放足跡，卻找不到證據顯示發行綠色債券能在幾年後顯著降低公司的碳消耗總量。這表示儘管公司以「綠色」方式運用額外的收益，許多公司同時採取會抵消這些收益的其他行動。這類研究讓人嚴重懷疑，就算對發行綠色債券的公司而言，這些債券——起碼在開頭幾年——最終是否對碳消耗量產生有意義的正面影響[66]。

美國政府問責署（Government Accountability Office，簡稱GAO）二〇二〇年的一份報告，強調了ESG評等的進一步問題[67]。GAO發現，儘管投資人將資金傾注於ESG基金，美國證券交易委員會或其他監管機關都沒有就公司必須披露的內容及披露形式，提供明確且一致的規則。六個非政府組織已經介入，試圖填補此一空缺，但GAO發現他們欠缺連貫性和一致性。GAO進一步發現，即便公司聲稱使用同一架構，他們仍然經常提供不同的質性與量化的披露。換句話說，儘管投資人支付巨額費用來資助公司從事理應更環保、更能永續發展的投資，但他們實際上得到了什麼回報卻遠未可知。關於ESG評等的有效性和資訊量，近期大量出現的學術文獻也同樣描繪出好壞參半的景象[68]。

同樣地，核心挑戰在於當投資人或消費者願意支付溢價，中間商和其他公司就有很多誘因讓自己看起來應該有資格賺取溢價。然而，只要把投資人和他們所資助的公司和項目區隔開來的鏈條依舊冗長而複雜，企業設法鑽制度漏洞的現象就會普遍存在。而中間商，例如聲稱只投資致力於永續發展和其他目標的企業的基金公司，往往能透過促成這些陰謀詭計而獲利。

許多認證機制仍然有其價值，我也依然會挑選有公平貿易、有機或其他某種標章的商品，這些認證表示它們比其他商品更善待土地或工人。但是，比起我完全跳出中間商遊戲，與農民、生產者和其他人直接接觸時得到的快樂，這些標章帶給我的有限安慰就顯得微不足道了。儘管有更多故事可以講述中間人經濟是如何以及在何處失控，但讓我們把焦點從錯誤的事轉向正確的事吧。

第四部

直接模式與
前進的道路

第九章　地方性與全球性連結

十二月的一個寒冷夜晚，我奮勇前往澤西市（Jersey City），參加我表妹在當地一家啤酒廠主持的「瑜珈與啤酒」課程。一走出地鐵站，我發現自己被一群販賣食物和手工藝品的戶外攤販環繞。我很快跟一位手藝人聊了起來，她賣的是由樹皮、核桃殼和其他自然素材製成的耶誕飾品，我得知她來自阿根廷，也認識她為了進行創作而帶回來的特殊木材。

我挑了幾件裝飾品，打算作為禮物送人。接著，由於想多幫忙這個遠離家鄉溫暖的女人，我還挑了一個小型的基督誕生塑像，裡頭有瑪麗、約瑟夫和他們的稚子。付錢的時候，她要求我選一個天使來守護這個受到祝福的家庭，我照做了。然後我告訴她不必找錢，她提出抗議。當我開始推辭，她解釋說天使對她而言很特別，她想把它當成禮物送給我。我不再堅持，只是感激地點了點頭，然後轉身走開。那天夜裡接下來的時光，我一直享受著從內心湧出的那股溫情。

路易士・海德（Lewis Hyde）在他的經典著作《禮物的美學》（*The Gift*）[1]中，

解釋那股溫情出現的原因：「禮物和商品交換的根本差異在於，禮物在兩個人之間建立了情感紐帶，而商品的銷售則沒有留下必要的連結。」[2]每到假日季節，當我拿出那個小塑像，把天使掛在上頭，總能重新感受那股溫情。每當想起那個清冷的夜晚和那個女人的笑臉，溫暖必然會充塞我的胸臆。

並非每一筆（或甚至大多數）直接交易都存在送禮的概念；本章和下一章還探討了直奔源頭的其他許多更實際的好處。然而，當交易以直接的形式進行，類似送禮的動態可以與商業並存，再加上由此產生的連結與社群，生動呈現出直接交易不僅僅是為了降低中間人經濟帶來的威脅而已。在最好的情況下，直接交易有助於培育一種不同類型的社會，一個建立在對我們對相互依存及集體福祉的重要性的認識，而不是以稀缺與個人優勢為假設基礎的社會。

本章的焦點在於直接交易的核心。當生產者與消費者直接聯繫，交易看起來是什麼樣子、可以有什麼好處、會帶來什麼挑戰，以及整個生態系統會有多大的不同。

超越地方性

直接交易常常應該是地方性的，但兩者並非密不可分。葡萄酒（另一種消費品）提供一個很好的反例。對生鮮蔬果來說，當地消費是品質和味道的關鍵；然而和生鮮蔬果不同，大多數葡萄酒必須長途運輸。只有少數幾個地方有適合的氣候、土壤和地形，能生產出具有足夠特色來釀造好酒的葡萄。所以，有些地區生產大量葡萄酒，而大多數地區則完全不產酒。

地理集中性的好處是，許多優秀酒莊聚集在一起，可以形成一個受歡迎的觀光景點。參觀酒鄉可以讓消費者看看葡萄生長的土地，以及在釀酒時將葡萄的特性激發出來的釀酒人。

我一開始發現我最喜歡的一家酒莊——納瓦羅（Navarro），是在我和姊姊到舊金山以北兩小時車程的安德森山谷（Anderson Valley）附近度週末的時候。安德森山谷的名氣遠遠比不上納帕（Napa）或索諾瑪（Sonoma），但正因如此，那裡的價錢比較合理，也更符合我的預算。我曾讀過一篇對納瓦羅的聯合創辦人泰德·班奈特（Ted Bennett）的訪談，他在文中表示他們賣很多酒給學者，因為教授們「對葡萄酒有學術上的興趣，但沒有太多錢」[3]。這話一語中的，說的就是我。

泰德和他的妻子黛博拉・卡恩（Deborah Cahn），是最早在那片地區開設酒莊的釀酒人之一。一九七三年，他們買下九百英畝的綿羊牧場，開始種植葡萄藤。他們從種植瓊瑤漿（Gewürztraminer）開始，這是他們喜愛的一種亞爾薩斯白葡萄，在美國很難找到。一直到葡萄藤足夠成熟、結出可以釀酒的葡萄時，他們才意識到這樣一個不尋常的品種恐怕很不好賣。

在美國，葡萄酒的銷售大多經過一個三層的配銷系統，從酒莊到經銷商再到零售商，最後才到達消費者手中。正如泰德和黛博拉學到的慘痛教訓，一九七〇年代末的葡萄酒經銷商，沒興趣花力氣教育消費者欣賞帶有奇怪德國名字和獨特香味的白葡萄酒。泰德和黛博拉隨後試著親自拜訪每一家葡萄酒專賣店，但仍然毫無進展。

由於產出了許多葡萄酒，卻沒有中間商願意幫他們推銷，泰德和黛博拉決定在他們的酒莊開設店面。他們砍掉三棵樹，當場在葡萄園鋸成木材，用它們蓋了一座品酒中心。他們還試圖透過郵購方式銷售葡萄酒，首先從黛博拉的母親保存的耶誕賀卡名單開始。最後，人們開始購買他們的葡萄酒，然後回來購買更多。

雖然早期階段必須付出較多心血，但比起依賴經銷商，這種賣酒方式最終被證明更有利潤，也更持久。直至今日，納瓦羅酒莊仍提供免費品酒，並持續把品酒視為與新老顧客建立關係的機會。他們還透過郵購和網站，直接賣酒給無法親自上酒莊的顧客。

砍掉兩層中間人——經銷商和零售商——的一個明顯好處，就是不必付錢給他們。儘管經銷商和零售商刻意保持不透明，讓人們很難準確估算他們究竟賺了多少，但其中的價差和費用可能很高。據估計，一瓶葡萄酒的價格通常只有一半進了釀酒人手中。許多經銷商還強制規定大幅加價，就算酒莊直接賣酒給消費者，也不得以較低的價格販賣他們自己的葡萄酒[4]，這些機制確保美國人花在葡萄酒的大量金錢都落入中間商口袋。相較之下，當人們購買一瓶納瓦羅葡萄酒，每一分錢都流向酒莊的員工、營運經費及創始人家族，這讓他們能夠以遠低於傳統銷售方式的價格出售他們的葡萄酒。

納瓦羅也有很多粉絲，例如，曾在法國洗衣房（French Laundry）餐廳擔任侍酒師的丹・道森（Dan Dawson），形容自己是長達二十五年的納瓦羅「門徒」兼「超級粉絲」[5]。其他比我更懂酒的人，也看到納瓦羅葡萄酒的特別之處，他們經常評論說，以其品質而言，納瓦羅的定價非常公道[6]。

這並不表示納瓦羅每年都能盈利，這家酒莊曾經連年赤字，但它一直設法生存下來，甚至茁壯成長。就連那些艱難的歲月，一定程度上也是泰德和黛博拉刻意決定把人員置於短期利潤之上的副產品。

例如，和大多數酒莊不同，納瓦羅不把農場工人視為廉價的季節性勞工。相反地，它為員工提供全年的就業機會，安排他們在裝瓶作業線、運輸或其他部門工作。這限制了納瓦羅在壞年頭刪減成本的能力，但也創造如今許多工人渴望但很難找到的穩定性。

同樣地，泰德和黛博拉知道，他們的忠實顧客期望納瓦羅葡萄酒呈現特定風味，他們也努力滿足顧客的期望。例如，當二〇〇八年野火來襲，許多酒莊直接使用被煙味熏過的葡萄製作他們的常規產品。但納瓦羅沒有，他們用不同的名稱——「印地安溪」——販賣煙燻葡萄酒，定價也低得多，還向顧客坦白說明了他們的做法和理由。這只是他們既願意也能夠將誠信置於首位的一個例子，即使需要付出代價也在所不惜。

納瓦羅還長期致力於永續發展。該酒莊在一九七〇年代末即停止使用合成殺蟲劑，這樣的決策在當年很罕見。它經常想方設法降低碳足跡，例如以羊取代機器來清除葡萄藤周圍的雜草。

做出這類決定的能力，反映了泰德和黛博拉對待成長的態度：慢慢來。泰德和黛博拉希望賺足夠的錢供他們的子女——以及現在的孫兒孫女——上大學，但正如黛博拉向我解釋的，「金錢不是全部的動機」。[7]由於從來沒有外部投資人，他們得以做長期思考而不是按季度思考，並且制定能反映其價值觀及對員工、顧客和家人的承諾的決策。

納瓦羅的顧客注意到這一點。派翠克——住在南加州的一名葡萄酒愛好者——第一次聽到納瓦羅的名字是在一九九〇年，當時，他的一個朋友（後來成了釀酒師）舉辦一場以亞爾薩斯葡萄酒為特色的晚宴。當派翠克詢問加州是否有酒莊釀造類似的葡萄酒，他得到一個答案：納瓦羅。派翠克立刻訂了他的頭幾瓶酒，從此成了納瓦羅的忠實顧客。派翠克告訴我，他總能安心向納瓦羅下訂單，他確信他們的葡萄酒肯定是好酒，而且價格公道。他喜歡當他拜訪時，納瓦羅的每個人都腳踏實地，而不是像葡萄酒世界的許多人那樣惺惺作態。他拜訪得如此頻繁，就連看到他們的狗都能直呼其名。

我個人很喜歡泰德和黛博拉為每一款葡萄酒準備的專文報導，其中包括事實，例如葡萄的採摘時間、採摘時的糖分和酸鹼值，以及其他回顧。他們可能討論七月份過多的雨水對葡萄造成什麼影響，或者某一款葡萄酒對他們而言有什麼意義，最近一篇專文的標題為〈朋友們的一點點幫助〉。文中，泰德和黛博拉指出：「擁有無數品牌的超大型酒莊……幾乎控制著葡萄酒配銷，而過去四十年來蓬勃發展的小型家庭式酒莊，絕大多數被企業集團吞併殆盡。」這使他們更加「慶幸」自己當初決定「直接賣酒給消費者」，從而幫助他們保持獨立[8]。其中摻雜的訊息比標籤所能承載的內容更廣博，也比中間商所能傳達的更體己。

資訊也從另一個方向湧入。透過他們的眾多聯繫點，納瓦羅取得及時且寶貴的洞見，幫助他們了解顧客要什麼，以及傳染病疫情這類衝擊如何影響顧客的偏好。三層的配銷系統不僅限制了其他酒莊與顧客的溝通方式，也限制了他們對顧客的購買行為和想法的實際理解程度。

泰德現在八十多歲了，黛博拉也沒比他年輕多少，他們的兩個孩子都在酒莊擔任領導職，所以泰德和黛博拉可以輕易卸下責任。然而他們還在幹活，因為他們熱愛並珍視這份工作，他們的長期客戶「幾乎就像朋友一樣」。他們讓農場工作團隊的子女去上大學，然後回來加入管理層。而且，正如他們的孫兒孫女幫忙輾壓葡萄的照片所反映的，工作的時間不一定等於遠離家人的時間。

不同的價值態度

這裡討論的大部分內容，或許看似與納瓦羅直接賣酒給顧客的事實無關。這裡的論述沒有花力氣把顧客的體驗跟創始人、員工和其他人的體驗區分開來；也沒有單獨抽出交易模式，撇除商品性質、製造過程，以及這些過程對涉及的人和地方造成的影響。這種整體性方式，和我們一開始討論中間人經濟時採用的經濟學導向架構形成了鮮明對比。這種更開闊、更包容的架構，反映出兩個生態體系經常以截然不同的方式看待人員與商品。

在中間人經濟中，人們經常被壓縮成單一面貌，成了一心一意追求最划算交易的普通消費者，或者只想使他們的風險調整後收益達到最大化的普通投資人。超專業化改變工作的性質，切斷工人與他們幫助創造的商品，以及有朝一日會享受這些商品的消費者之間的聯繫。而環境衝擊等附帶考量，只有在法律規定的範圍或得到相應收益時才顯得重要。配銷模式——它如何幫助中間商累積權力、如何在漫長的供應鏈上模糊了責任歸屬——和世界的當前狀態不可分割。兩者相互影響。其間的交互作用，由於人們過度依賴某一特定類型的經濟架構，而被系統性地、錯誤地且經常心存僥倖地視而不見。中間人經濟帶來的威脅種子，就埋在讓這些結構得以興起的基礎之中。

相較之下，直接交易往往朝另一個方向牽引，允許——而不是抹殺——深度和多面化。納瓦羅一直以直銷方式銷售葡萄酒的事實，無法與它的演變過程和如今的營運方式分開。納瓦羅對公道價格和一致口味的承諾，也無法與它對提供員工全年就業機會的承諾，以及以更能永續發展的方式經營酒莊的努力分開；而這一切，都離不開納瓦羅葡萄酒的釀造者與飲用者之間獨特的密切關係。人們和公司的不同層面可以抽出來單獨理解與處理的觀念，是中間人經濟和現代資本主義捏造出來的觀念之一，必須加以摒棄，才能打開一條更好的道路。

全球性連結

然而，要充分實現這種變革式力量，直接交易必須超越地方性。地方性仍然是直接交易的核心，但鑒於財富在全國乃至全球的分配仍然極不平均，地方性交易本身只會鞏固而不會取代現有的社會階級。拜訪葡萄酒鄉、動漫展和藝術街會會有幫助，但許多人欠缺這類直接觀光所需的時間與金錢。

這就是科技發揮決定性作用的地方[9]，科技支持直接交易的一個方法，就是讓生產者更容易開設自己的「商店」。相對於僅僅為了接觸附近人群而支付租金並投資實體店面，今天的創業家可以設立網站，然後將他們的商品運送給全國和世界各地的顧客。

哈娜哈娜美容用品公司（Hanahana Beauty）的創辦人阿貝娜・波瑪—阿奇姆彭（Abena Boamah-Acheampong），就是這樣做的一位創業家。這家公司的總部位於芝加哥，專門生產以乳木果為基礎的身體乳膏，並透過自家網站獨家販售。它的所有商品都是專門為黑人皮膚設計，因為它們一開始都是阿貝娜為了用於自己的肌膚而調配的。

二〇一五年，阿貝娜意識到她對塗抹在自己身上的乳霜成分幾乎一無所知，之後就開始製作身體乳膏。在她成長的家庭裡，母親總會推薦乳木果油對付任何皮膚問題，這就是她的起點。阿貝娜的家族根源，可以追溯到迦納——占全球乳木果產量大宗的十幾個非洲國家之一。她上網學習如何使用乳木果製作潤膚乳膏，並且不斷搜尋，直至找到黑人女性專為黑人皮膚設計的配方。她從那裡開始實驗，混合不同的油脂來尋找對她有效的調製品。她很快跟親戚朋友分享，他們的好評讓她明白自己可能掌握了某種奧祕。

當阿貝娜開始擴大生產，她想直接從迦納採購乳木果，於是搭飛機動身。她透過家族關係認識了帕，帕是她的司機兼翻譯，而且很快成了朋友。他介紹她認識卡塔里嘉合作社（Katariga collective），這是眾多婦女合作社之一，大家齊心協力把生的乳木果轉變為乳木果油。她們向她展示如何從果殼中取出種籽，以及隨後的種種研磨、製漿和分離過程。她們不知道阿貝娜為什麼出現在那裡，卻毫不吝嗇地跟她分享了她們的時間和知識。

幾天後，當阿貝娜試圖為她的身體乳膏購買乳木果，她們的收費低得令她深感震驚，於是她付了報價的兩倍價格。以市價的兩倍價格購買乳木果，成了哈娜哈娜美容用品公司延續至今的做法。

阿貝娜還許下另一個承諾。她告訴她們：「我認為你們做的事情很了不起……我會確保人們知道你們是誰。」她意識到，大多數人對自己使用的商品背後的「人」所知甚少，而他們應該知道更多[10]。她首先剪輯那次拜訪迦納的影片片段，並發布在哈娜哈娜的網站上，在那裡，任何一個對乳木果的製程及製作乳木果油的女性感到好奇的人，都可以免費觀看。

在那之後，阿貝娜與卡塔里嘉合作社婦女的關係日益深厚。她協助提供的某些支援，採取會被許多人貼上慈善標籤的形式，例如，哈娜哈娜為婦女舉辦一年兩次的醫療保健日，讓她們有機會接受篩檢和基本護理。阿貝娜之所以這麼做，是因為合作社的婦女明確表示醫療保健是一項持續的挑戰，她希望滿足她們心目中的需求。

阿貝娜用銷售所得支持這些活動，但她也創辦了「哈娜哈娜關懷圈」（The

Hanahana Circle of Care），讓顧客能夠直接捐款。例如，二〇二〇年，哈娜哈娜募集一萬美元來支持合作社婦女的秋季醫療保健日。不過，哈娜哈娜沒有各自分開的商業和慈善部門（至少現階段沒有），阿貝娜也不把提供醫療保健視為慈善活動。對她來說，重點在於做對的事情，提供所需的薪酬與支持，讓參與生產哈娜哈娜身體乳膏的每一個人也能照顧好自己。

社群媒體一直是哈娜哈娜的成功關鍵，這讓阿貝娜五味雜陳，她生性低調，不喜歡社群媒體的某些層面。但她也知道自己有一雙慧眼和說故事的天賦，這幫助她創造出能引發共鳴的內容，激起人們對哈娜哈娜的興趣及對關懷圈的支持。哈娜哈娜的價格並不便宜，反映出投入每個罐子的勞力與用心。然而，哈娜哈娜最紅的商品經常銷售一空，這明白顯示商品的品質，以及當顧客可以看見誰能受益時，願意多付一些錢的意願。

社群媒體讓阿貝娜和哈娜哈娜更容易參與並協助促進黑人女性的全球網絡，例如，哈娜哈娜的ＩＧ動態上寫滿了琵兒・貝利（Pearl Bailey）、童妮・莫里森（Toni Morrison）、愛麗絲・沃克（Alice Walker）、奧德麗・洛德（Audre Lorde）、小馬丁・路得・金恩（Martin Luther King Jr），以及其他曾為黑人經歷發聲的人士的語錄。它充斥著鼓舞人心的黑人婦女形象，有時獨自一人，有時三五成群，有時在美國，有時在非洲，有時開懷大笑，有時正經八百，但總是堅定地做自己。點閱這些動態，就等於受邀進入一個認為黑色很美的世界，認為黑色肌膚的自我照護是一件值得頌揚的事。

和許多黑人擁有的企業一樣，當人們走上街頭抗議喬治．佛洛伊德、布倫娜．泰勒（Breonna Taylor）和其他許多人的早逝時，哈娜哈娜的人氣也跟著飆升。這些死亡事件刺激人們認清往往針對黑人男女的持續暴力行為，如同新冠疫情揭露並突顯巨大的結構性不均等，比起美國白人，黑人和西班牙裔美國人更容易感染新冠病毒、失去工作，並遭受其他不良後果[11]。然而，哈娜哈娜也顯現在呼籲「購買黑色」（buy Black）的過程中，多少層級可能在不知不覺中受到影響：重點是公司股東嗎？還是管理團隊？其他員工？對供應鏈上游黑人員工的尊重？哈娜哈娜的顧客知道他們在這每一個層級上支持的是誰。

哈娜哈娜是一家比納瓦羅年輕的公司，可能還有很大的演變空間。然而，不論該公司日後走到哪裡，二〇二一年的哈娜哈娜都體現出直接交易如何超越地理和語言的界線、創造新的連結，並將商品和資金轉移到最需要的地方，無須經過層層的中間人，也顯示這股力量可以有多大的破壞性和威力。

看不見中間人

對納瓦羅和哈娜哈娜來說，直接銷售商品給顧客的決定帶來了挑戰。中間人協助克服的資訊和物流障礙確實存在，沒有中間人的幫助，這些負擔大多落在泰德、黛博拉、阿貝娜和他們的員工身上。

當生產者採取直接銷售的模式，取得潛在顧客的關注與信任是他們面臨的最大困難之一。對於在二〇一〇年代大量出現的許多「直面消費者」（direct-to-consumer，簡稱DTC）公司來說（將在下一章探討），為了吸引新顧客而付出的高昂成本，是長期生存的最大障礙。與有能力負擔昂貴的行銷手法及臉書廣告的DTC公司相比，納瓦羅和哈娜哈娜必須自己找到辦法來接觸顧客。

然而，這兩家公司的發展證明，在沒有中間人的幫助下克服此一障礙，反倒可能是件好事。它也許減緩了成長速度，但他們一開始建立關係的方法，反而使這些連結更牢固。對納瓦羅來說，這體現在顧客的忠誠度，體現在像派翠克這樣幾十年來一直跟他們買酒的顧客身上；對哈娜哈娜來說，連結的深度體現在為關懷圈募集資金的能力。沒有多少公司能要求顧客捐助供應鏈上游的工人，並且得到那樣的回應。

這種程度的顧客忠誠也顯現出另一個道理：要以直銷模式生存下去，通常需要有貨真價實的好商品。納瓦羅將免費品酒轉化為固定常客的能力，只有在人們真正喜歡他們的葡萄酒時才能奏效。對哈娜哈娜來說，美妝編輯的好評是提高曝光度的關鍵，例如Who What Wear網站的寇特妮・希格斯（Courtney Higgs）所說的：「從我的肌膚接觸到該公司的發泡式乳木果油的那一刻起，我就成了忠實粉絲。它們超乎現實！」假如專家們沒有對哈娜哈娜的商品留下深刻印象，它就不可能以現在的速度增長[12]。

物流也可能是個棘手問題。愈來愈多公司——例如Shopify和Magento，藉由幫助生產者和其他小型企業創建並經營自己的虛擬店面來減輕這些負擔。透過降低「開店」成本，這類平台供應商為直接交易的推展做出了重大貢獻。正如Shopify執行長托比亞斯・盧克（Tobias Lütke）的貼切說明：亞馬遜正試圖建立一個帝國，而Shopify試圖為反抗軍進行武裝[13]。

然而，許多挑戰依然存在。例如對葡萄酒莊和其他酒精飲品的製造者來說，大量的州法律及不同的稅收和許可要求可能增加了困難度，這有助於解釋為什麼那麼多人仰賴中間商。將商品送到遙遠的消費者手中也是個障礙，小型生產者沒有自己的卡車車隊，也往往沒有足夠的銷量來跟大型貨運公司商談優惠費率。

鑒於脫離中間人所帶來的眾多挑戰，並非只有生產者需要付出額外的努力。消費者也分攤了一些負擔，他們必須願意嘗試新的商品，即便沒有中間商的擔保；他們必須接受亞馬遜的倉庫裡沒有納瓦羅葡萄酒或哈娜哈娜身體乳膏，隨時可以在不用支付額外成本的情況下隔天送達的事實。顧客必須做好付款和等待的準備。

這其中可能有一些好處。我知道我需要多一些耐性，而「隨叫隨到」的送貨模式可能讓我連與生俱來的那一點點耐性都消失殆盡。正如我們在研究CSA時看到的，有時候，直銷可能帶來的額外負擔，或許可以為成長和意義的建構創造機會。

但是，並不是所有因直接交易而產生的不便都是一種變相的祝福。在某些方面，中間商確實讓我們的生活變得更加輕鬆，沒有他們的幫助，尋找和購買商品就成了一件費勁的事。同樣地，知道每個參與生產商品的人都得到了足以維生的工資，可能令人感覺良好，但這往往導致比海外大規模生產的商品更高的價格。採取直接交易模式可能需要投入大量時間與金錢，但即便如此，也不能保證得到良好的匹配。

然而，儘管存在諸多挑戰，直接交易仍然無處不在，而且愈來愈受歡迎。

從我們一開始探討的CSA和農夫市集，到納瓦羅和哈娜哈娜這類生產者，再到我們即將在下一章討論的，透過 Etsy 銷售作品的創意工作者和透過 Kickstarter 的募資行動，許多人選擇迎接直接模式可能帶來的挑戰。

對於這種上升趨勢，中間人經濟的許多弊病提供部分解釋。當中間商的權力日益壯大，且供應鏈變得愈來愈薄弱，退出這個體系所能得到的個人和集體利益也隨之增加。直接交易模式可以讓消費者更充分了解他們實際得到的商品，可以讓他們更容易表達他們的多種價值觀，甚至可以幫他們省錢。從系統性角度來看，縮小中間人經濟的規模與範疇，可以減少長年累積下來的代價高昂的低效率，提高韌性，並減輕本書第三部所述的其他傷害。

但這些好處只是故事的一部分。要超越迄今仍占主導地位、以經濟學為基礎的世界觀所固有的侷限性，我們需要一套不同的價值與交易理論，我們需要一套儘管仍無可避免地不完整、但能闡明一組不同動態的理論。

這就是本章從路易士．海德關於禮物經濟學的著作，以及收到餽贈天使的故事開始說起的原因。海德顯示，在其他地方和時代，禮物而非商業一直是最主要的交換模式，促成一種不同的社會與經濟秩序。然而，《禮物的美學》近四十年來風行不墜，因為它也談到禮物經濟可以如何與市場經濟並存，儘管並存的方式往往令人不快。理解禮物和禮物經濟學可以作為一個關鍵的替代視角，幫助我們理解價值的本質，以及商品從一個人轉移到另一個人的方式為什麼如此重要。

禮物與商業

瑪格莉特・愛特伍（Margaret Atwood）在二〇一九年寫道，《禮物的美學》是「我照例向有抱負的準作家、準畫家和準音樂家推薦的一本書」[14]。對愛特伍來說，這本書是關於「藝術工作的核心本質」，以及藝術「在我們這個極度商業化的社會發揮的作用。如果你想寫作、畫畫、唱歌、作曲、表演或拍電影，那就讀讀《禮物的美學》。它會助你保持頭腦清醒」。

這是擲地有聲的強力認可，來自一位曾兩度贏得布克獎（Booker Prize）的多產作家。更重要的是，它傳達出對創作行為、創作物轉手機制，以及創作物價值三者之間關係的一種非常不同的理解。經濟學假設人是理智的，但它無法提供通往理智的路徑。

對海德來說，「稀缺與富足不僅跟手頭擁有多少物質財富有關，也跟交換的形式有關」[15]。這跟新古典經濟學的觀點大相逕庭，在新古典經濟學中，稀缺是預設值，創新和外包則能創造價值。對海德來說，富足不是透過從更少生產出「更多」來創造的，而是來自餽贈的行為，以及由此產生的人與人的連結。

這就是為什麼商品在經濟體中的流動方式，會對社會結構與福祉產生如此深刻的影響。在海德看來，商品交易行為本身就具有樹立或確認邊界的效果，那是一種造成持續性分離的交換形式。禮物的作用恰恰相反，「當禮物越過邊界，它要麼不再是個禮物，要麼打破邊界」[16]。在禮物經濟中，商品不是流向買得起它們的人，而是流向需要它們的人。

以這種方式看世界，隔離與連結不是固定的，而是流動的。商品今天的流動方式，決定了明天的和睦與分裂。這種視角顯示，相較於人們在一個地方一起製作棉被、扣針、汽車或其他商品的時代，中間人經濟將生產流程分解成多重節點的方式，會導致更多邊界、更多隔離及更深的孤立。真正的癥結在於隔離的過程，而不是專業化。

假如這種觀點成立，那麼可想而知，孤獨感會隨著中間人經濟的興起而增加。許多公共衛生專家認為，現在困擾著美國的孤獨流行病與肥胖帶來的威脅不相上下。二〇一九年夏天針對一萬名在職成年人進行的大調查發現，超過五分之三的美國人感到孤獨[17]。美國前衛生署長維偉克·莫西（Vivek Murthy）博士說：

「當我參訪全國各地的社區，我發現孤獨是個重大的問題，影響著各個年齡層和社經背景的人。」[18]正如他所說的，數據顯示，除了「與縮短壽命有關」，「孤獨也與心臟病、憂鬱、焦慮和失智的更高風險有關」[19]。孤獨還「限制了創造力」，並且「損害其他方面的執行功能，例如決策」。

經濟學家可能會指出，兩種發展同時興起，並不能證明其中一種導致了另外一種。而且據我所知，還沒有任何研究證明，位居中間人經濟核心的商業交換的興起，與孤獨感的蔓延存在著因果關係，就像沃爾瑪超級中心的拓展已被證明會導致肥胖那樣。

然而，就連著名的經濟學家都承認，對於促進人類的繁榮，市場和以市場為基礎的互動只能發揮有限的作用。例如，芝加哥大學經濟學家拉古拉姆·拉詹（Raghuram Rajan）在他的著作《第三支柱》（*The Third Pillar: How Markets and the State Leave the Community Behind*）中指出，相對於社區，市場（以及照他所言——國家）已經變得太強、太大。他認為，社區必須重新成為關鍵的第三支柱，因為它能發揮獨特作用，幫助人們建立認同感、讓成員不會感到漂泊無依、確保成員在需要的時候得到支持，並促進那種無法輕易簡化為合約或被法庭強制執行的合作與投入[20]。雖然拉詹是一位金融經濟學家，而海德則是詩人兼散文家，但他們的作品都指出當今社會與經濟體系的類似缺陷。兩者都強調市場的侷限性，以及當市場和以市場為基礎的互動方式變得過於強勢時會擠壓掉什麼東西；兩者都敏銳地注意到人類對連結與社區的需求。

海德的架構開啟了新的可能性，遠遠不僅在於培育就連拉詹這樣的經濟學家都覺得至關重要的社區類型。在揭露被市場的運作所貶低或忽視的價值時，海德還展示了關係動態與創造意義的動態的重要性，這些動態在試圖為萬事萬物訂定價格的資本主義制度下被系統性低估了。採納他的視角能讓我們產生新的洞見，明白直接交易為什麼扮演如此重要的角色，能帶領我們從現狀走向我們許多人希望達到的境地。

禮物、直接交易與社區

創世紀農場的CSA是個活生生的例子，說明即使與商業纏繞在一起，禮物也能培育出社區與連結。其核心交易是商業性的：我支付一筆費用，換來享用農場一整季蔬菜、水果和花卉的合法權利。

然而，唯有當人們在核心交易的基礎上還能多一份體諒，CSA的運作才能奏效。一個例子是「共享餐桌」（share table）。假如我分到的茄子比我們家會食用的分量還多，我仍然會接受我的配額，但接著會把多餘的放在一張單獨的「共享餐桌」上。這張桌子通常還放著來自農場的「禮物」，這些都是雖然沒有達到農場標準卻足夠營養美味、應該被人們享用的農產品，每個人都知道共享餐桌上的食材都是免費的。這個制度確保新鮮的食物能被最可能使用它們的人帶回家。

這裡的禮物交換涉及了一個複雜的轉手網絡，與海德所說的「循環」（一種能創造連結、進而創造社區的連續流動）異曲同工。物品從有餘額的人流向有需要的人，並在過程中增強了社區意識與連結。

許多CSA成員也以其他方式付出與收穫。他們參與一年一度的胡蘿蔔採收活動、為拍賣活動出錢出力、在開放麥克風之夜分享詩歌或音樂，或者幫忙在CSA每年主辦的許多活動中下廚。其他人接受這些禮物，享用美食、隨著音樂跳舞，或者陪孩子參加免費的手工藝課程。前一天的施者可能是下一天的受者，隨著時間推移，事情不斷以不同的形式重複，但都秉持著傳統，創造出持續性、更深的連結及真正的社區精神。

在CSA和很多形式的直接交易中，交易是面對面且地方性的。在這些案例，直接交易與「本地購買」運動重疊，後者同樣意識到，商業與個人／禮物／關係不能再被視為完全不相干的領域。正如海德在我們談話時指出的：「本地交易，即便是現金交易，也確實重現了禮物交換的一些親密感……你會有認識商家的感覺。」[21]直接交易則更進一步保護交易的物品永遠不必進入純粹的商業流通。空間上的接近也使既有禮物又有商業成分的交易，更容易促成其它類似禮物交換的互動網絡，培育出拉詹認為至關重要但往往缺失的社區型態。

但在隔離會助長階級制度的世界裡，有必要打破社區之間的壁壘，而不僅僅是鄰居之間的藩籬。哈娜哈娜揭示了正在發生這種情況的幾種方式，禮物是該公司起源故事的根本。阿貝娜第一次跟卡塔里嘉合作社的婦女見面時，她們在不知道她是潛在顧客的時候就給了她知識的禮物。她以付出雙倍價格作為回禮，她捕捉並分享她們的故事，發布影片作為禮物送給任何一個可以上網的人。隨著時間推移，「關懷圈」——阿貝娜在對海德一無所知的情況下選用的詞彙——不斷壯大。哈娜哈娜持續提供免費且豐富的內容，並持續支付當前市價的兩倍。哈娜哈娜的許多顧客持續給予「禮物」，確保迦納的婦女能獲得醫療和其他服務。

隨著族群不斷擴大，人們為不同的人付出、從不同的人身上得到收穫，打破藩籬、建立連結，並在過程中改變了施者、受者與善，不是偶然發生的。對阿貝娜來說，社群與連結一直是哈娜哈娜的核心，她把哈娜哈娜和負責生產、行銷、運送哈娜哈娜商品的整個芝加哥團隊視為一個社群；她把哈娜哈娜和合作社的婦女視為一個社群；她把哈娜哈娜和它的顧客視為一個社群。並且，她促成這些社群之間的流動與交流，某一天的顧客可能是下一天的員工。每一個社群都為她的核心關注點提供了養分，培育出一個「全球黑人」社群。

和許多企業一樣，哈娜哈娜在二〇二〇年挺身發言。當涉及殺害布倫娜・泰勒的兩名警官被無罪釋放，哈娜哈娜形容這項決定是「我們的制度不重視黑人女性的一個信號」，並且「為布倫娜的家人和朋友……致上心意、念想與禱告」[22]。但是，和那年夏天鼓吹「黑人命貴」（Black Lives Matter）的許多大企業不同，那是哈娜哈娜早已體現並擁護多年的信條。

捐助、餽贈與區隔

對禮物的力量的理解，讓我有機會重新審視我與其他病童家長交流的經驗，這些病童生來就有一顆異常的心臟。中間人經濟帶來的問題，不僅侷限在營利性企業上，也滲進人們的捐贈方式。層級式的非營利組織並不罕見，導致施者與受者之間的隔離。老牌非營利組織為了延續自身存在所做的努力也很常見，即便這些努力也許不是推動該組織成立初衷的最佳方式。捐贈與送禮也是有區別的，捐贈給非營利組織的許多動機，既能建立連結，也同樣有隔離的作用，不論是為了獲得地位，或是為了保持自己與需要幫助的人不一樣的自我形象，而許多非營利組織促成了這種交易性質的捐贈方式。本書沒有以將這裡提出的所有觀點轉譯到非營利組織與現代慈善模式所需的方式，深入探討捐贈的世界，但其中有一些值得關注的相似之處。

和哈娜哈娜一樣，GoFundMe 的創立宗旨不僅僅是為了促成等價交換。連結與社區的發展，是融入 GoFundMe 骨血的有意識行動。該網站將個人故事和更新放在中心位置，讓捐贈者與接受者可以輕易地在平台上和平台下溝通交流。使 GoFundMe 上的捐助行動變得有意義的連結與理解就是這麼來的。而且與禮物經濟的運作方式一致，透過這兩個組織餽贈的禮物，把錢從當下沒有這筆錢也沒關係的人手上，轉移到此刻真的很需要這筆錢的人那裡。

模糊慈善與企業之間、禮物與商業交換之間，以及禮物經濟與市場經濟之間的界線，是有風險的。正如中間商試圖為從牛仔褲到債券的一切，進行綠色公關所反映的那樣，聲稱商業可以用來改革、而不是加深根植於當今經濟結構性問題的說辭，往往不過是為了安撫罪惡感所做的自私努力，不會帶來更根本的改變。

然而，採取相反的方法也有危險，即假設不能滋養靈魂的工作是不可避免的，而商業交換永遠只能是商業交換。直接交易可以增進人與人之間的交流與融合、重塑階級制度、創造有意義且自我導向的就業機會，並減少孤獨。它可以提升一種獨特的富足感，這種富足感並非來自於一個人擁有的財富，而是來自於透過交易與其他人建立的連結。

對禮物與禮物經濟的理解，闡明了直接交易可能促成的高度，還揭穿了促使中間人經濟增長的推理方式所固有的缺陷。這兩項心得都可以幫助我們邁向更美好的明天。

第十章 近直接、類直接及直接的極限

二〇〇〇年代中期，矽谷開始涉足金融業，試圖取代銀行的地位。他們的目標是運用科技剔除中間商，促成更直接的投資與交易[1]，一個重要的例子是點對點的網路借貸（peer-to-peer lending），也就是P2P借貸。如同二〇〇七年一份報紙解釋的那樣，當時首屈一指的P2P借貸公司Prosper「立志像eBay為老奶奶的茶壺收藏品所做的那樣，為資金服務，創造個人對個人的消費貸款市場，並在過程中把普通人變成銀行家」[2]。Prosper和其他借貸公司透過創建平台做到這一點，這些平台允許準借款人述說他們的故事、說明他們為什麼需要資金，同時讓準放款人得以選擇把自己的錢託付給哪些借款人。藉由運用「群眾的智慧」，這些平台立志在創造新的投資型態之際，讓更多人能以更優惠的條款借到資金。

許多人相信P2P提供更個人化、更緊密連結的體驗。一則關於P2P的早期報導以柯林．納許和麥可．費雪的故事說起，前者三十五歲，「深陷一萬兩千美元的卡債，苦苦掙扎」；後者二十四歲，「正在尋找新的投資機會」[3]。儘管兩人素未謀面，但是當「費雪透過 Prosper.com 借給納許兩百美元」，兩人都幫助對方得到彼此想要的東西。對兩人來說，Prosper 的吸引力「超越了盈虧」，「照片和生平故事」及其他個人色彩，大大強化了柯林、麥可和其他用戶的體驗。

乍看之下，P2P 借貸似乎正是本書認為對美好未來至關重要的直接交易類型。它剔除了昂貴的老牌中間商、促成某種形式的連結，並透過創建一個借貸機制提供了社會財，這個機制不那麼仰賴不完美的標準化指標（例如信用評分）。

然而，P2P 後來的實際發展，跟這些充滿理想色彩的早期故事判若天淵。事實證明，個別放款人非常不擅於判斷某個陌生人是否信用良好，所以早期 P2P 貸款的表現糟糕透頂[4]。此外，針對哪些借款人以何種條件取得 P2P 貸款的研究也顯示明顯的偏見[5]，如果你是黑人，情況對你不利；年老或超重？影響沒那麼大，但也是負面的。相較之下，若提起軍伍背景，你獲得資金的機會將比其他信用狀況類似的潛在借款人更高。

況且，P2P 平台並未證明自己比銀行更願意、也更有能力在人們真正需要的時候幫助他們，例如當疫情來襲，許多人失去工作、需要現金，P2P 貸款公司收到的貸款申請變多了。然而，Prosper 和其他 P2P 平台並未滿足高漲的需求，反而抽掉了救生梯[6]。他們開始緊縮放款，只把錢借給信用分數高、收入可靠的借款人——也就是同樣可以從銀行取得貸款的同一群人[7]。

P2P平台之所以能夠迅速緊縮放款標準，是因為他們早就放棄了真正的個人對個人結構，改採「集市借貸」（marketplace lending）或「數位借貸」（digital lending）模式。他們仍然為人們提供銀行以外的選擇，但他們愈來愈大量倚賴可驗證的客觀數據，就像銀行一樣。而且，為了擴大規模，他們謝絕費雪這些民眾的錢，轉而從私募基金、對沖基金、銀行，以及有時透過證券化取得資金。更添複雜的是，監管機關禁止原本讓資金從個人流向借款人的借貸結構。因此，這些貸款不再是「直接」的，而是需要流經許多層中間人[8]。最近，借貸俱樂部（Lending Club）決定，該公司茁壯成長的最佳方式是像銀行一樣接受監管，或者收購一家銀行[9]。因此，直接借貸的替代選項成了它一度試圖剔除的中間人。

早就有跡象顯示P2P可能無法實現加諸在它身上的崇高目標，但要看清這些危險信號，談談P2P的時代背景會有幫助。這就需要了解與最近真正直接交易的興起同時發生的兩項趨勢：由創投基金資助的「直面消費者」（DTC）公司的崛起，如Warby Parker、Casper、Rothys、Dollar Shave Club和Glossier；以及幫助創業家和創意人士找到資金和顧客的市場平台的成長，如Etsy和Kickstarter。本章探討這些趨勢如何反映並幫助解決當今中間人經濟帶來的問題，但也探索與典型的直接交易相比，這些模式為什麼及如何有所不足。這兩方面的理解都有助於解釋 P2P 為什麼不可能成功，並為建立一個更直接、更緊密、更有韌性的經濟提供重要的心得。

DTC 十年

如果你在二〇一〇年代曾花一點時間投入社群媒體，你可能對 DTC 趨勢知之甚詳，你可能也留意過 Allbirds 鞋子、Away 行李箱、Harry's 刮鬍刀、ThirdLove 內衣或 Our Place 廚具的付費廣告。正如李奧納德．塞辛格（Leonard Schlesinger）等人在文章中說明的，你可能很熟悉他們「特定的視覺品牌標誌（現在無所不在的「極簡風」商標），這些標誌偏愛使用無襯線字體、柔和色調、可放大縮小的設計，可以輕易依各種數位媒體進行調整」[10]。收了錢的網紅加劇業配文的滋長，對這些公司和他們的產品讚不絕口。

正如勞倫斯．英格拉西亞（Lawrence Ingrassia）在其著作《十億美元品牌的祕密》（*Billion Dollar Brand Club: How Dollar Shave Club, Warby Parker, and Other Disruptors Are Remaking What We Buy*）[11]中詳述的，這些公司是這一時期的創投

界寵兒。Dollar Shave Club 和 Warby Parker 是兩個早期的成功案例，兩家公司一開始都純粹在線上銷售，各自專注於一種商品，並且都為低效率、行之有年的中介模式提供一種替代選擇。在 Dollar Shave Club 之前，藥妝店和其他中間商銷售的刮鬍刀大多來自單一廠家——吉列（Gillette）。這種模式可以讓主宰市場的製造商和中間商都受益，因為他們可以透過犧牲消費者的利益來獲取巨大利潤。被 Warby Parker 擾亂的眼鏡市場也呈現類似動態：稱霸市場的製造商羅薩奧蒂卡（Luxottica）集團享有驚人的利潤，使它能慷慨地補償不受它控制的中間商（通常是驗光師）。和刮鬍刀市場一樣，這促成一種已穩定太久的平衡，消費者支付太高的價格，羅薩奧蒂卡和中間商從中獲益。

很快地，創投資本家開始將大量資金注入有志在其他領域顛覆中間商的新創公司。在他們的資助下，創業家開始賣起鞋子、沙發、牙刷、鍋具、內衣褲、行李箱，以及其他許許多多「直面消費者」的商品。

DTC 年代中的許多成功企業之所以成功，是因為他們打進了因中間商經濟而陷入停滯的領域。隨著中間商運用他們的權力為自己塑造有利的競爭環境，效率低下的情況愈來愈嚴重，創新的腳步也愈來愈遲緩。這使得 DTC 公司更容易提供更優越的選擇。

消費者日益青睞更能永續發展的生產模式，並且渴望與商品背後的人與地進行更多交流，這種與日俱增的需求為ＤＴＣ運動增添了助力，這些特色無法輕易附加到為了以最廉價的方式製造商品，而演變出來的冗長供應鏈上。ＤＴＣ公司證明，壓低成本的目標，更容易透過整個打掉重練、創造專門為實現這些目標而設計的短供應鏈來達成。

Everlane服裝公司體現了ＤＴＣ用於加強問責制的優勢與侷限性。Everlane宣示三項基本承諾：「卓越的品質、講道德的工廠、徹底的透明」，這意味著當顧客想要更深入了解有十多種顏色可供選擇、售價一百美元的喀什米爾圓領毛衣，不必僅限於透過亞馬遜上將近五千條的顧客評論（平均四點七四顆星）和商品描述來了解它。

該顧客也可以得知他付的價錢有多少用於什麼地方。一張簡單明瞭的圖解資訊顯示該公司製作每件毛衣的「真實成本」是四十六點二一美元：三十點三五美元的原物料成本、一點六美元的硬體設施費、十二美元的人工費、一點七六美元的關稅，以及零點五美元的運輸費。他也可以得知Everlane的喀什米爾系列是在中國東莞的一家成衣廠製成的，這家工廠的老闆是一對多年好友——朱先生和李先生。他們的喀什米爾羊絨來自內蒙古，「在中國寧波的義大利進口機器上紡成毛線」，然後才送到東莞染色、編織、裁縫、製成成品。在附圖中，建於二○○○年的東莞工廠雖然不是特別氣派，但看起來既安全又現代化。Everlane 指出，在參觀工廠時，他們「逛了當地的自助食堂」，聽到工人聊起他們如何在週末「進城看電影，或在院子裡打麻將」[12]。

Everlane 還體現了 DTC 模式的其他好處。根據 Everlane 的說法，如果透過傳統的零售中間商銷售，該公司售價一百美元的喀什米爾毛衣會賣到兩百三十美元。省掉中間商讓公司得以完全控制顧客購物的虛擬與實體環境，創造更具凝聚力的消費經驗，增加連結感。任何問題或抱怨都會直達 Everlane 的人員，使公司能夠更迅速地發現挑戰與機會，並將回應作為進一步增進顧客連結的機會。

和許多真正的直銷公司一樣，為了以負責任的態度經營企業，Everlane 付出額外的努力。例如，每個黑色星期五賺到的利潤，都歸工廠全體員工所有；另外，該公司正努力將原生塑膠從他們的供應鏈上剔除，以進一步履行永續發展的承諾。

對 Everlane 和它的投資人來說，這個模式成效卓著。它已贏得如潮的讚譽，銷售也持續增長，據說營業額在公司成立後五年內就達到了五千萬美元[13]。此外，它的大多數品項都得到數千條好評。無論以什麼標準來看，該公司都是成功的，而直接面向顧客便是成功的關鍵。

然而，更仔細地觀察，會發現 Everlane 的光環已逐漸消退。二〇二〇年三月，在經過幾個月的串聯之後，該公司一群遠端客服代表給 CEO 發了一封信，宣布員工普遍支持成立工會，並要求資方主動承認工會。四天後，五十七名遠端客服代表中的四十二人遭到解僱，據工會的說法，沒有一名公開聲援工會的員工能保住飯碗。不久後，伯尼．桑德斯（Bernie Sanders）加入論戰，在推特上寫道：「利用這場健康與經濟危機來打擊工會，是不符合道義的行為……我呼籲 @Everlane 重新將工人列入薪資名冊，並承認 @EverlaneU（Everlane 工會）。」[14] 不論公司的實際原因是什麼，在疫情期間大規模裁員並未顯現照顧員工福祉的深切決心，跟納瓦羅偶爾嚥下虧損來為員工提供穩定生活的做法形成鮮明對比。

過沒多久，管理階層被指控歧視黑人，並且未能尊重員工。二〇二〇年夏天的一項內部調查，發現了支持其中許多指控的證據，引發爭議的行為算不上十惡不赦，但它確實顯示該公司精心塑造的形象與背後的真相明顯不一致。類似的矛盾也出現在該公司對外宣稱致力於服務各種體型與尺寸的女性，內部報告卻顯示他們故意拖延推出大尺碼服裝的腳步。一名離職員工表示「當時，公司的一切都必須令人嚮往」，而「肥胖並不令人嚮往」。[15]

二〇一九年，Good On You——一個專門針對鞋類和服裝製造商的生態與人類影響進行評等的網站——給 Everlane 的分數是區區的「不夠好」，也就是五顆星中的兩顆星，並指出該公司在保護環境與海外的工廠工人上有許多不足之處。更仔細檢驗該公司披露的訊息後發現，除了披露的所有訊息，還有許多訊息沒有公布出來。許多問題沒有得到答案，例如東莞工廠老闆李先生和朱先生的全名是什麼、工廠員工的工資有多高，以及他們是否享有病假和其他的工人保護措施。評分在 Everlane 之上的公司，也不會為了增加銷售額而玩弄行為弱點，例如為七十五美元以上的訂單提供免運費服務，或者在顧客每次推薦朋友到 Everlane 購物時給予二十五美元的獎勵。

這不是要貶低 Everlane 對社會與永續發展的承諾，也不是要貶低它提供給顧客的資訊量，特別是與中間人經濟的情況相比。相較於 Everlane 公布的資訊，百貨公司售貨員能提供的訊息量連零頭都算不上。不過，Everlane 的實際情況與直接交易的理想狀態確實存在差距。

仔細觀察其他 DTC 翹楚，也會發現類似的動態。和傳統製造商相比，許多 DTC 公司擁有更短、更符合道德、更能永續發展的供應鏈，而且為顧客提供關於商品背後的人與地的更多訊息。DTC 公司也從顧客身上得到更多資訊，他們有時會運用這些資訊做出對DTC公司和顧客都有利的調整與擴展。例如，因與人合夥創立Warby Parker和Harry's刮鬍刀而馳名於DTC界的傑夫・瑞德（Jeff Raider），要求加入Harry's的所有員工花時間接聽客服電話，他自己也身體力行。他認為，沒有比了解顧客更好的方法來服務他們，而DTC模式的好處之一就是能夠直接接觸顧客[16]。

避開傳統中間商也能省下可觀的成本。而且，由於DTC公司多半只專注於一項產品，並且非常依賴社群媒體、聲譽和口碑，它們似乎都能創造出相當好的產品。例如，當《紐約》雜誌的一名撰稿人試穿七家DTC內衣製造商的胸罩，她「驚喜地發現，這七款胸罩都很舒適、合身，我隨時樂於穿上它們」[17]。整體而言，DTC的快速崛起是解決當今中間人經濟問題的一個良好路線圖，它們的成功，證明了以開創全新的、更直接的交易作為避免這些問題的方法有何好處。

然而，為數驚人的DTC公司遭到媒體犀利爆料。DTC行李箱製造商Away被指控鼓吹「恫嚇與持續監控的文化」，ThirdLove內衣公司的工人抱怨，儘管該公司對大眾宣稱「由女性治理、為女性服務」，卻有一個「具有強烈優越感」、「恃強凌弱」的男性老闆[18]；幫助點燃DTC革命的Dollar Shave Club被揭露根本不是真正的直銷商，只不過是把亞馬遜和其他地方可以買到的刮鬍刀拿來重新包裝販售[19]；跟它最相近的DTC對手Harry's，也開始透過包括塔吉特百貨在內的傳統中間商銷售刮鬍刀。許多其他的DTC公司則衷心相信在臉書和其他網站投放昂貴的廣告，是吸引顧客的唯一方法，成功地讓這些科技巨頭成了新型態的中間商。此外，儘管砍掉中間商照理可以節省成本，但許多DTC商品的價格遠遠超出大多數人可以負擔的範圍。其中一部分可能反映了以道德方式製造商品的真實成本，但它也提醒我們，這些公司的存在是為了賺錢，而且往往在製造成本之外還有很高的支出，例如那些針對特定族群的廣告。

DTC雖然是往正確方向邁出的一大步，但DTC公司往往良莠不齊，問題的根源可以追溯到它們的商業模式和融資結構的核心。最理想的直接交易出自生產者與消費者的交流，以及後續建立的關係。然而對大多數DTC公司來說，連結的深度受限於一個無所不在的第三方——為公司提供資金的創業投資者。

資本為什麼很重要

要了解創投（VC）融資如何影響一家公司的營運，對公司法稍有涉獵會有幫助。一個常見的誤解是，法律要求公司實現利潤最大化，因而大幅限制他們對地球、工人和社會做出正確事情的能力。正如我在哥倫比亞大學法學院授課時所說的，情況壓根不是這樣，法律賦予企業董事和經理很大的裁決權，使他們能以宏觀的角度思考什麼對公司及所有受其營運影響的人最有利。事實上，公司法的一個基本原則是，股東不能指揮公司的董事或經理做事。假如股東不喜歡公司的管理方式，他可以選擇賣掉股份或設法推選新的董事會。

然而，法律也賦予公司很大的彈性去選擇如何安排內部事務。創投家利用這種彈性，要求對公司的營運方式施加極高的影響力。正如我在舊金山灣區從事公司法業務時親眼所見，創投家經常要求獲得董事會席位和其他權力，使他們比一般股東更有能力影響公司的日常營運。由於創投家通常擁有豐富的經驗與專業知識，並且希望公司成功，這種積極參與的方式可能會有很大的幫助。

然而有些情況下，創投家的利益背離了公司創始人、員工和顧客的利益。大多數時候，創投公司拿他人的錢投資（他們也是部分中間人），並且為此收取很高的費用。創投公司要持續證明自己收費合理並不斷吸引新的投資人，唯一方法就是提供極高的報酬率，並且及時償還投資人的本金。許多新創企業最終失敗的事實增加了創投公司的壓力，讓他們亟欲從為數不多的成功企業賺取異常高的報酬率，結果就是創投公司經常逼迫企業以極快的速度發展，即便這對某家特定公司而言並不是最好的辦法。

了解創投公司有多大的影響力，以及他們如何行使這項控制權，有助於解釋為什麼一家由創投支持的DTC公司的前執行長，勸告其他創業家不要接受創投的資金。在他看來，他們「不惜一切代價追求成長」的態度可能有害[20]。創投的作風與納瓦羅或CSA這類組織之間的對比再鮮明不過，成長不是壞事，但如果操之過急，可能迫使一家公司在其他價值觀上做出妥協。那麼多DTC公司如此依賴創投融資的事實，有助於解釋這些公司正逐漸浮出檯面的許多缺點。

創投公司非常擅於發現機會。如此多的創投資金湧入DTC公司，證明中間人經濟效率低下並存在許多弊端，而那麼多DTC公司的成功，也反映出中間人經濟的內在限制。許多消費者希望產品更符合他們的需求，並對世界產生更正面的影響，DTC公司正在證明較短的供應鏈和直接交易可以進一步推動這些目標。然而，只要他們依賴創投資金，大多數公司充其量只是「準直銷」——朝正確方向跨出了一大步，但仍然比真正的直接交易少了一點什麼。

平台

二〇一〇年代的另一件大事，是GoFundMe等平台的崛起。平台發揮了中間人長期以來承擔的許多經濟功能，eBay、Etsy和Kickstarter這類平台幫助媒合有互補需求的人，或者降低會阻撓互利交流的障礙。許多平台也提供類似傳統中間商所提供的特定服務，例如彙集評論並促使資金從一方安全地流向另一方，所以他們算是中間商。

然而，這些新平台與傳統中間商之間存在重大區別。商品往往從生產者直接流向買家，完全不經平台之手；價格等關鍵交易條件通常由買賣雙方決定，而非平台；而且，大多數平台鼓勵直接溝通與聯繫，而不是設法阻礙雙方交流。就這些和其他方面而言，許多平台更像是精簡版的中間商，而不是徹頭徹尾的中間商。而且，透過放鬆對交易條件的控制並促成更直接的交流，平台可以實現直接取自源頭的許多好處。理論上，一個設計完善的平台可以將中間人經濟的好處（接觸點的規模使購物者更容易找到他們想要的，並使賣家更容易為自己的商品找到買家）和直接交易的好處（人與人的連結及支持小規模生產的能力）結合起來。

至於這些好處有多少得以實現，取決於平台的設計及它願意放棄多少控制權。就許多方面而言，平台的世界是本書更廣泛主題的一個縮影。有些平台允許有意義的連結，另一些則如同典型的中間人，在影響誰與誰聯繫並限制雙方的直接交流上發揮了更大作用。所以，和DTC一樣，平台的快速崛起是進步的標誌，雖然反映出中間人經濟的弊端，卻往往離真正的直接交易還有一步之遙。

eBay的二手商品平台，是最先改變人們向誰購買什麼的數位平台之一。數十年來，人們把簽了名的棒球、古董椅子、舊的手提袋和各式各樣閒置物品擱在櫃子和地下室裡，他們可以把這些東西賣給舊貨店，但這樣往往只能換來一點點錢，即便有人把這些東西當成寶貝。

正如我們從房地產市場學到的，當一件商品獨一無二，找到合適的配對非常重要。某個買家從這件商品得到的快樂，可能遠超過其他潛在買家；把商品交到這個買家手中會增加交易所能創造的快樂，並提高賣家可以從商品換來的價格。舊貨店不是實現完美配對的好地方，因為走進店裡瀏覽商品的人數有限。相較之下，eBay這樣的網站可以提供MLS所能提供的許多好處——作為核心樞紐，使賣家可以接觸更多買家，並使買家更容易搜尋與挑揀，直到找到他們想要的東西。

和MLS一樣，eBay有可能創造所有人共贏的局面。當商品從不重視它們的人轉移到重視它們的人手中，總體幸福感會增加。此外，eBay的二手市場是透過促進現有商品的流動來做到這一點，這對環境有益。

eBay和MLS的另一個相似之處是，在各自的領域上，它們都是第一個搶占龍頭地位的平台。這使它們得以取得足夠多的買家和賣家，然後繼續在買賣雙方壯大自己的隊伍。eBay的這項特徵——需要大量買家來吸引賣家，也需要大量賣家來吸引買家——使它成了一個雙邊市場，就和MLS一樣。並非所有的雙邊市場都是平台。平面雜誌通常仰賴吸引足夠多的讀者來證明其高額廣告費的合理性，並仰賴足夠多的廣告來補貼印刷成本和發行費用，它是一個雙邊市場，但不是平台。不過，認清大多數平台都是雙邊市場的事實，可以幫助我們更深入理解它們獨特的商業模式。

首先，網路效應常常導致市場只有少數贏家，甚至一家獨大。由於買賣雙方都希望進入對方已經存在的地方，占主導地位的平台可能非常難以取代，所以平台往往比其他型態的中間商更強大。他們也有強烈動機使用現有的一切資源來維持主導地位，因為市場占有率的流失往往是斷崖式，而不是漸進式的。這讓落伍、劣質或過於貪婪的平台，甚至在出現更好的替代品之後仍能維持主導地位[21]。

其次，雙邊市場有時能為其中一方提供看似不錯的交易（例如低廉的雜誌訂閱費用），因為他們可以從另一方創造很高的營收（例如廣告收入）[22]。這通常就把責任推給了消費者；他們必須意識到自己是以注意力、數據和其他非金錢的方式在「付費」。這也意味著平台向賣家收取的費用，最終往往有很大一部分是由買家支付，儘管其中機制對買家來說並不透明。這並不代表買家無法在 eBay 找到划算的交易，但是正如房地產，買家受到看不見的價格結構的影響，比許多人意識到的要大得多。

第三，與此相關的是，賣家和平台可以聯合起來偏移顧客的決策。例如，在 eBay 上，刊登商品要付費，賣出商品要付費，透過 PayPal 處理款項要付費；另外還有一系列選擇性費用可以幫助商品頁面更突出，例如以粗體字呈現商品名稱，或者在購物者研究類似商品時被列在「相關品項」下[23]。專家才有能力在這些選項中取捨，買家和賣家都需要指導才能避免在過程中犯下錯誤。換句話說，eBay 實現利潤最大化的方法，並不是把網站設計成幫助每個買家以最少力氣找到他們最想要的東西。相反地，eBay 利用其網站設計和收費結構，在不嚇跑太多買家和賣家的情況下，最大程度地提高他們可以從每一筆交易收取的費用。

對於平台運作方式的這些深入見解，為我們審視現有平台的多樣性提供一個研究架構。我們已經對一個施加巨大控制權、並以非常類似傳統中間商的方式為自己保留權力的強勢平台，有了很深的認識，那就是亞馬遜集市——該公司為第三方賣家架設的平台。正如我們在前面章節看到的，事實證明，亞馬遜將這個平台與其零售業務整合起來的決策，是它能夠成為如此多種商品的主要賣家的關鍵所在。其平台業務的成長速度一直比傳統零售業務的成長更快，但兩者的成長相互增益，並為亞馬遜提供了數據，讓它能更周密地決定公司本身要賣什麼、如何為這些商品定價，以及向第三方賣家收取多少費用。想要了解亞馬遜為什麼能夠如此快速地累積如此龐大的實力、它對第三方賣家的影響力有多大、為什麼那麼多人無法想像自己一年不上亞馬遜購物，以及為什麼假如政府不出手干預，要削弱其主導地位會如此困難，就不能不了解亞馬遜的平台業務。

將目光從 ebay 移開，朝與亞馬遜相反的方向看去，會看見運作方式截然不同的其他幾個平台。其中最成功、最有名的兩家是 Etsy 和 Kickstarter。Etsy 於二○○五年在布魯克林開始營運，面對雙邊市場的挑戰，它的策略是設法滿足手藝人和其他創意人士的需求，創造便於他們使用的平台，並使他們不必跟工廠製造的商品競爭，至少不必在這個網站上競爭。這個方法奏效了，它吸引個別創作者，也吸引喜歡他們提供的獨特商品的購物者。Etsy 既受益於手工藝產業及手作品需求的成長，也對這個市場的成長做出貢獻[24]。

與 eBay 不同的是，Etsy 把建立社群與連結視為首要任務。賣家經常表示，能夠與買家直接交流，是他們能在 Etsy 取得成功的核心，也是他們喜歡在那裡賣東西的原因[25]。Etsy 還幫助賣家上其他網站（例如臉書）與顧客交流，讓創作人能更進一步講述他們的故事，並常常模糊個人與工作的界線。在成立初期，Etsy 還致力於培養賣家之間的社群意識。如同前執行長兼董事長查德・迪克森（Chad Dickerson）在二〇一一年解釋的，「團隊意識一直是 Etsy 社群精神的一部分」[26]，它幫助賣家團結起來，組隊交換回饋與鼓勵。

Etsy 還體現了正確的基礎架構可以如何促進兩端的改變。正如中間人經濟改變貨物的製造方式和人們的消費方式，Etsy 證明了，幫助人們更容易在中間人經濟之外建立聯繫也能產生類似的漣漪效應。例如，當我發現我可以上 Etsy 購買手工藝品並直接發貨給朋友，在購買禮物時，我更容易降低對大型中間商的依賴。如此一來，透過為消費者提供他們同樣可以在筆記型電腦上操作的一種外部選擇，Etsy 的發展正可以慢慢侵蝕亞馬遜這類市場霸主的力量。

意義更重大的是，Etsy 在交易的另一端創造新的機會。隨著愈來愈多消費者開始使用 Etsy 購物，這樣的需求為賣家創造了新的機會，有許多人利用 Etsy 把業餘嗜好變成充實的工作[27]。截至二〇二〇年，百分之八十七的賣家是女性，百分之八十是單人作業，百分之四十三需要撫養其他人，例如小孩[28]。Etsy 不僅幫助賣家找到令他們覺得有意義的工作，還幫助那些可能無法從事傳統或現場工作的人，利用他們擁有的時間來賺錢，而且往往不必走出家門。在這裡，Etsy 也提供一種外部選擇，透過為有創意或創業天賦的人提供亞馬遜之外的替代選項，幫助削弱（即便只是適度而間接地削弱）中間商巨頭的力量。迄今的進展可能不大，但鑒於證據顯示工資降低和外部就業機會減少是過度集中可能帶來的最大傷害，這些外部選擇的重要性，再怎麼強調都不為過[29]。

近年來，Etsy 發生很大的變化。二〇一三年，Etsy 開始允許賣家借助外部廠商協助生產，這讓較大的規模得以從中介環節延伸到生產環節，使賣家能夠以更低的價格提供更多商品。不過，這也使販賣真正手作品的人處於不利地位。二〇一五年，一部分是為了讓創投公司能夠將部分投資變現，Etsy 成了一家上市公司。這讓該公司面臨來自激進派股東的壓力，後者認為公司可以也應該把獲利能力放在更優先的位置，結果就是該公司深得人心的執行長查德·迪克森連同另外八十名員工被解聘，營運方式也做出進一步的改變。

Etsy 的新負責人曾位居 eBay 高層，他幫助公司更快速成長，利潤也變得更高，然而卻進一步背離最初的承諾。該公司放棄 B 型企業（B Corp）認證，這項認證是企業承諾在追求利潤的同時，優先考慮社會與環保目標的一種方式[30]。為了跟亞馬遜站在同一等級，該公司現在重點培育那些提供「免費送貨」的賣家，許多小型賣家發現很難在提供這種服務的同時還保持獲利。儘管曾經禁止銷售工廠製品，該網站現在充斥著同一賣家也會在亞馬遜或其他地方販售、透過複雜供應鏈製成的商品，只要是他設計的就好。

在這種種變化中，許多的美好事物依然留存。Etsy 仍然促成幾近直接的交易，仍然增進社群與交流，仍然讓生產者和消費者有機會找到他們原本接觸不到的顧客與商品。當新冠疫情來襲，Etsy 的長處大放光彩。和漫長供應鏈的僵化凝滯相比，Etsy 和它的賣家可以快速而輕鬆地轉變方向。當口罩和自製烘焙品的需求激增，而且許多人突然失業，Etsy 幫助銜接兩端。購物者可以隨時買到大量手工縫製的口罩和新鮮的司康餅，沒有正職的人也找到在家賺錢的方法。

儘管專注於追求獲利，Etsy 仍保存那麼多的「美好事物」。這顯示就連 Etsy 的新管理層和股東都明白，幫助小型賣家和買家建立聯繫，並促成中間人經濟無法複製的個人色彩與連結，其中有很大的利潤可圖。Etsy 的竄升和 DTC 的成長一樣，都標誌著人們對中間人經濟不再抱有幻想，並認識到促進更好的生產與交易方法所能釋放的價值。

P2P vs. Kickstarter

對DTC和平台的探索，有助於解釋為什麼P2P作為連結點對點並促進兩點之間資金流動的模式，最終以失敗收場。正如大多數DTC公司，Prosper、Lending Club和早期的P2P借貸公司都仰賴創投融資，這給了他們成長所需的資本，但也讓他們走上一條除了快速成長、改變或死亡，其餘別無選擇的道路。此外，儘管使用了平台結構，但P2P交易的本質——拿今天的現金換取明天償還更多現金的義務——並不特別需要獨特的配對，也無益於經常伴隨Etsy交易的個人色彩。

為了更深入理解P2P作為真正的點對點交易模式為什麼會失敗，以及失敗可能帶來的教訓，將它與成功的融資平台Kickstarter進行比較會有幫助。Kickstarter以「為創意計畫融資的新方式」自居，它幫助電影工作者、音樂家、電玩設計師和其他創意人士與創業家為他們「大大小小的計畫」尋找資金。它已幫助他們為各式各樣的項目——從戲劇製作到創新的自行車架和新的瑜珈服系列——進行融資，也常常在過程中幫助他們取得寶貴的媒體、顧客和其他關係。一份典型的計畫書包含提案的相關資訊、提案背後的創意，以及旨在抓住提案精神並吸引潛在資助者的一系列其他材料，例如圖片、影片和故事。

和P2P借貸的原始模式一樣，Kickstarter使用以網際網路為基礎的平台來幫助人們籌措或給予資金。而且，為了掌握群眾的智慧，兩者同樣要求一項專案必須達到最低支持門檻才能獲得資金。然而，兩者之間存在著重大差異。P2P交易的核心屬性是金融與義務：資金今天往一個方向流動，換取未來連本帶利回流的義務。正如早期貸款的表現所顯示的，大多數人並非深諳信用風險的專家。

相較之下，在Kickstarter上，創作者可以給出一些好處來換取支持，例如送出表演門票、即將投入生產的商品的早期模型或其他行頭，但不得承諾給予金錢上的回報。對貸款、股權和其他常見融資機制的明令禁止，改變了交易的本質，也改變了誰會參與進來，以及為什麼參與。人們支持Kickstarter上的商品不是為了發財，是因為他們認為某個發明家有個好點子，而他們對他提供的東西感興趣，或者因為受到某個藝術項目的啟發。簡單地說，他們利用自身的更多條件，在提供資金之際，也提供了關於人們想要什麼，以及什麼能打動他們的資訊。

這決定了誰會透過Kickstarter籌措資金及為什麼這樣做。透過P2P融資的人只是想要一筆貸款，最好能得到比其他地方更優惠的條件；相反地，創意人士和創業家經常使用 Kickstarter 來測試他們的想法，並與他們希望對他們的想法或商品感興趣的人建立關係。俄亥俄州的創作者鮑勃．法蘭茲（Bob Frantz）認為，某種程度上，他在 Kickstarter 上的活動是在預售他的圖像小說，讓他在籌措落實創意所需的資金之外，還能衡量人們的興趣並建立客戶基礎。

鮑勃是個一名全職父親，也是播客和圖像小說創作者。對他來說，Kickstarter 一直是創作的命脈。他沒有能力聘用製作高品質圖像小說所需的畫家和其他人員，也還沒有為自己的作品找到出版商。他和他的共同創作者曾在 Kickstarter 上展開兩次宣傳活動，籌集略高於兩萬五千美元的資金，並取得一些小小的成功。在為專案和承諾的種種物品付清費用之後，他們往往賺不了錢，但他們籌到的資金足以供他們繼續創作、聘用專家來實現他們的願景，並得到可以讓他們繼續在動漫展和其他地方銷售的成品。透過 Kickstarter 融資，也帶來比較無形的好處。正如鮑勃向我解釋的那樣：「你的每一個支持者都是對你的一次認可，彷彿有人對你的計畫深具信心。」[31]

音樂老師潔西．鮑德溫（Jess Baldwin）也表達了類似感受。她設法籌措一萬美元，以便租用錄音室並聘請專業音樂家來製作她自己的高品質專輯。在第一天就籌到超過兩千六百美元後，她在第一次的狀態更新中承認自己曾數度熱淚盈眶，並指出她沒想過那麼多認識的人（更別提陌生人）拿錢出來幫助她實現夢想，會讓她覺得受到那麼大的「振奮與支持」。

鮑勃也在 Kickstarter 上捐錢，儘管沒有太多現金可以揮霍，但他已為超過一百二十個項目提供資金，其中有些項目是朋友的，有些是陌生人的。鮑勃說：「那感覺很棒，因為我能幫上忙……我能幫助其他人實現他們的夢想。」作為一個可以在籌款活動進行時坐在電腦前緊盯著螢幕的人，他知道每一筆捐款的意義。他曾站在施與受的兩邊，經歷過早期支持者「感覺自己是項目的一部分」並「感到自豪」，甚至覺得「與你的作品榮辱與共」的那份感受。

而且，就跟真正的直接交易一樣，人們在 Kickstarter 上建立的連結往往產生正面的外溢效應，甚至超出它能帶來的善意。華頓商學院教授伊桑．莫里克（Ethan Mollick）針對二〇一五年五月以前，募得超過一千美元的六萬一千六百五十四個 Kickstarter 項目進行調查[32]。根據超過一萬名創意人士的答案，他發現創作者在 Kickstarter 上募到的每一美元，都能對應在 Kickstarter 以外的二點四六美元的額外收入。他的研究顯示，截至二〇一五年，Kickstarter 已經協助創造五千多份全職工作、十六萬份臨時工作，以及超過兩千六百項專利的申請。

正如所有平台，Kickstarter 也是中間人，而它的成功大體上可以歸功於幫助創作者與支持者建立二十年前不可能建立的關係。然而，它幫忙建立的關係的本質，以及它為了鼓勵特定關係而做的設計上的決定，使它站在中間人光譜的輕量級端。這使它能夠提供直接取自源頭所能帶來的許多好處，但意味著它也面臨了一些挑戰，例如較少的中間人對於績效品質的保證。

P2P 和 Kickstarter 截然不同的命運提醒著我們，直接交易及朝這個方向轉變的好處，並不是在各種類型的背景下都有同樣的助益。偏直接與偏中介的交易模式之間的一項重大區別是，直接使人們更容易以多層面的樣貌來到談判桌前尋求多層面的交易，這正是 Kickstarter 的核心所在。出錢的人也透露出訊息，包括他們喜歡什麼、什麼令他們興奮、什麼令他們感到乏味，除了轉手的金額外，這些訊息也為創作者提供了價值。

儘管 P2P 講述了一些好故事，但它永遠不會出現這樣的情況。P2P 的本質是金錢交易，僅此而已。以中介方式進行融資有一些明顯的好理由。在長遠的歷史中，獲得一大筆現金的可能性總能誘發不盡誠實的說詞，這讓中介機構在剔除詐欺與評估人們償債能力上的專業知識，顯得更加重要。追討債務從來不是一個愉快的過程，也不會是一種能促進親密關係與善意的互動。而且，分散風險的價值，意味著對提供資金的個人而言，投資得深不如投資得廣。P2P平台明白這一點，但確保放款人接觸大量借款人、借款人從大量放款人取得資金的努力，會讓交易進一步去個人化。這表示在融資這個領域上，一個、甚至兩個中間人往往會有幫助。

類似的動態也出現在其他領域上。直接交易的許多最佳範例都涉及加工相對最少的商品，這並非巧合。就許多方面而言，這可能是直奔源頭的一個明顯好處；例如，加工程度較低的食品往往比加工程度較高的食品更健康。然而，當購買汽車或電腦，多階段的生產流程幾乎是不可避免的，就像典型的智慧型手機需要來自世界各地的投入。

本書提出的心得在這類情況下依然適用。例如，麥克·戴爾（Michael Dell）創立的電腦公司是當年的DTC表率，而剔除多餘的中間商正是它的成功關鍵[33]。目前的DTC運動顯示，以允許更多溝通、透明度與問責的方式建立更短的供應鏈，能帶來真正的好處。儘管如此，這確實表示在某些領域上，將這些心得付諸實行，涉及尋找方法縮短供應鏈並減少中間人層級，而不是徹底消除它們。

本書之所以花那麼多篇幅解釋中間商的作為，一個原因是，如果不先體會中間商帶來的價值，就很難打破既有的中間商階層。今天的中介機制或許效率低下，但多半有充分原因。了解中間商為什麼存在於某個領域，攸關著能否找出必須克服的障礙，以便讓直接或接近直接的選項變得可行。唯有了解了中間人及中介機制的好處，我們才能找出最適合變革的領域，以及讓更直接的替代方案站穩腳跟所需的條件。

一個相關的涵義是，如果直接交易允許各方運用直奔源頭的一些獨特優勢，無論是貨源的更高透明度或個人互動的機會，直接交易可能是最有價值也最具變革性的交易模式。讓直接交易變得可行或有價值的條件範圍，仍在演變中。例如，當談到投資，今天許多人可能只想將他們的風險調整報酬率最大化，另一方面，個人或企業可能只關注募資或借款的成本。但沒有理由認為這些偏好是固定不變的。中間人經濟的興起，以及促使其蔓延的假設，不僅僅影響了政策的制定，也影響了們如何看待自己身為消費者、投資人或借款人的角色。即便ＥＳＧ運動迄今尚未兌現它的承諾，也沒有迫使投資人做出艱難的取捨，但它的上升速度顯示，人們或許有朝一日會願意做出不同的決定、不同的權衡。這可能會為更符合道德的在地投資創造機會與需求，或以其他方式更多地將人們的個人偏好與價值觀帶到檯面上。

ＤＴＣ公司的繁茂與新數位平台的興起，都是正向的發展，兩者的迅速崛起證明了中間人經濟的低效與其它缺陷蘊藏多少商機。它們還顯示如何以大規模的方式取得進展，以及就連朝直接交易的方向移動都可能會有幫助。儘管勝利仍言之過早，但如果與真正直接交易的成長放在一起來看，這些發展顯示已經取得多少進展，以及還有多大的成長空間。

第十一章 給政策制定者、企業和其餘眾人的五項原則

我致力於研究中間人經濟，已有十多年時間，在這過程中，我經常拿自己的生活作為檢驗研究心得的試驗場。長期下來，這樣的交互驗證產生五項簡單的原則，可用於解決「透過誰」購買、投資和捐贈的關鍵問題。任何人都可以在幾乎任何決策背景下使用這些原則，這樣的普遍性之所以可能，是因為背景條件在應用中非常重要，這些原則既邀請也要求人們在使用它們指導特定決策時，將自己的立場、偏好和限制納入考量。

這些原則可以被希望制訂更符合道德決策的消費者、試圖為公司省錢的經理人，以及尋求下一個商機的創業家所運用，也可以被關切的公民以及希望幫忙將權力從中間人經濟回歸到生產者與消費者手中的政策制定者所使用。雖然我們每個人都有能力做出不同的、更好的決策，但中間人經濟的根基太穩固，中間商本身也太強大，個人和組織無法在沒有外援的情況下改變這個體系。聯邦、州和地方立法者都可以發揮作用，幫忙促進更好的平衡。本章介紹這些原則，然後探討

個人和企業可以如何運用它們來制定更好的決策，以及它們也可以如何用來闡明實現有意義的改變所需要的政策改革。

原則要點

原則 1 ▼ 中介很重要：重要的不只是我們購買什麼或捐助哪些人，還有我們透過什麼結構進行交易。一筆交易是採取直接模式或涉及層層中間人，會影響交易的體驗、最終產品或投資的性質，以及交易的漣漪效應。這一點對於已經讀到這裡的人來說可能顯而易見，但在繁忙的日常生活中很容易被忘記。因此，關鍵的第一步就是認清依賴中間商、完全拋棄中間商，或者更嚴格地挑選中間商的決策，究竟攸關多大的利害得失。

原則 2 ▼ 愈短愈好：中介鏈愈短愈好，沒有所謂的最佳長度，但一層又一層的中間商通常意味著麻煩。正如我們在第一章看到的，當公共衛生官員苦苦找不到歐洲大腸桿菌疫情爆發的源頭，近四千人患病，超過五十人死亡，還有更多人遭受心理與經濟上的損失。同樣地，加劇二〇〇八年金融危機的資訊缺口，也是使所有人幾乎不可能知道風險究竟如何在系統中分配的層層投資工具——擔保債權憑證、不動產貸款抵押證券、資產擔保商業本票、貨幣市場共同基金——的副產品。在比較平凡的層面上，儘管我試著了解，但我弄不清楚我的什錦堅果中的堅果或麥片中的燕麥到底產自哪裡。較短的供應鏈可以加強責任歸屬、降低脆弱性，有時還能省下可觀的成本。

原則3▼直接最好：當交易採取直接模式，雙方都能看到並有機會了解彼此。由此帶來的好處類似於剔除多餘中間商的好處，包括更強的責任區分與韌性、更正面的連鎖反應和更少的負面影響，以及更多收益供生產者與消費者分享。然而，除了這些好處之外，直接交易還可以為其他更強大的動態奠定基礎，例如：建立連結、促進社群意識、消弭仍然普遍存在的孤獨感，以及重新劃分等級。直接交易沒有將人們簡化成不同類型，而是允許每個人以自己的多元層面進行交易，因此讓他們覺得更人性化。直接交易並不總是正確的選擇，但它是平衡生活與健康經濟的關鍵元素。

原則4▼追蹤費用結構：鑒於中間商將繼續存在，我們有必要知道應該使用哪些中間商以及為什麼。了解中間商是如何賺錢的，可以更容易看穿中間商常常用來慫恿顧客花更多錢，或誘導他們購買更高費用的商品或投資的伎倆，也能看清哪些中間商值得信任。社區書店可能是中間商，但和納瓦羅一樣，它的生存取決於顧客一次又一次回頭購買的意願，這有助於將它的利益與長期顧客的利益保持一致。追蹤中間商的報酬結構，對做出更好的決策大有幫助。

原則 5 ▼ 搭橋有益：更直接的交易可能意味著更在地化的貿易、投資與捐贈，這本身就不是件壞事，因為在地化始終是社群的核心。但假如直接交易僅止於此，那麼它將經濟朝好的方向轉變的能力就很有限。今天的世界不是平面的，我們居住的現實世界與虛擬世界都是分級且分裂的。直接交易若要消除結構性不平等，它的作用必須超出加深現有連結的範疇，這可以透過幾種方式實現。首先，我們認為的「在地」是會演變的，例如疫情期間，許多城市居民走出他們的城市牢籠去採摘蘋果或購買耶誕樹[1]。這常常是一種新的直接交易形式，讓他們能夠欣賞離家不遠的土地的豐饒，並與可能在上次選舉中投了不同選票的人建立聯繫。更重要的是，正如阿貝娜透過哈娜哈娜促成的許多不同社群所體現的，社群可以呈現許多形式，甚至可以跨越大陸和洲際。如果有意識地培育，直接交易可以在打破根深柢固的不平等上發揮重大作用。

原則的實踐：個人與組織

要真正理解這些原則，看看它們的運用方式會有幫助。下面是各項原則被個人、家庭和組織付諸實踐的一些例子。

以下的案例顯示這些是原則，而不是規則。規則往往黑白分明，而且容易執行，但不容許細微的偏差與個別化。另一方面，原則給了使用者機會與義務，讓他們在決定合適的選擇時，將自己獨特的偏好與限制納入考量。至於何時採取直接模式、何時使用中間商，或使用哪一個中間商，這些問題沒有「正確」答案，但有些選項勝過其他選項。這些原則有助於闡明其中取捨，幫助使用者做出適合他們的決定。

1. 認清中介很重要的事實

第一個心得是，花時間思考「透過誰」來購買、投資或捐贈，可以得到豐碩的回報。倚賴大型中間商往往是最快速、最簡單的選擇，偶爾也是正確的選擇。但是停下來思考一下，會發現有時顯而易見的選擇並不是最好的選擇。

當透過中間商購買商品，通常不可能知道支付的錢有多少給了中間商或生產過程中的其他中間商，而有多少送到了種植原料或努力將原料轉化為成品的工人手中。許多不為人知的事情被隱藏是有原因的。除了提高效率，漫長的供應鏈往往助長了對工人的剝削、環境的退化，以及利用不同轄區的不同監管程度鑽漏洞的行為。此外，每一筆交易都滋養了現行體制，為大型中間商提供能讓他們用來延續霸權的收入、數據和市場占有率。

同樣重要的是，將目光越過顯而易見的選項，有助於發現從前沒有注意到的機會，不論是建立關係、表達其他價值觀、省錢，或跨出舒適圈進行冒險的機會。不妨將直接交易及設法縮短中介鏈的努力視為實驗，而不是承諾。嘗試一些新的東西，感覺一下，然後用那些洞見來塑造未來的決定。

了解中介的重要性，還可以幫助創業家發現新的機會。早期的DTC業者意識到，他們可以藉由取代地位牢固的中間商，並提供比中間人經濟所能提供的更高透明度與問責性來創造真正的價值。其他機會在於成為更好的中間商，例如，在投資方面，設法運用較短的鏈條創造投資報酬率較低，但能促進永續發展、支持在地企業或推進其他目標的投資機會，或許既有利可圖，又有益於社會。

許多大公司已經開始重新審視他們所依賴的中介系統，例如，疫情導致的供應鏈斷裂，已迫使許多企業正視漫長而分散的供應鏈可能帶來的脆弱性。其他公司這麼做，是為了因應消費者對他們消費的商品的社會影響日益高漲的資訊需求，或作為以較低成本籌集資金的方式。理解「透過誰」的關鍵決策涉及多大的利害關係，可以為值得重新審視的既定做法訂立未來發展方向。

2. 設法幫助縮短供應鏈

對中間商的依賴，並不是一種非此即彼的選擇。在可以直接購買玉米的當地農場攤位，和沃爾瑪貨架上的加工玉米穀片背後的層層中間商之間，還有很大的中間地帶。很多時候，運用本書所含心得教訓的最好方法，是剔除一兩層中間商，而不是一路直奔源頭。就連這樣的行動都能在降低不透明度與缺乏責任歸屬感的層面上產生重大好處，而不透明和權責不清，都是供應鏈過於漫長複雜時的常見副產品。

舉例來說，金融是許多人可能很多時候仍想使用中間人的一個領域。例如，指數基金，好比那些與標準普爾五百指數或羅素三千指數連結的基金，就提供了持有多元化股票組合的一個簡單且低成本的方法。另外，特別高明的中間人有時能提供個別投資人欠缺的專業知識，同時為企業提供耐心十足且掌握充分資訊的資本，幫助企業取得成功。華倫・巴菲特（Warren Buffett）掌控的波克夏海瑟威公司（Berkshire Hathaway），就展示了這一點（不過，波克夏海瑟威最近因為氣候相關資訊是否充分披露及其治理作風而陷入爭議，而這也顯示採取這種做法時選擇中間人的重要性）[2]。

然而在金融界，中間人的數量和結構遠遠超出必要程度或最佳狀態。例如，二〇二〇年，美國證券交易委員會不得不針對「組合型基金」——持有其他共同基金的共同基金——頒布新規則，因為投資於此類工具的資產價值已從二〇〇八年的四千六百九十億美元，成長到二〇一九年的二兆五千四百億美元[3]。這類一層又一層的投資安排讓中間人——這裡指的是基金公司——賺取更多費用，卻對投資人和社會福祉沒什麼益處。當較少的中間人便已足夠時，沒理由接受更多的中間人。

汽車貸款市場進一步闡示額外的中間人可以如何增加成本。尋求貸款買車時，消費者有兩種選擇：直接去銀行或其他貸款機構，或者透過汽車經銷商取得貸款，後者再安排跟融資公司借錢[4]。兩種選擇都不是直接的，但是向貸款機構融資可以省去一個中間人——汽車經銷商，從而縮短資本供應鏈。研究顯示，直接求助於貸款機構往往會降低借款人的融資成本，因為他們避開給經銷商加價的任何機會。然而，只有兩成的借款人採取這種方式，另外八成的人因而支付了更高的費用。一項研究發現，僅僅在二〇〇九年，透過汽車經銷商融資的消費者就因這個決策，而總共多付了兩百五十八億美元的利息[5]。

更糟的是，這些成本不成比例地攤到了有色人種的借款人身上。一項研究發現，透過汽車經銷商融資的黑人購車者，比白人購車者更可能被經銷商加價，提高實際支付的利率[6]。另一項研究發現，黑人購車者比白人購車者更可能透過經銷商融資，而黑人借款人支付的利率平均比白人借款人高出整整一個百分點，並且更有可能支付非常高的利息[7]。

實驗研究有助於解釋為什麼當作為額外中間人的經銷商涉入其中，黑人借款人最終往往支付更多。在一項實驗中，研究人員派遣幾對測試者（大約按照年齡與性別配對）前往維吉尼亞州的汽車經銷處[8]。在每一組配對中，白人測試者的信用評分都比非白人測試者低（收入通常也比較低）；儘管如此，大部分時候，白人測試者比非白人測試者得到更多也更優惠的融資選擇。平均而言，如果簽訂了貸款合約，在整個貸款期限內，一般非白人測試者會比白人測試者多支付兩千七百美元。去除多餘的中間人對我們所有人來說都很重要，但鑒於實際存在的隱性與顯性偏差，以及中間商頻頻利用社會不均來牟利的做法，剔除多餘中間人可能對黑人及長期被邊緣化的族群尤為重要。

剔除中間人可能需要多費力氣。例如，向餐館點餐時，人們往往可以選擇直接下單給餐館，或者透過 Grubhub 或 DoorDash 這類應用程式。應用程式通常比較容易使用、集中提供更多選擇，而且更方便送餐。然而，這些應用程式也收取高額費用，蠶食掉真正製作食物的餐館的微薄利潤[9]。每增加一個必須收取報酬的中間商，就意味著增加了消費者的成本，減少了生產者的收入，或兩者兼而有之。偶爾直接點餐能幫助當地餐館維持生計，即便那意味著走一小段路或拿起電話下單。

對企業而言，縮短供應鏈是在重新評估採購與運輸的議程上取得進展的一個方法。山姆．沃爾頓很早就發現剔除供應鏈上游中間商的好處，在他開設沃爾瑪之前還在經營加盟店時，他就已經在尋求一切可能機會直接向供應商採購商品，不透過總公司進貨。總公司是額外的中間人，會增加他寧可避免的成本。這是他一遍又一遍運用於沃爾瑪的心得。

其他時候，剔除額外的中間商需要努力爭取法律的改革。正如與納瓦羅有關的討論所述，大多數葡萄酒的銷售都需要經過一個昂貴的三層經銷系統。到了此時，你應該料想得到，經銷商一直努力讓各州通過法律保護他們在系統中的地位。好市多曾多次提起訴訟，試圖廢除這些規定[10]。好市多知道，繞過額外的中間商、直接向酒莊買酒，是為消費者提供較低價格的關鍵，即便這意味著必須預先花錢打官司或產生其他費用，才能得到更直接、更可行的選項，這項策略是它竄升為全國最大葡萄酒零售商的關鍵。爭取減少供應鏈上的中間商數量，可能需要付出努力，但它也能為公司和顧客省下可觀的成本。

3. 在現行組合中摻入直接交易的成分

要探索如何在生活中融入更多直接交易，一個好的起點是看看它可能已經如何成為你生活中的一部分，以及它對你意味著什麼。你也許每週末都會到附近的烘焙坊買他們的美味可頌麵包；或者，你也許曾嘗試到農夫市集買菜，到頭來卻因為不愛做菜而眼睜睜看著食材被浪費掉。這裡沒有正確答案，目的只是要反省對自己的了解，以及直接交易在過去對你行得通和行不通的地方。

下一步是進行實驗。不妨誠實面對自己的強烈好惡，同時願意敞開心胸接受一點挑戰。例如，在更深入了解巧克力產業後，我決定尋找更符合道德的貨源來滿足我的渴望。我很快發現總部位於西雅圖的西奧巧克力公司（Theo Chocolate），該公司每年都會發布一份影響報告，詳細說明它的可可來源、它支付的相對於市場價格與公平貿易費率的溢價，以及種植這些可可的農民的生活。

這是一種行銷手法，但該公司之所以能這麼做，完全是因為它在二〇二〇年使用的一千五百噸可可，全都來自剛果共和國的瓦塔林加（Watalinga）社區，集中採購的方式讓它能夠與種植可可的農民建立緊密的工作關係。雖然改吃更好的巧克力是一種奢侈，但是對我來說，適應更高的支出並費心提前規劃，並不是一件容易的事。改變習慣可能很難，就算會帶來非常甜美的回報也是如此，所以耐心對待這個過程會有幫助。

嘗試直接交易的另一個好方法，是透過旅行。我之所以能發現納瓦羅，是因為我喜歡拜訪偏僻的葡萄酒莊，其他人有其他的愛好。肯塔基的伯里亞是丘吉爾紡織廠的舊址，該公司在被皇冠工藝收購並關閉之前，曾生產備受好評的壁毯。直到現在，伯里亞依然是直接向手藝人購買各種手工製品的好地方。它位於阿帕契地區的中心，擁有數百家不同的作坊，其中許多作坊提供了觀看工藝品背後流程的機會。

研討會和展覽會也是結識許多創作者與志同道合者的途徑。例如，在透過 Kickstarter 取得創作圖像小說所需的資金後，鮑勃．法蘭茲經常親自到全國各地的動漫展銷售他的小說。當這類活動持續好幾天或年復一年吸引許多相同的人，它們也可以成為一個絕佳的管道，幫助建立更深刻的社群意識。鮑勃解釋說，當人們在網上或動漫展上購買彼此的漫畫，經常會感覺同一筆二十美元在「圈子」內不斷流動，這是融合了海德對禮物經濟如何與商業結合的描述所創造出的另一種社群。

目的地也可以是離家比較近的地方。近年來，獨立啤酒廠和小型咖啡烘焙坊如雨後春筍般興起。二〇二〇年，小型啤酒廠多達八千多家，除了讓人們直接從源頭購買啤酒，還提供與朋友相聚的場所。我在家鄉密西根州安娜堡（Ann Arbor）的一堂私家後院課程中，學到很多關於烘焙對咖啡豆的影響，那堂課是由我輾轉認識的朋友、RoosRoast 咖啡的創始人約翰・魯斯（John Roos）主持的。每當我回到密西根，我都會到農夫市集買幾包 RoosRoast 咖啡，而那總會讓我忍不住浮現微笑。

回想一下你的朋友、親人和其他故舊，你可能會發現自己認識某個需要一點點支持，你或許也希望與他們加深聯繫的家具師傅、自費出版的童書作家、雕塑家或其他創作者。私人關係可能是一種混亂但有意義的嘗試直接交易的方式。

不要期望你能夠在生活的所有層面都直奔源頭。藉由列出依賴中間商的好處與壞處，以及直奔源頭有時可以如何釋放出完全不同的動態，本書還提供了一張路線圖，供你依個人情況決定在什麼地方嘗試改變。你可以運用本書第二部關於中間商提供的好處的見解，來認明至少以現在來說，哪些領域的好處大到不該被捨棄。第三部中關於中介黑暗面的見解，可以幫助你認清在哪些情況下，依賴中間商會對你或其他人產生你不再願意接受的隱性成本。你可以利用第四部討論的關於直接交易的獨特好處，找出你或許可以在什麼地方開啟類似贈禮的動態，或者找到直奔源頭的特殊意義。這張路線圖會隨時間而改變，此刻可能也需要花一點時間才能釐清什麼東西對你有什麼意義，但嘗試列出這些領域的過程，本身就有助於將本書的不同心得運用到你的日常生活中。

對於試圖將直接交易納入其商業模式的創業家和公司來說，自我認識、嘗試的意願及路線圖的繪製也是很好的基礎。不妨從確立一個特定目標開始，無論是為了省錢、推動永續經營、降低供應鏈風險或其他截然不同的目標，然後以此來確定應該被直接交易模式徹底替代的中間商。利用路線圖衡量這項轉變的利弊得失，並評估直接交易的具體好處，例如能夠與供應商更密切溝通，或者更有能力控制顧客經驗，是否足以證明這項轉變站得住腳。如果風險似乎太大，可以試著將直接交易作為採購、銷售或籌資的補充方法，而不完全棄絕現行的替代方案。

當沒有任何一個替代性的直接交易模式看似可行，可能意味著機會。即使確實存在著直接的選項，如果它們的定價或營銷只針對一小群人口，這也可能透露出商機。例如，我個人之所以有時很難選擇直接交易，或很難選擇長度短到足以產生有意義的透明度的供應鏈，原因之一是，透過這些途徑取得的商品往往在其他方面也很奢侈。這就是我儘管很喜歡西奧巧克力，卻仍陷入了內心掙扎。雖然支付足以供人們維持生活的工資及小批量的生產會大幅增加成本，但直接交易不應該也沒必要成為少數人的特權。給大眾使用的直接交易有時是個選項，但這種選擇不像它可以也應該的那樣頻繁出現，正如中間人經濟的興起創造了機會，朝向更好的均衡點發展也會如此。創業家努力尋找新的方法來直接銷售商品、直接為計畫注資，或者如 Shopify 那樣幫助其他人建立關係，對開創新時代而言至關重要。關鍵是不要只看事情的現狀，而要展望它們可能的發展。

4. 挑選中間商時，要追蹤他們的費用結構

我得坦白招供：我大學畢業後第一份「真正」的工作是做個中間人。我是一名股票經紀人，更氣派的頭銜是理財顧問，在美林證券位於華盛頓州林伍德（Lynnwood）的分公司工作。我當時二十二歲，對金融一竅不通。雖然我做不到一年，但這段經歷讓我在人性和推銷術的力量上學到了很多。

無論美林證券或我的同事都無意坑客戶，美林靠著其「雷霆萬鈞」的經紀人

大軍賺了很多錢，它知道，假如經紀人鼓吹客戶進行明顯錯誤的投資，它的聲譽可能會受損。我的同事沒有成為下一個華爾街之狼的野心，大多數人只想賺錢來付他們的房貸。而且，在存多少退休金和多元投資的價值這類事情上，我的許多同事也為客戶提供了很好的建議。

然而，當具體談到如何投資客戶的資金，微妙的利益衝突就出現了。無可迴避的是，更高的費用會讓美林獲益，美林也會給予經紀人相應的酬勞；相反地，成本較低的替代方案往往最符合客戶的利益。雪上加霜的是，與費用結構的細微差異相比，大多數人更重視整體投資組合的表現，因此，美林對聲譽的關切幾乎完全無法約束這些微妙的衝突。

這些微妙衝突起作用的一個方式，存在於我的同事向客戶推薦的共同基金。實證研究顯示，大多數受到積極管理的共同基金，沒有賺取足夠的報酬率來證明它們值得收取高額費用，這使它們成了大多數投資人的糟糕選擇[11]。然而，正因為積極管理型的基金收費如此高昂，而產生了讓美林和賣出這些基金的經紀人獲益的可觀費用。為了進一步打通關節，收取高額費用的共同基金公司會招待我們這些初級經紀人去吃午餐，或吃晚餐、或滑雪，並解釋他們的商品為什麼有理由收取高額費用。他們向我們描述，是什麼讓他們的投資專業人員如此高明，他們的方法又為什麼如此獨特。我們在這些餐會上聽到的故事，讓我的同事更容易說服客戶，以及他們自己，相信他們正在做對的事情，儘管研究證明情況恰恰相反。

重點是：弄清楚你生活中的中間人如何賺錢，弄清楚他們抱持的偏誤及存在哪些替代選項。並且要認識到，有時候事先多付一點錢可以為你省下日後的支出與麻煩。中間人深諳行為上的偏誤，他們知道人們往往過於關注前期費用，忽略了他們可能需要間接或長期支付的費用。事先想清楚並提出正確的問題，可以大大幫助你認清中間人的推薦究竟是否值得信任，或者值得多大程度的信任。

組織若要運用這項原則，不妨評估中間人可能在哪些地方施以小惠來影響組織內的決策者。收取過高費用的中間人，往往最有能力跟關鍵決策者分享財富。例如，在一九九〇年代末的IPO全盛時期，高盛和其他投資銀行將抑價的「熱門」IPO股票，分配給eBay、雅虎和其他公司的創始人和高階主管。當股價在上市當天大漲，這些高階主管往往將股票脫手，賺取巨額利潤[12]。這樣的機制讓這些人——可以影響公司未來使用哪家投資銀行的關鍵決策者——更傾向於選用為他們提供股票的投資銀行，而不管這些銀行是不是公司的最佳選擇。評估組織內哪些人被招待去喝酒、吃飯或免費觀看體育賽事，可以暴露出對你的組織而言並非最佳狀況的中間人關係。

5. 如何尋找並建立橋梁

運用直接交易來搭建橋梁的一個方法，是找出跨越種族與社會經濟地位的共同挑戰、共同愛好或其他相似之處，共同的壓迫來源也可以作為基礎，建立超越空間的連結。這種方式允許人們將天生依照共同經歷或興趣建立關係的本能，用於創造改變，而不是用於維護權力與財富的不公分配。

我透過 GoFundMe 建立聯繫的許多家庭，過著看起來與我截然不同的生活。他們住在全國和全世界的各個角落，而且通常是比紐約市冷清許多的地方。然而，在看著我們的孩子儘管擁有獨特的心臟卻仍為了生存歷經各種手術和治療時，我們之間產生某種共同點。我仍然清楚地記得，在這個國家另一端，我從一個小男孩的眼神和姿態上看到的信心。他早些年修補的心臟已不堪使用，他的母親正在為另一次手術尋求支持。儘管他的外表跟我們的女兒幾乎沒有任何相似之處，我仍在他的身上看到了她。我們女兒的臨時心臟瓣膜也已不堪使用，她也需要進行另一次手術，而且同樣不把這一切放在心上。在捐款後的電子郵件交流中，他的母親和我約定為彼此的家庭祈禱，我至今仍偶爾為她祈禱，也為她的兒子及其他許多愛他的人。我們或許相隔千萬里，並且過著在許多方面截然不同的生活，但 GoFundMe 讓資金流向需要的地方，並讓我們以一種至今仍能引起共鳴的方式聯繫起來。

這類交流也讓我更清楚地了解，我們家能獲得高品質的醫療服務，並能在女兒需要的時候暫時放下工作，是多麼幸運的一件事。它們提醒著我，有必要持續爭取建立一個制度，讓每個人都能為自己和所愛之人獲取所需的醫療服務。直接交易可以幫助我們走出日常生活的邊界，讓我們站在和我們有著不同經歷的人的角度，看看這個社會的結構和等級制度。對有些人來說，有些時候，這是我們磨練出謙卑和進取心來持續推動變革所需的視角。

在以直接交易搭建橋梁的案例中，最啟迪人心的莫過於那些以自身之力連接起許多世界的人。例如，哈娜哈娜美容用品公司加深了阿貝娜跟迦納和芝加哥原已存在的連結。薩娜・賈芙麗・卡德里（Sana Javeri Kadri）以她創立的香料公司 Diaspora Co.，幫助搭建能夠帶來變革的橋梁。Diaspora 直接從家庭農場採購香料，付給農民比其他地方更高的價錢，並透過網站直接向消費者銷售香料；這個網站提供關於農民、香料及誰得到多少報酬的豐富資訊。賈芙麗・卡德里成長於印度，在美國上大學然後進入職場，現在則在兩國之間奔波，她擁有獨特的優勢來了解印度香料農民的需求，以及美國消費者在將就使用缺乏地方特色的二流香料時錯過了什麼。她在 Kickstarter 上發起活動籌募資金，並很快開始與農民建立密切的關係，幫助他們轉向更能永續發展的香料種植方式，此外，她還幫助消費者更懂得欣賞這些香料，並建立一個更公平的交易制度。正如塔瑪．艾德勒（Tamar Adler）在Diaspora和賈芙麗．卡德里的傳略中貼切總結的那樣：「Diaspora的單一香料來源……代表著一個新的開始，它改造了香料的路線，直接獎勵認真耕種的農民，並以重新定義自身類別的薑黃和黑胡椒（及其他更多香料）來獎勵消費者。」[13]

共同的愛好，是人們走出日常生活圈、與其他人建立連結的另一個好途徑。研討會和藝術展可以提供這樣的機會，但生產者也可以。蘇格蘭的新創啤酒廠「釀酒狗」（BrewDog）透過建立一個由愛好者組成的社群而迅速成長，這些愛好者喝它的啤酒、出錢幫助它發展，並提供早期的產品回饋。BrewDog還舉辦各種現場和虛擬的活動，讓人們聚在一起喝酒、享受生活，沉醉於對BrewDog啤酒的共同欣賞。儘管這可能不像哈娜哈娜所做的那樣具有變革性，但它也幫助人們融合起來，發展出在職業、社經地位及往往造成分裂的其他身分之外的一小片認同感。

這裡的案例，只是我們可以在日常生活和工作中如何運用這些原則的一些例子，我相信還有我的創意不足以想像出來的其他數千種運用方式，我期待看到這些替代方法也煥發出生機。然而，光靠個人行動和創業家的願景，不足以帶來我們需要的改變。中間人構成的威脅太大、太普遍，若無政策制定者的協助就無法解決。幸好，同樣的五項原則可以用來確認遏制中間人帶來的危險所需的政策類型，並為一個更直接、更有韌性、更負責任的體系奠定基礎。

保護民眾而不是保護中間商的政策

中間人經濟並非僅僅是運用中間商發揮特定作用的經濟，它是一個由規模過大、權力過大的中間商和漫長而複雜的供應鏈所定義的經濟。在這個經濟體中，最尋常的模式涉及大型中間商和複雜的供應鏈；在這個經濟體中，人們似乎被資訊淹沒，卻往往不知道，也沒有辦法得知他們消費的商品背後的真實人物與地方，或者他們在投資退休儲蓄時所幫忙資助的人、地方和活動。這個經濟體提供了實實在在的好處，包括廉價的商品、看似低成本的貿易與投資方式，以及超乎想像的便利性，但這些好處往往伴隨著使用者、其他人和這個星球必須付出的隱性成本。這個經濟體充滿了隱患，而這些隱患只有在困難時期、在我們最需要生產與資本系統運作順利的時候才會顯現出來。在這個經濟體中，愈來愈多工人為中間人工作或扮演其他角色，這些角色如此專業化，以至於工人看不到自己的努力可以如何用於服務他人。

中間人經濟從來不是必然現象，而政策制定者必須為它迄今的發展與變形承擔部分責任。太長時間以來，政策制定者始終傾向於保護並促進此一體系，這有時是以自利為考量的結果，有時則是中間商帶來的豐富資訊與資源的副產品。改變這樣的動態並不容易，但絕對可以做到。關於如何運用這五項原則來擬定政策，幫助經濟更好地服務一般大眾，以下是一些範例說明，而非詳盡無遺的概述。

1. 政策制定者為什麼應該重視中介機制？

有些法律是專門為了對抗過度且危險的權力集中而制定的，它們是本書已在許多地方提到的反壟斷法，反壟斷法讓監管機構得以阻止反競爭的併購、限制占主導地位的參與者如何施展力量、禁止旨在抑制競爭的串謀行為。政策制定者將「中介很重要」原則付諸行動的一個方法，是確保將現行的反壟斷法貫徹執行在巨型中間商和中間人網絡上，而這兩者是中間人經濟的核心角色。

最近在這個方向上取得了一些重大進展，例如，出現一些運用反壟斷法來推動房地產市場進一步改革的全新行動。二〇一九年，一個國會小組委員會針對四家科技巨頭展開兩黨合作的一項重大調查。雖然只有亞馬遜符合本書定義的中間人（起碼就其核心業務而言），但這四大科技公司無不偶爾像中間人一般運作，並且基於與大型中間人的動態類似的理由，它們都可能擁有權力並構成威脅。最有希望的進展之一，是拜登總統任命莉娜·汗（Lina Khan）出任主要的反壟斷監管機構——聯邦貿易委員會（FTC）——的主席。莉娜·汗曾積極倡議加強反壟斷執法，早年曾因撰文說明亞馬遜對市場競爭構成嚴重威脅，因此反壟斷執法部門理應認真看待而聲名鵲起[14]。

有些行動運用反壟斷法來應付亞馬遜、房地產經紀人和其他人帶來的威脅，這裡的分析為這些行動提供新的論據，並針對實現真正改變所需的補救措施提供額外的洞見。司法部期望二〇〇八年的同意令（consent decree）能導致房地產經紀業大幅轉型，然而實際上的改革卻溫和許多；期望與現實之間的差距具有啟發意義。大型中間商和中間人網絡享有的優勢如此龐大，以至於它們無法被輕易取代或糾正，真正的轉型是可能的，但那有賴反壟斷監管機關深刻了解特定中間商的運作方式、認清它們的眾多權力來源，並有勇氣和創意從根本解決這些來源。

例如，以亞馬遜的案例而言，或許有必要找到方法將作為賣家的亞馬遜，和為其他賣家提供平台的亞馬遜區分開來。要做到這一點，一個方法是允許兩者繼續使用同一個配銷系統，同時迫使兩邊分別創建面向消費者的網站，並限制它們分享數據或以其他方式進行合作的能力。簡單地說，了解亞馬遜影響力的眾多來源，或許會透露出唯有亞馬遜才能制衡亞馬遜現有力量的事實。

反壟斷法絕非可以用來更積極、更有計畫地應對當今中間人帶來的威脅的唯一工具，至於如何讓這個工具發揮最大作用，至今仍然沒有定論。儘管如此，這一領域的進展與潛力說明，深入了解中間人和中介機制可以幫助政策制定者找到更好的方法，運用他們已有的工具促進一般美國百姓的福祉。

2. 倡導縮短供應鏈的政策

有許多政策可以促使供應鏈朝更短的方向發展，這是增強韌性與責任區分所需的轉變。例如，要求生產者提供關於環境影響和勞工條件等資訊的披露規則，可能有所助益，前提是當初制定這些規則，是以縮短供應鏈並改變生產地點與方式為目的。正如衝突礦產法規和其他許多未能達成目的的披露機制產生的意外後果所反映的，僅僅在漫長供應鏈上添加層層的披露義務，並不是解決辦法。相反地，必須將披露作為眾多工具的一個，以縮短供應鏈為明確目標。例如，披露義務可以是監管策略的一項元素，對使用較短、較透明供應鏈的生產者提出較不繁瑣的披露要求。

政策制定者還可以擬定其他監管負擔來遏止供應鏈過於冗長，這種情況已在某些領域發生。例如，二〇〇八年金融危機期間，MBS擔保的CDO表現非常糟糕，在那之後，銀行監管機構對由證券化資產擔保的證券化資產，施加了較高的資本要求[15]。提早實施這類規則——假如監管機關注意到資本供應鏈的長度和複雜度，甚至在二〇〇八年之前實施這項規則都屬明智——很可能會減少CDO的數量，並降低它們幫忙延續的脆弱性。沿著這條思路還可以有更多作為。

資本供應鏈的額外環節會增加僵化和資訊差距，削弱韌性。這些額外的節點往往是中間商為了提高報酬，或儘量降低監管負擔而產生的副產品，這顯示監管機關通常可以阻止額外節點的發生，同時將負面後果降至最低。金融監管機關若能勘測資金流經的層層中間商、確認各家所謂的價值主張，然後從那些最可能造成脆弱性或傷害消費者的層級開始，想辦法有條不紊地減少中間商層級，應該會很有幫助。

政策制定者促成供應鏈變得更短、交易變得更直接的另一個方式，是提供公共或以其他方式補貼的基礎設施，促進商品與資本的流動。例如，不想拱手把控制權交給亞馬遜的小型賣家，必須依靠第三方將商品運送給顧客。當美國郵政服務未能在二〇二〇年耶誕節及時遞送許多包裹，Etsy 上的小型賣家也是受害者之一。確保美國郵政服務仍是一個可靠的選擇，甚至在小企業使用美國郵政服務向顧客發貨時提供補貼，可能有助於創造公平的競爭環境。

3. 支持直接交易的政策

支持美國郵政服務只是一個例子，說明政府可以如何幫忙提供促進直接交易所需的基礎架構。本著同樣精神的其他行動甚至可以更具針對性，例如補貼創建可以促進直接交易的平台。許多城鎮已開始支持農夫市集或街會，生產者可以運用這些公共空間直接販售他們的貨品，這是很好的開始，也是一個可以擴展和延伸的模式。

政策制定者還可以創造新型態的基礎架構。以一個尚未取得廣泛關注的運動——「在地投資」（locavesting，即投資於本地）——為例[16]，最初的構想是受到「在地購物」運動（shop local）所啟發，正如許多人心甘情願為支持本地企業而多花一點錢，或許也有人願意接受較低的報酬率或較高的風險，為本地企業提供生存與發展所需的資金。這種類型的直接投資機會也有助於培養社區意識，將本地企業與支持它們的居民更緊密地結合在一起。然而，後勤方面的挑戰——從試圖依照聯邦證券法來設計投資結構，到匯聚與移動資金所涉及的後勤工作——迄今仍阻礙著「在地投資」像「在地購物」運動一樣蓬勃發展，這些通常是中間人發揮的功能，而民間的創新也許有朝一日能提供克服這些挑戰的簡單方法。不過，由於這類直接投資帶來許多非金錢的公共利益，民間創新很可能遠遠達不到最理想水準，這為積極進取的州政府和地方政府創造一個機會去建造促進在地投資所需的管道和其他基礎架構。這類行動不容易開展，但一系列的潛在好處顯示它們很可能值得一試，尤其是當不同的轄區能找到相互合作與學習的方法時。

政策制定者還有另一個方法來促進直接交易，那就是幫忙消除障礙。很多時候，銷售商品或尋求投資的人會受到申請許可或其他規定所約束。雖然這些規定立意良善，而且往往很有益處，但對於小型創作者和創業家來說，這類規定造成的負擔很可能是個重大障礙。破例免除較小型參與者的這類義務，有助於實現更多小規模的生產與活動，而這往往是直接交易最強大之處。

政策制定者還應該留意目前法律有利於中間商的其他地方，捐款就是一個很好的例子。當有人捐款給慈善機構，這筆捐款是可以抵稅的，儘管大部分的錢最後會流向行政費用並用於進一步募款。相較之下，在 GoFundMe 直接捐款給陌生人，這筆錢完全不能抵稅。有一些例外狀況，也有很好的理由讓人們無法輕易減免稅款，特別是當他們可以鑽制度漏洞的時候。然而，這是小規模的破例可以鼓勵人們嘗試提供直接支援，而不至於讓人們耍太多小動作的另一個領域。

4. 制定政策時須追蹤費用結構

在落實這項原則的過程中，政策制定者有兩個重要的角色：協助消費者追蹤費用並自行追蹤費用。中間商在幫助消費者和投資人之際，往往沒有義務披露他們如何取得報酬，即便披露了費用結構，消費者通常也無從得知這些費用跟中間商從其他商品賺取的費用比起來孰高孰低。例如，在推銷共同基金時，理財顧問必須披露共同基金收取的費用，但他不必告訴客戶，指數基金的收費要低廉得多，他賺的佣金也會隨之少掉許多。同樣地，購買床墊時，購物者無法得知推銷員是否真的認為某一床墊比較好，或者只是因為他可以從該品牌賺取最高佣金才這麼說。這使消費者和投資人處於真正的劣勢，並讓中間商更容易濫用人們對他們的信任。

完善的披露規則可能會有幫助，提供關於中間人如何獲得報酬的資訊會是個起點。進一步要求中間商披露另一個「基準」商品的相關費用，甚至可以更有效地賦權給消費者、投資人和決策者。當一項決策足夠重大或決策環境的性質使決策者容易濫權，這種額外的披露要求或許就有足夠正當性。

「追蹤費用結構」的另一層涵義是，政策制定者有時應該限制中間商可以使用的費用結構類型。例如，中立原則（neutrality principle）經常被用來限制提供關鍵服務的參與者歧視特定用戶的能力，其源頭可以追溯到公共運輸業，但最近也被用來限制網際網路服務供應商歧視特定內容提供者的能力。將這項原則套用於當今的中間商，可能意味著限制主流中間商拒絕某些人使用其平台的能力、限制主流平台使用某些類型的費用結構，或者限制主流平台可以納入演算法的因素，這些演算法決定了哪些賣家能夠真正被感興趣的消費者看見。只要給予合理的報酬，它也可以被用來提供其他基礎架構的使用權，例如MLS、亞馬遜集市或某個配銷網路。

儘管中間商首先必須能從基礎架構上獲取一些利益才會願意建設它，但沒有證據顯示回報應該像他們今天得到的那樣豐厚與持久。而且，正如中立原則的歷史所示，有時候，限制某個關鍵進入點的歧視能力，可以促進供應鏈上其他點的興盛與創新。

也許在某些領域上，政策制定者應該將這些方法融合起來。房地產市場就是很好的例子，在這個領域，標準的收費結構很可能導致不盡理想的結果持續存在。正如我們所見，由於買方仲介的費用基本上是由賣家支付，而買方仲介可以決定帶他的客戶看哪些房子，所以賣家很難向買方仲介支付低於該地區行情價的任何費用，不論買方仲介創造了多少價值。讓這些價格結構透明化——如 Trelora 嘗試去做的那樣——會是有益的第一步，但很可能還需要做得更多。例如，州議員可以立法限制賣家付給買方仲介的佣金金額，好比說，不超過五千美元或房屋售價的百分之一。這不會是一個硬性上限，因為買方仲介仍然可以自由地向他們自己的客戶收取客戶願意為其服務支付的任何費用。儘管如此，透過降低賣家為了避免他們的房子受到歧視而向買方仲介支付過高費用的必要性，並迫使買家實際體驗他們實際上支付的費用，這類干預措施大大有助於確保支付的費用更能反映所提供服務的價值。

政策制定者還需要了解中間商如何賺錢，以便得知中間商的賺錢方式如何影響他們的遊說行動，以及他們為了左右立法而採取的其他動作。正如探索中間人經濟黑暗面的章節所揭示的，法律太常保護中間人和過時的中介模式，一部分的原因是，中間人確實了解相關市場，可以為意料之外的後果提供有用的見解。政策制定者要想把事情做好，需要的不僅僅是骨氣和相信所有遊說者都存有偏見的籠統認知，還要了解特定中間人如何賺錢，以及潛在的干預措施會如何影響中間人的商業模式。這是讓立法者更明白應該在什麼時候，對中間商和他們的遊說者為了保護自身利益而編造出來的吹牛大話打多少折扣的關鍵。用於限制遊說和競選捐款且比較不具針對性的行動，也有助於降低中間商經常享有的優勢。

5. 政策制定者可以如何幫助搭橋

政策制定者用於鼓勵直接交易的許多方法，都可以稍加調整來促進搭建新的橋梁。例如，政府可以補助創建線上平台或實體展覽會，專門推銷有色人種的小規模生產者或推廣對某個特定族群的認識；政府也能夠以現行專案為基礎，讓原已得到聯邦食物補助的人把食物券用於農夫市集，擴大可以直接向農夫取得食物的消費者族群。

有些選民希望以革新的方式運用直接交易，州政府與市政府也可以根據這些選民給予的回饋來安排試驗計畫和活動。政府可以從舉辦活動開始，藉此從地方上的生產者、創作者和創業家身上了解他們面臨的挑戰，以及他們需要哪種支援來建立直接連結。搭建橋梁的一部分，意味著聆聽那些通常不被聽見的人，並讓他們參與設定章程。

另外，政策制定者可以運用他們的公權力，降低中間人延續分裂與不公現象的能力。例如，已有許多法律旨在防止房地產經紀人和從事住房融資的人出現歧視行為，這些行為往往導致社區被隔離，並限制黑人與西班牙裔家庭運用其房屋所有權，以和白人家庭相同的速度累積財富的能力。然而，法律的執行往往力度有限並充滿挑戰。更好的法律和更有力地執行現行法律，都有助於降低中間人經濟帶來的傷害，並可以間接扶持更好、更直接的替代方案。

當今社會面臨的流弊，不能一股腦地歸咎於中間人經濟，但它確實導致其中許多弊端。藉由看清中間人經濟的本質，並了解中間商如何利用他們的力量來壓制競爭、誘導消費者做決策並扭曲立法，立法者可以掌握好自己的定位，幫助制定一條新的路線。

結論

對於任何一個因為中間人經濟而憂心忡忡的人，最重要的一課是去做點什麼。問題如此巨大，很容易讓人茫然失措，但每一次的選擇都很重要。想知道我們可以在哪裡做出不同的、更好的選擇，第一步就是要正確地理解中間人經濟。透過在生活中添加直接成分，會發現選擇繞過中間商不僅僅是為了顧全大局而做的一件苦差事，更是建立新連結、實現我們的價值觀，並可能發現一些意外之喜的一個機會。

如果在你的生活中，有些領域似乎一成不變、難以撼動，那也可能是行動的信號，不過是一種不同的行動。當今中間人經濟製造的許多挑戰，是所有人都無法逃脫的共業，即便我們每個人都以各自的方式體驗這些挑戰。我寫這本書的一個原因是，我發現儘管我愈來愈討厭使用大型中間商，但很多時候實在很難避開它們。公開表達這些擔憂，有助於播下實現系統性改革所需的種子。

如果你膽氣很壯，不妨寫封信，或者發電子郵件給轄區的民選官員。從限制巨型中間商的業務規模與範圍，到補助替代性直接方案的發展，再到落實促成真正透明所需的結構性變革，政府本身就有許多工具可以發揮作用。要督促國會、州議會和其他政策制定者採取行動，最好的辦法就是讓他們知道你在乎。

和別人分享挫折與成功故事，並從他們的經驗中學習，也會有所幫助。如果你認識你認為很棒的某個直接生產者，不妨告訴你的朋友們，或者發布到社群媒體上。我很樂意看看你直奔源頭的各種方式，不論那是新的經驗，或是你已做了很長時間但現在以全新角度觀看的某件事情。與朋友交談並聽取他人的經驗，或許也是渡過艱難時期的關鍵。鑒於當今中間人經濟的規模，選擇不參與其中不是一件容易的事，不論我們多麼想這麼做。雖然我的生活因為在決策時運用這五項原則而變得更加豐富，但我仍然陷入掙扎，有時每天都得努力分辨什麼是對的，並依此生活。

改變習慣很困難，改變經濟結構更是難上加難。好消息是，我們沒有一個人是在孤軍奮鬥。這裡訴說的故事，不過是人們已經在直奔源頭的無數美好方式中的一小部分。小小的改變可以累積成巨大成果，我們每一次直接購買、投資或捐助，我們每一次追求或幫助打造更短的供應鏈、每一次在尋求改變做事方法的集體行動中互相支援、每一次倡導改革時，我們都在幫助瓦解中間人經濟，設法以一個更公正、更有韌性、更人性化的體制取而代之。

謝誌

首先，我要感謝我的丈夫 Tim Wu，他的愛、支持、信心與回饋，幫助我完成這本書。Sierra 和 Essie，回家見到你們，正是我每天以全新精神重新展開工作所需的靈丹妙藥。我也要謝謝 Judge 家、Wolf 家、Sellmyer 家、Wu 家的所有人，以及其他每一位親愛的家人，他們在我寫這本書的時候給了我許多支持。親人總是幫助我度過順境與逆境，沒有什麼比這場疫情更讓我由衷感激我的家庭。

我感謝我的經紀人 Laurie Abkemeier 在這個寫作計畫的每個階段提供寶貴的回饋與指導。我也感謝 Hollis Heimbouch、Rebecca Raskin、Kirby Sandmeyer 和 HarperBusiness 出版社的整個團隊，他們認同我對這本書的願景，並幫助讓這份願景成真。

這本書匯集了多年的研究成果，這些研究得益於許許多多同事與朋友的談話和回饋，人數之多，我無法在這裡一一列舉。我特別要感謝 Jedediah Britton-

Purdy、Barbara Burton、Tom Morton、Charles Sabel 和 Rory Van Loo，他們對本書早期草稿的評論，大大幫助我了解這項寫作計畫，包括它的短處。我還想謝謝哥倫比亞大學法學院多位出色的研究助理，包括 Skanda Amarnath、Oluwatumise Asebiomo、Clare Curran、Connor Clerkin、Eddie Kim、Johannes Liefke、Alex Perry、Jordan Schiff、Ethan Stern 和 Jake Todd，他們在這個寫作項目的各個階段給予協助，並提供所需的研究資料。

附註

前言・寧靜的變革

1. "Fortune 500 2021," Fortune, https://fortune.com/fortune500/, accessed Oct. 27, 2021.

2. Taylor Sopor, "Amazon now employs nearly 1.3 million people worldwide after adding 500,000 workers in 2020," GeekWire, Feb 22, 2021, https:// www.geekwire.com/2021/amazon-now-employs-nearly-1-3-million-people-worldwide-adding-500000-workers-2020/; "How Many People Work at Walmart?," Walmart Corporate –Ask Walmart, as last modified March 1, 2021, https://corporate.walmart.com/askwalmart/how-many-people- work- at -walmart.

3. Krystina Gustafson, "Nearly Every American Spent Money at Wal-Mart Last Year," CNBC, April 12, 2017, https://www.cnbc.com/2017/04/12/nearly-every-american-spent-money-at-wal-mart-last-year. html.

4. Lucy Handley, "Amazon's brand value tops $400 billion, boosted by the coronavirus pandemic: Survey," CNBC, June 30, 2020, https://www.cnbc.com/2020/06/30/amazons-brand-value-tops-400-billion-according-to-kantar-report.html; Kantar BrandZ Most Valuable Global Brands Report 2021, https://www.kantar.com/campaigns/brandz/global.

5. Giacomo Tognini, "After Two Weeks At No. 2, Jeff Bezos Is Once Again the Richest Person in the World," Forbes, June 10, 2021, https://www.forbes.com/sites/giacomotognini/2021/06/10/after-two-weeks-at-no-2-jeff-bezos-is-once-again-the-richest-person-in-the-world/?sh=34d6c1a757aa.

6. Tom Metcalf, "These Are the World's Richest Families," Bloomberg, August 1, 2020, https://www.bloomberg.com/features/richest-families-in-the-world/?sref=0SF97H1m.

7. This saying is often attributed to Albert Einstein, but I could find no source able to trace its true genesis. I take the attribution story to reflect the wisdom people see in the insight, which may be as important as its

true origins.

第一章・便利的隱性成本

1. Jeffrey T. McCollum et al., "Multistate Outbreak of Listeriosis Associated with Cantaloupe," New England Journal of Medicine 369 (2013): 944–53.

2. C. Frank et al., "Large and Ongoing Outbreak of Haemolytic Uraemic Syndrome, Germany, May 2011," Euro Surveillance 16 (2011), https://edoc.rki.de/bitstream/handle/176904/882/23biStyp7ZDrU.pdf?sequence=1&isAllowed=y.

3. Kai Kupferschmidt, "Cucumbers May Be Culprit in Massive E. coli Outbreak in Germany," Science, May 26, 2011.

4. "Ehec–Woher stammt Erreger O104?," DIE ZEIT, June 16, 2011; "Warnungen wegen Ehec– 'Ich kaufe und esse alles,' " SÜDDEUTSCHE ZEITUNG, June 10, 2011. Translated for author.

5. "Einnahmeausfall–Handel fordert EHEC-Entschädigung," MANAGER MAGAZIN, June 19, 2011. ("Ich werde schon wie ein potentieller Mörder behandelt, nur weil ich Gurken und Tomaten verkaufe.")

6. Ibid.

7. Karch et al., "The Enemy Within Us: Lessons from the 2011 European Escherichia coli O104:H4 Outbreak," EMBO Molecular Medicine 4 (2012): 841–48, http://embomolmed.embopress.org/content/embomm/4/9/841.full.pdf.

8. "Dutch Join GB in Hamburg Rowing World Cup Pull-Out," BBC Sport, BBC, June 9, 2011, https://www.bbc.com/sport/rowing/13718566.

9. Udo Buchholz et al., "German Outbreak of Escherichia coli O104:H4 Associated with Sprouts," New England Journal of Medicine 365 (2011): 1763–70.

10. Helge Karch et al., "The Enemy Within Us," 841.

11. Ibid.

12. Michael Moss, "The Burger That Shattered Her Life," New York Times, October 3, 2009, https://www.nytimes.com/2009/10/04/health/04meat.html; "Real Life Impacts of E. coli infection and HUS," Marler Clark LLP, https://about-ecoli.com/real_life_impacts.

13. Moss, "The Burger That Shattered Her Life."

14. Michael Moss, Salt, Sugar, Fat: How the Food Giants Hooked Us (New York: Random House, 2013), xxiv.

15. Fabrizio Dabbene, Paolo Gay, and Cristina Tortia, "Traceability Issues in Food Supply Chain Management: A Review," Biosystems Engineering 120 (2014): 65–80.

16. Empty Promises: The Failure of Voluntary Corporate Social Responsibility Initiatives to Improve Farmer Incomes in the Ivorian Cocoa Sector, Corporate Accountability Lab (July 2019), https://static1.squarespace.com/static/5810dda3e3df28ce37b58357/t/5d31c76d06b158000167f385/1563543422666/Empty_Promises_2019pdf.pdf; The Cocoa Protocol: Success or Failure?, International Labor Rights Forum (June 30, 2008), https://laborrights.org/sites/default/files/publications-and-resources/Cocoa%20Protocol%20Success%20or%20Failure%20June%202008.pdf.

17. Chocolate Manufacturers Association, Protocol for the Growing and Processing of Cocoa Beans and Their Derivative Products in a Manner That Complies with ILO Convention 182 Concerning the Prohibition and Immediate Action for the Elimination of the Worst Forms of Child Labor, International Cocoa

Initiative (December 8, 2015), https://web.archive.org/web/20151208022828/http://www.cocoainitiative.org/en/documents-manager/english/54-harkin-engel-protocol/file.

18. Anthony Myers, "New Report Reveals Child Labor on West African Cocoa Farms Has Increased in Past 10 Years," Confectionery: Sustainability (May 7, 2020), https://www.confectionerynews.com/Article/2020/05/07/New-report-reveals-child-labor-on-West-African-cocoa-farms-has-increased-in-past-10-years; J. Edward Moreno, "US Report on West African Child Labor FacingReview Following Objections," Hill, June 12, 2020, https://thehill.com/policy/international/africa/502444-us-report-on-west-african-child-labor-facing-review-

following.

19. Final Report 2013–14: Survey Research on Child Labor in West African Cocoa Growing Areas, Tulane University School of Public Health, Payson Center for International Development (July 30, 2015), https://www.dol.gov/sites/dolgov/files/ILAB/research_file_attachment/Tulane%20University%20-%20Survey%20Research%20Cocoa%20Sector%20-%2030%20July%202015.pdf.

20. Empty Promises, Corporate Accountability Lab.

21. Peter Whoriskey and Rachel Siegel, "Cocoa's Child Laborers," Washington Post, June 5, 2019, https://www.washingtonpost.com/graphics/2019/business/hershey-nestle-mars-chocolate-child-labor-west-africa/.

22. "World's Largest Chocolate Companies Rated on Efforts to End Environmental and Labor Abuses," Green America: Labor, April 7, 2020, https://www.greenamerica.org/press-release/chocolate-companies-rated-addressing-environmental-labor-abuses.

23. Ibid.

24. "Child Labor in Your Chocolate? Check Our Chocolate Scorecard," Green America, October 16, 2019, https://www.greenamerica.org/end-child-labor-cocoa/chocolate-scorecard#fn1.

25. Empty Promises, Corporate Accountability Lab.

26. Hodsdon v. Mars, Inc., 891 F.3d 857 (9th Cir. 2018), http://cdn.ca9.uscourts.gov/datastore/opinions/2018/06/04/16-15444.pdf; Laura Dana v. The HersheyCompany, 730 F. App'x 460 (9th Cir. 2018), https://cdn.ca9.uscourts.gov/datastore/memoranda/2018/07/10/16-15789.pdf; Elaine McCoy v. NestléUSA, Inc., No. 16–15794 (9th Cir. 2018), https://cdn.ca9.uscourts.gov/datastore/memoranda/2018/07/10/16-15794.pdf.

27. Hodsdon v. Mars, Inc., 4.

28. Derek Thompson, "How America Spends Money: 100 Years in the Life of the Family Budget," Atlantic, April 5, 2012, https://www.theatlantic.com/business/archive/2012/04/how-america-spends-money-100-years-in-the-life-of-the-family-budget/255475/.

29. Ibid.

30. "The Number of U.S. Farms Continues to Decline Slowly," U.S. Department of Agriculture, Economic Research Service, last modified May 10, 2021, https://www.ers.usda.gov/data-products/chart-gallery/gallery/chart-detail/?chartId=58268.

31. "Farming and Farm Income," U.S Department of Agriculture, Economic Research Service, last modified September 2, 2021, https://www.ers.usda.gov/data-products/ag-and-food-statistics-charting-the-essentials/farming-and-farm-income/.

32. Ibid.

33. Marco Margaritoff, "Drones in Agriculture: How UAVs Make Farming More Efficient," The Drive, February 13, 2018, http://www.thedrive.com/tech/18456/drones-in-agriculture-how-uavs-make-farming-more-efficient.

34. PwC Poland, Clarity from Above: PwC Global Report on the Commercial Applications of Drone Technology (May 2016), 4, https://www.pwc.pl/pl/pdf/clarity-from-above-pwc.pdf; Food and Agriculture Organization of the United Nations and International Telecommunication Union, E-Agriculture in Action: Drones for Agriculture (2018), 27, http://www.fao.org/3/I8494EN/i8494en.pdf.

35. "Farming and Farm Income," USDA.

36. "Agricultural Trade," U.S. Department of Agriculture, Economic Research Service, last modified August 20, 2019, https://www.ers.usda.gov/data-products/ag-and-food-statistics-charting-the-essentials/agricultural-trade/.

37. "Percentage of U.S. Agricultural Products Exported," U.S. Department of Agriculture, Foreign Agricultural Service, May 30, 2018, https://www.fas.usda.gov/data/percentage-us-agricultural-products-exported.

38. Vijaya Chebolu-Subramaniana and Gary M. Gaukler, "Product Contamination in a Multi-Stage Food Supply Chain," European Journal of Operational Research 244 (2015): 164–75.

39. Kelly Egolf, "Locavore," Verde, October 15, 2014, http://verdefood.com/locavore/.

40. "Assets, Debt and Wealth," U.S Department of Agriculture, Economic Research Service, last modified September 2, 2021, https://www.ers.usda.gov

/topics/farm-economy/farm-sector-income-finances/assets-debt-and-wealth/.

41. "Farm Bankruptcies Rise Again," American Farm Bureau Federation, October 30, 2019, https://www.fb.org/market-intel/farm-bankruptcies-rise-again;Jesse Newman, "More Farmers Declare Bankruptcy Despite Record Levels of Federal Aid," Wall Street Journal, August 6, 2020, https://www.wsj.com/articles/more-farmers-declare-bankruptcy-despite-record-levels-of-federal-aid-11596706201.

42. Joe Wertz, "Farming's Growing Problem," Center for Public Integrity, January 22, 2020, https://publicintegrity.org/environment/unintended-consequences-farming-fertilizer-climate-health-water-nitrogen/;Peiyu Cao, Chaoqun Lu, and Zhen Yu, "Historical Nitrogen Fertilizer Use in Agricultural Ecosystems of the Contiguous United States During 1850–2015: Application Rate, Timing, and Fertilizer Types," Earth System Science Data 10, no. 2 (June 4, 2018): 969–84, https://doi.org/10.5194/essd-10-969-2018.

43. Jason Hill et al., "Air-Quality-RelatedHealth Damages of Maize," Nature Sustainability 2 (April 1, 2019): 297–403, https://www.nature.com/articles/s41893–019–0261-y.

44. Tariq Khokhar, "Chart: Globally, 70% of Freshwater Is Used for Agriculture," World Bank Blogs, March 22, 2017, https://blogs.worldbank.org/opendata/chart-globally-70-freshwater-used-agriculture.

45. J. Poore and T. Nemecek, "Reducing Food's Environmental Impacts Through Producers and Consumers," Science 360, no. 6392 (June 1, 2018): 987–92, https://science.sciencemag.org/content/360/6392/987.

46. Jonathan Watts, "Third of Earth's Soil Is Acutely Degraded Due to Agriculture,"Guardian, September 12, 2017, https://www.theguardian.com/environment/2017/sep/12/third-of-earths-soil-acutely-degraded-due-to-agriculture-study.

47. U.S. Department of Agriculture, Economic Research Service, America's Diverse Family Farms: Economic Information Bulletin No. 203 (December 2018): 5–6, https://www.ers.usda.gov/webdocs/publications/90985/eib-203.pdf?v=9520.4.

48. Ibid.

49. Jules Scully, "The 2019 Top 100 Food & Beverage Companies," Food Engineering, September 9, 2019, https://www.foodengineeringmag.com/articles/98481-the-2019-top-100-food-beverage-companies.

50. "Our Story," Blue Bottle Coffee, https://bluebottlecoffee.com/our-story, accessed June 21, 2021.

51. Roland Schroll, Benedikt Schnurr, and Dhruv Grewal, "Humanizing Products with Handwritten Typefaces," Journal of Consumer Research 45 (2018), doi:10.1093/jcr/ucy014 at 649.

52. Cargill, Cargill 2018 Annual Report (2018), 4, https://www.cargill.com/doc/1432124831909/2018-annual-report.pdf.

53. Ibid., 5.

54. Lawrence Lessig, Republic, Lost: Version 2.0 (New York: Grand Central, 2015).

55. "Agribusiness: Long-Term Contribution Trends," OpenSecrets.org: The Center for Responsive Politics, accessed March 17, 2021, https://www.opensecrets.org/industries/totals.php?cycle=2020&ind=A.

56. FedByTrade, https://www.cargill.com/fedbytrade, accessed October 27, 2021.

57. Marion Nestle, Food Politics: How the Food Industry Influences Nutrition and Health (Berkeley: University of California Press, 2013).

58. "Agribusiness Is the Biggest Lobbyist on the EU-US Trade Deal, New Research Reveals," Corporate Europe Observatory, August 7, 2014, https://corporateeurope.org/pressreleases/2014/07/agribusiness-biggest-lobbyist-eu-us-trade-deal-new-research-reveals.

59. "FAQ on the Pew Commission on Industrial Farm Animal Production," Pew Charitable Trusts, October 23, 2013, https://www.pewtrusts.org/en/research-and-analysis/articles/2013/10/22/faq-on-the-pew-commission-on-industrial-farm-animal-production.

60. Pew Commission on Industrial Farm Animal Production, Putting Meat on the Table: Industrial Farm Animal Production in America (2008), 3, http://www.pcifapia.org/_images/PCIFAPFin.pdf.

61. Ibid., 5.

62. Ibid., 6.

63. "FAQ on the Pew Commission on Industrial Farm Animal Production," Pew Charitable Trusts.

64. Pew Commission on Industrial Farm Animal Production, Putting Meat on the Table, viii.

65. Ibid.

66. Johns Hopkins Center for a Livable Future, Industrial Food Animal Production in America: Examining the Impact of the Pew Commission's Priority Recommendations (2013), https://clf.jhsph.edu/sites/default/files/2019-05/industrial-food-animal-productionin-america.pdf.

67. Ibid., 46.

68. Helena Bottemiller Evich, "Meat Industry Wins Round in War Over Federal Nutrition Advice," Politico, January 7, 2016, https://www.politico.com/story/2016/01/2015-dietary-guidelines-217438#.wthnpnn:IETp; Markham Heid, "Experts Say Lobbying Skewed the U.S. Dietary Guidelines," Time, January 8, 2016, http://time.com/4130043/lobbying-politics-dietary-guidelines/. See also

U.S. Department of Agriculture, Agriculture Research Service, Scientific Report of the 2015 Dietary Guidelines Advisory Committee: Advisory Report to the Secretary of Health and Human Services and the Secretary of Agriculture (2015), https://health.gov/dietaryguidelines/2015-scientific-report/pdfs/scientific-report-of-the-2015-dietary-guidelines-advisory-committee.pdf.

69. Zephyr Teachout, Break 'Em Up: Recovering Our Freedom from Big Ag, Big Tech, and Big Money (New York: All Points Books, 2020), 19.

70. Polly Mosendz, Peter Waldman, and Lydia Mulvany, "U.S. Meat Plants Are Deadly as Ever, with No Incentive to Change", Bloomberg Law, June 18, 2020, https://news.bloomberglaw.com/daily-labor-report/u-s-meat-plants-are-deadly-as-ever-with-no-incentive-to-change.

71. Kimberly Kindy, "More Than 200 Meat Plant Workers in the U.S. Have Died of COVID-19. Federal Regulators Just Issued Two Modest Fines," Washington Post, September 13, 2020, https://www.washingtonpost.com/

national/osha-covid-meat-plant-fines/2020/09/13/1dca3e14-f395-11ea-bc45-e5d48ab44b9f_story.html.

72. "U.S. Department of Labor Cites Smithfield Packaged Meats Corp. for Failing to Protect Employees from Coronavirus," Occupational Safety and Health Administration, U.S. Department of Labor, September 10, 2020, https://www.osha.gov/news/newsreleases/region8/09102020; "U.S. Department of Labor Cites JBS Foods Inc. for Failing to Protect Employees from Exposure to the Coronavirus," Occupational Safety and Health Administration, U.S. Department of Labor, September 11, 2020, https://www.osha.gov/news/newsreleases/region8/09112020.

73. Dave Mead et al., "The Impact of the COVID-19 Pandemic on Food Price Indexes and Data Collection," Monthly Labor Review, U.S. Bureau of Labor Statistics, August 2020, https://doi.org/10.21916/mlr.2020.18.

74. Rakesh Kochhar, "Unemployment Rose Higher in Three Months of COVID-19 Than It Did in Two Years of the Great Recession," Factank: News in the Numbers, Pew Research Center, June 11, 2020, https://www.pewresearch.org/fact-tank/2020/06/11/unemployment-rose-higher-in-three-months-of-covid-19-than-it-did-in-two-years-of-the-great-recession/.

75. Sophie Kevany, "Millions of US Farm Animals to Be Culled by Suffocation, Drowning and Shooting," Guardian, May 19, 2020, https://www.theguardian.com/environment/2020/may/19/millions-of-us-farm-animals-to-be-culled-by-suffocation-drowning-and-shooting-coronavirus.

76. Richard Hall, "2018 'Another Record Year' for Food and Beverage Acqui-sitions," FoodBev Media, January 17, 2019, https://web.archive.org/web/20190117135916/https://www.foodbev.com/news/2018-another-record-year-for-food-and-beverage-acquisitions/.

第二章・直接取自產地的樂趣

1. Craig J. Thompson and Gokcen Coskuner-Balli, "Enchanting Ethical Consumerism: The Case of Community Supported Agriculture," Journal of Consumer Culture 7, no. 3 (2007): 275–303.

2. U.S. Department of Agriculture, National Agricultural Library, Alternative Farming Systems Information

Center, Community Supported Agriculture, last reviewed September 2021, https://www.nal.usda.gov/afsic/community-supported-agriculture.

3. U.S. Department of Agriculture, National Agricultural Library, Alternative Farming Systems Information Center, 1993 Community Supported Agriculture (CSA): An Annotated Bibliography and Resource Guide (September 1993), https://naldc.nal.usda.gov/download/6999184/PDF; Angie Vasquez et al.,"Community-Supported Agriculture as a Dietary and Health Improvement Strategy: A Narrative Review," Journal of the Academy of Nutrition and Dietetics 117, no. 1 (2017): 83–94.

4. U.S. Department of Agriculture, 2012 Census of Agriculture, Direct Farm Sales of Food (2016), https://www.nass.usda.gov/Publications/Highlights/2016/LocalFoodsMarketingPractices_Highlights.pdf.

5. Email on file with the author. For a similar firsthand account, see Robyn Van En, "Eating for Your Community: A Report from the Founder of Community Supported Agriculture," In Context (Fall 1995): 29, https://www.context.org/iclib/ic42/vanen/.

6. Betty T. Izumi et al., "Feasibility of Using a Community-Supported Agriculture Program to Increase Access to and Intake of Vegetables among Federally Qualified Health Center Patients," Journal of Nutrition Education and Behavior 50, no. 3 (2017): 289–94, https://www.jneb.org/article/S1499-4046(17)30899-0/fulltext.

7. Jack P. Cooley and Daniel A. Lass, "Consumer Benefits from Community Supported Agriculture Membership," Review of Agricultural Economics 20, no. 1 (1998): 227–37, https://onlinelibrary.wiley.com/doi/abs/10.2307/1349547.

8. Lydia Oberholtzer, Community Supported Agriculture in the Mid-Atlantic Region (Small Farm Success Project, July 2004), 23, https://www.scribd.com/document/7806331/community-supported-agriculture-in-the-mid-atlantic-region.

9. Ibid.

10. Leia M. Minaker et al., "Food Purchasing from Farmers' Markets and Community-Supported Agriculture

Is Associated with Reduced Weight and Better Diets in a Population-Based Sample," Journal of Hunger & Environmental Nutrition 9, no. 4 (2014): 485–97.

11. Vasquez et al., "Community-Supported Agriculture as a Dietary and Health Improvement Strategy."

12. Some members of the control group were also former CSA members. J. N. Cohen, S. Gearhart, and E. Garland, "Community Supported Agriculture: A Commitment to a Healthier Diet," Journal of Hunger & Environmental Nutrition 7, no. 1 (2012): 20–37, https://www.tandfonline.com/doi/abs/10.1080/19320248.2012.651393.

13. Izumi et al., "Feasibility of Using a Community-Supported Agriculture Program."

14. "The Hidden Costs of Industrial Agriculture," Union of Concerned Scientists, last modified August 24, 2008, https://www.ucsusa.org/food_and_agriculture/our-failing-food-system/industrial-agriculture/hidden-costs-of-industrial.html; David Pimentel and Michael Burgess, "Soil Erosion Threatens Food Production," Agriculture 3 (2013): 443–63, https://doi.org/10.3390/agriculture 3030443; "Modern Agriculture: Its Effects on the Environment," Pesticide Management Education Program: Pesticide Safety Education Program, accessed September 2, 2019, https://ecommons.cornell.edu/handle/1813/3909.

15. Nielsen, "Unpacking the Sustainability Landscape," November 9, 2018; Louise Luttikholt and Dr. Helga Willer, "Global Organic Area Continues to Grow," International Federation of Organic Agriculture Movements, October 20, 2020, https://www.ifoam.bio/en/news/2019/02/13/world-organic-agriculture-2019.

16. Laura Reiley, "At Tampa Bay Farm-to-Table Restaurants, You're Being Fed Fiction,"Tampa Bay Times, April 13, 2016, https://www.tampabay.com/projects/2016/food/farm-to-fable/restaurants/.

17. John C. Coffee Jr., Gatekeepers: The Professions and Corporate Governance (New York: Oxford University Press, 2006).

18. Eva-Marie Meemken and Matin Qaim, "Organic Agriculture, Food Security, and the Environment," Annual Review of Resource Economics 10 (2018): 39–63.

19. Michael Pollan, The Omnivore's Dilemma: A Natural History of Four Meals (New York: Penguin, 2006), 137.

20. Debroah Debord, "One Woman, One Story," Bounty from the Box, April 23, 2019, https://bountyfromthebox.com/one-woman-one-story/.

21. See, e.g., Izumi et al., "Feasibility of Using a Community-Supported Agriculture Program to Increase Access."

22. Jack P. Cooley, "Community Sponsored Agriculture: A Study of Shareholders' Dietary Patterns, Food Practices and Perceptions of Farm Membership," M.S. thesis, University of Massachusetts (1996), Table 5.

23. "Is CSA Right for You?" Mile Creek Farm (blog), March 29, 2018, in comments, https://milecreekfarm.com/2018/03/29/is-csa-right-for-you/.

24. Bigbirney, "America's Fragile Food Supply Chain, Part 1," Medium (blog), August 8, 2014, https://medium.com/homeland-security/americas-fragile-food-supply-chain-e387e86a355a.

25. Cooley and Lass, "Consumer Benefits from Community Supported Agriculture Membership."

26. Mary Holz-Clause, "Understanding Community Supported Agriculture," Agricultural Marketing Resource Center, 2009, https://www.agmrc.org/business-development/operating-a-business/direct-marketing/articles/understanding-community-supported-agriculture.

27. For a summary of the literature and its limitations, see Vasquez et al., "Community-Supported Agriculture as a Dietary and Health Improvement Strategy."

28. Ibid.

29. Ibid.

30. Kate Munning, "6 Things I Learned When I Joined a CSA," Community Supported Gardens at Genesis Farm, March 15, 2018, http://csgatgenesisfarm.com/6-things-i-learned-when-i-joined-a-csa/.

31. Gretchen Rubin, The Happiness Project: Or, Why I Spent a Year Trying to Sing in the Morning, Clean My Closets, Fight Right, Read Aristotle, and Generally Have More Fun (New York: HarperCollins, 2009).

第三章・零售巨擘

1. Stephen P. Bradley, Pankaj Ghemawat, and Sharon Foley, "Wal-Mart Stores, Inc.," Harvard Business School Case 794–024, January 1994 (revised November 2002).

2. Jerry Hausman and Ephraim Leibtag, "Consumer Benefits from Increased Competition in Shopping Outlets: Measuring the Effect of Wal-Mart," Journal of Applied Econometrics 22, no. 7 (Dec. 2007): 1157–77. See also Emek Basker and Michael Noel, "The Evolving Food Chain: Competitive Effects of Wal - Mart's Entry into the Supermarket Industry," Journal of Economics & Management Strategy 18, no. 4 (Winter 2009): 977–1009.

3. Hausman and Leibtag, "Consumer Benefits," 1166. For further evidence of Walmart's impact on food pricing, see N. Currie and A. Jain, Supermarket Pricing Survey (UBS Warburg Global Equity Research, 2002).

4. David Atkin, Benjamin Faber, and Marco Gonzalez-Navarro, "Retail Globalization and Household Welfare: Evidence from Mexico," Journal of Political Economy 126, no. 1 (2018): 1–73.

5. Business Planning Solutions, Global Insight Advisory Services Division, The Price Impact of Wal-Mart: An Update Through 2006, Global Insight Study (September 4, 2007), http://www.rossputin.com/blog/media/WalMartSept 2007.pdf.

6. Sam Walton with John Huey, Made in America: My Story (New York: Doubleday, 1992), 75.

7. Ibid., 51 (quoting Clarence Leis).

8. Ibid., 64.

9. Ibid., 57.

10. Ibid., 50.

11. "Fortune 500," Fortune, accessed October 23, 2021, https://fortune.com/fortune500/.

12. "Global 500," Fortune, accessed October 23, 2021, https://fortune.com/global500/.

13. Laura Northrup, "You Probably Live Near a Walmart, So It's Depending on In-Store Pickup for Growth," Consumerist, August 17, 2017, https://consumerist.com/2017/08/17/you-probably-live-near-a-walmart-so-its-depending-on-in-store-pickup-for-growth/.

14. Lisa Biank Fasig and Dan Monk, "With Wal-Mart, a Love-Hate Relationship," Cincinnati Business Courier, June 21, 2004.

15. Charles Fishman, The Wal-Mart Effect: How the World's Most Powerful Company Really Works—And How It's Transforming the American Economy (New York: Penguin Press, 2006), 162.

16. Ibid., 160–63; Fasig and Monk, "With Wal-Mart."

17. Fishman, The Wal-Mart Effect, 162.

18. Scott C. Friend and Patricia H. Walker, "Welcome to the New World of Merchandising," Harvard Business Review, November 2001, https://hbr.org/2001/11/welcome-to-the-new-world-of-merchandising.

19. Ramon Casadesus-Masanell, Eric Van Den Steen, and Karen Elterman, "The Rise and Rise (?) of Walmart (A): Battling Kmart," Harvard Business School Case 718–431, January 2018 (revised October 2018).

20. Walton and Huey, Made in America, xx (quoting Lou Pritchett).

21. Christopher Matthews, "10 Ways Walmart Changed the World," Time, June 29, 2012, https://business.time.com/2012/07/02/ten-ways-walmart-changed-the-world/slide/supplier-partnerships/.

22. Walton and Huey, Made in America, xx.

23. Ibid., 209.

24. Ibid., 211.

25. P. Fraser Johnson and Ken Mark, "Walmart: Supply Chain Management," Harvard Business School Case,

July 2019.

26. Darrell K. Rigby, "The Future of Shopping," Harvard Business Review, December 2011, https://hbr.org/2011/12/the-future-of-shopping.

27. Jessica Young, "US Ecommerce Sales Grow 14.9% in 2019," Digital Commerce 360, February 19, 2020, https://www.digitalcommerce360.com/article/us-ecommerce-sales/.

28. Krista Garcia, "More Product Searches Start on Amazon," eMarketer, September 7, 2018, https://www.emarketer.com/content/more-product-searches-start-on-amazon.

29. eMarketer Editors, "Do Most Searches Really Start on Amazon?," eMarketer, January 7, 2020, https://www.emarketer.com/content/do-most-searchers-really-start-on-amazon.

30. "Investigation of Competition in Digital Markets," Subcommittee on Antitrust, Commercial and Administrative Law of the Committee on the Judiciary: Majority Staff Report and Recommendations (2020).

31. Sarah Perez, "Walmart Hires Former Google, Microsoft and Amazon Exec Suresh Kumar as New CTO and CDO," Tech Crunch, May 28, 2019, https://techcrunch.com/2019/05/28/walmart-hires-former-google-microsoft-and-amazon-exec-suresh-kumar-as-new-cto/.

32. Press release, "Amazon Unveils Its Eighth Generation Fulfillment Center," Amazon, December 1, 2014, https://press.aboutamazon.com/news-releases/news-release-details/amazon-unveils-its-eighth-generation-fulfillment-center.

33. Nick Wingfield, "As Amazon Pushes Forward with Robots, Workers Find New Roles," New York Times, September 10, 2017, https://www.nytimes.com/2017/09/10/technology/amazon-robots-workers.html.

34. Sean Kates, Jonathan M. Ladd, and Joshua Tucker, "Should You Worry about American Democracy? Here's What Our New Poll Finds," Washington Post, October 24, 2018, https://www.washingtonpost.com/news/monkey-cage/wp/2018/10/24/should-you-worry-about-american-democracy-heres-what-our-new-poll-finds/(summary of the major findings by the three researchersresponsible for the survey).

35. Morning Consult, Report Preview: The State of Consumer Trust 2020, https://morningconsult.com/form/brands-well-trusted/.

36. Ganda Suthivarakom, "Welcome to the Era of Fake Products," New York Times, Wirecutter blog, February 11, 2020, https://www.nytimes.com/wirecutter/blog/amazon-counterfeit-fake-products/.

37. For an overview of some of this literature, see Robert Allen King, Pradeep Racherla, and Victoria D. Bush, "What We Know and Don't Know About Online Word-of-Mouth: A Review and Synthesis of the Literature," Journal of Interactive Marketing 28, no. 3 (August 2014): 167–83.

38. Jeff Bezos, "2018 Letter to Shareholders," Day One: The Amazon Blog, April 11, 2019, https://blog.aboutamazon.com/company-news/2018-letter-to-shareholders.

39. Brad Stone, The Everything Store: Jeff Bezos and the Age of Amazon (Boston: Little, Brown, 2013), 115.

40. Paavo Ritala, Arash Golnam, and Alain Wegmann, "Coopetition-based Business Models: The Case of Amazon.com," Industrial Marketing Management 43, no. 2 (February 2014): 236–49.

41. Doug Stephens, Reengineering Retail: The Future of Selling in a Post-Digital World (Figure 1 Publishing, 2017), 17.

42. Nat Levy, "New Survey Estimates Amazon Prime Membership in the U.S. Exceeds 100M," GeekWire, January 17, 2019, geekwire.com/2019/new-survey-estimates-amazon-prime-membership-u-s-exceeds-100m/.

43. Kaya Yurieff, "Everything Amazon Has Added to Prime Over the Years," CNN Business, April 28, 2018, https://money.cnn.com/2018/04/28/technology/amazon-prime-timeline/index.html.

44. Eugene Kim, "Amazon Can Already Ship to 72 Percent of US Population Within a Day, This Map Shows," CNBC, May 5, 2019, https://www.cnbc.com/2019/05/05/amazon-can-already-ship-to-72percent-of-us-population-in-a-day-map-shows.html.

45. Jason Newman, "Taylor Swift Brings Spectacle, Avoids Controversy at Amazon Music Concert," Rolling Stone, July 11, 2019, https://www.rollingstone.com/music/music-news/taylor-swift-amazon-prime-music-

concert-857786/.

46. Press release, "Alexa, How Was Prime Day? Prime Day 2019 Surpassed Black Friday and Cyber Monday Combined Worldwide," Day One: The Amazon Blog, July 17, 2019, https://press.aboutamazon.com/news-releases/news-release-details/alexa-how-was-prime-day-prime-day-2019-surpassed-black-friday-0.

47. Ben Otto and Sebastian Herrera, "Amazon to Hire 100,000 in U.S. and Canada," Wall Street Journal, September 14, 2020, https://www.wsj.com/articles/amazon-to-hire-100–000-in-u-s-and-canada-11600071208.

48. Ibid.

49. "How Many People Work at Walmart?," Walmart Corporate—Ask Walmart, last modified March 1, 2021, https://corporate.walmart.com/askwalmart/how-many-people-work-at-walmart.

第四章・幫忙買房

1. "75th Anniversary of the Wagner-Steagall Housing Act of 1937," Franklin D. Roosevelt Presidential Library and Museum, accessed October 27, 2021, https://www.fdrlibrary.org/housing.

2. C. Lowell Harriss, History and Policies of the Home Owners' Loan Corporation, 1st ed. (National Bureau of Economic Research, 1951).

3. Nick Routley, "How the Composition of Wealth Differs, from the Middle Class to the Top 1%," Visual Capitalist, May 8, 2019, https://www.visualcapitalist.com/composition-of-wealth/; Edward N. Wolff, "Household Wealth Trends in the United States, 1962 to 2016: Has Middle Class Wealth Recovered?" NBER, NBER Working Paper No. 24085, November 2017, https://www.nber.org/papers/w24085.

4. See Brian J. McCabe, "Are Homeowners Better Citizens? Homeownership andCommunity Participation in the United States," Social Forces 91, no. 3 (2013):929, https://doi.org/10.1093/sf/sos185.

5. Adam J. Levitin and Susan M. Wachter, The Great American Housing Bubble: What Went Wrong and How We Can Protect Ourselves in the Future (Cambridge, MA: Harvard University Press, 2020).

6. Ibid., 2.

7. Ibid., 24.

8. "Home Ownership Rate in the United States: 1890–2010," United States Census Bureau, October 26, 2012, census.gov/newsroom/cspan/construction_newsales/20121026_cspan_construction_newsales_slides_2.pdf.

9. Kenneth J. Robinson, "Savings and Loan Crisis: 1980–1989," Federal Reserve History, November 22, 2013, https://www.federalreservehistory.org/essays/savings_and_loan_crisis.

10. Andreas Fuster and James Vickery, "Securitization and the Fixed-Rate Mortgage," Federal Reserve Bank of New York, Staff Report No. 593, January 2013, revised June 2014, https://www.newyorkfed.org/medialibrary/media/research/staff_reports/sr594.pdf.

11. Andreas Fuster and James Vickery, "Securitization and the Fixed-Rate Mortgage," Review of Financial Studies 28, no. 1 (2015): 176–211.

12. Gary Gorton and George Pennacchi, "Financial Intermediaries and Liquidity Creation," Journal of Finance 45, no. 1 (March 1990): 49–71.

13. Richard J. Rosen, "The Role of Securitization in Mortgage Lending," Federal Reserve Bank of Chicago, Chicago Fed Letter Number 244, November 2007,https://www.chicagofed.org/~/media/publications/chicago-fed-letter/2007/cflnovember2007–244-pdf.pdf.

14. "Homeownership Rate for the United States," Federal Reserve Bank of St. Louis, July 28, 2020, https://fred.stlouisfed.org/series/RHORUSQ156N.

15. "Homeownership Rate for the United States: Hispanic or Latino," Federal Reserve Bank of St. Louis, July 28, 2020, https://fred.stlouisfed.org/series/HOLHORUSQ156N; "Homeownership Rate for the United States: Black or African American Alone," Federal Reserve Bank of St. Louis, July 28, 2020, https://fred.stlouisfed.org/series/BOAAAHORUSQ156N.

1. Crown Crafts Presentation, Southwest IDEAS Investor Conference, Dallas, November 20, 2019, https://d1io3yog0oux5.cloudfront.net/_a4fb27aa28206781e305c4067830d765/crowncrafts/db/356/3243/presentation/2019-11-20+CrownCrafts_Presentation+-+Southwest+IDEAS.pdf.

2. Crown Crafts Annual Report on Form 10-K, for the fiscal year ended March 28, 2021, https://d1io3yog0oux5.cloudfront.net/_d15d75b05947fdf2a5eaa86049c26345/crowncrafts/db/390/3306/annual_report/Typeset+-+Print-ready+Annual+Report.pdf.

3. "Crown Crafts, Inc. –Company Profile, Information, Business Description, History, Background Information on Crown Crafts, Inc.," Reference for Business, last visited September 9, 2020, https://www.referenceforbusiness.com/history2/68/Crown-Crafts-Inc.html.

4. Bryan Marshall, "Churchill Weavers to Close After More than 80 Years," Richmond Register, February 6, 2007, https://www.richmondregister.com/archives/churchill-weavers-to-close-after-more-than-years/article_e7e6675c-a8d5-5af4-ae23-9f1884bb0c1e.html; Maggie Leininger, "Handcrafted for Success: The Churchill Weavers Collection," Kentucky Historical Society, last visited September 10, 2020, https://history.ky.gov/2017/08/21/handcrafted-success-churchill-weavers-collection/.

5. Press release, "Mohawk Industries, Inc. Completes Purchase of Assets from Crown Craft's Wovens Division," Mohawk Industries Inc., November 14, 2000, https://www.sec.gov/Archives/edgar/data/851968/000095016800002449/0000950168-00-002449.txt; "Crown Crafts Has a Good Year," Calhoun Times Heritage Edition, February 24, 1988, 15.

6. In 2017, Crown Crafts acquired another company that still had U.S. manufacturing, but it then closed down that company and all of its manufacturing operations four years later. Kristen Mosbrucker, "Gonzales Children's Products Maker Shuts Down Georgia Manufacturing Hub," Advocate, May 11, 2021, https://www.theadvocate.com/baton_rouge/news/business/article_2be79c8e-b268-11eb-acaa-cbf9da33f514.html.

7. Marshall, "Churchill Weavers to Close After More than 80 Years."

8. Adam Smith, The Wealth of Nations (1776; Wordsworth Editions, 2012), 26.

9. "Ford Motor Company," Encyclopaedia Britannica, last modified May 18, 2020, https://www.britannica.com/topic/Ford-Motor-Company.

10. Esteban Ortiz-Ospina,"Is Globalization an Engine of Economic Development?," Our World in Data, August 1, 2017, https://ourworldindata.org/is-globalization-an-engine-of-economic-development.

11. Richard Baldwin, "Trade and Industrialisation After Globalisation's 2nd Unbundling: How Building and Joining a Supply Chain Are Different and Why It Matters," National Bureau of Economic Research, Working Paper No. 17716, https://www.nber.org/papers/w17716.pdf, 2–6.

12. Ibid., 12.

13. Banking Strategist, Bank Merger Trends, https://www.bankingstrategist.com/bank-merger-trends(using call report data from the FDIC).

14. See Governor Randall S. Kroszner, Member, Federal Reserve Board of Governors, Community Banks: The Continuing Importance of Relationship Finance (March 5, 2007), https://www.federalreserve.gov/newsevents/speech/kroszner20070305a.htm, and sources cited therein.

15. Hubert P. Janicki and Edward Simpson Prescott, "Changes in the Size Distribution of U.S. Banks: 1960–2005," Economic Quarterly 92 (2006): 291–316.

16. Alicia Phaneuf, "Here Is a List of the Largest Banks in the United States by Assets in 2020," Business Insider, August 26, 2019, https://www.businessinsider.com/largest-banks-us-list.

17. Citigroup Inc., Annual Report (Form 10-K) 32 (February 23, 2007), https://www.sec.gov/Archives/edgar/data/831001/000119312507038505/d10k.htm.

18. "Complaint against Goldman Sachs and Fabrice Tourre," U.S. Securities and Exchange Commission, April 15, 2010, https://www.sec.gov/litigation/complaints/2010/comp21489.pdf.

19. Cezary Podkul and Megumi Fujikawa, "How a Japanese Rice Farmer Got Tangled Up in the Hertz

Bankruptcy," Wall Street Journal, November 5, 2020, https://www.wsj.com/articles/how-a-japanese-rice-farmer-got-tangled-up-in-the-hertz-bankruptcy-11604572206?st=dnna1qut7mmziun&reflink=article_email_share.

20. Ronald J. Gilson and Jeffery N. Gordon, "The Agency Costs of Agency Capitalism: Activist Investors and the Revaluation of Governance Rights," Columbia Law Review 113 (2013): 863, 874.

21. Preqin, Preqin Special Report: Private Equity Funds of Funds 3 (November 2017), https://docs.preqin.com/reports/Preqin-Special-Report-Private-Equity-Funds-of-Funds-November-2017.pdf.

22. "Top 100 Mutual Fund Companies Ranked by AUM," Mutual Fund Directory, last modified August 11, 2020, https://mutualfunddirectory.org/.

23. A growing body of evidence suggests that this concentration may have indirect harms, changing the behavior of the companies in which they invest in ways that are harmful to consumers. For an overview, see Matthew Backus, Christopher Conlon, and Michael Sinkinson, "The Common Ownership Hypothesis: Theory and Evidence," Brookings, February 5, 2019, https://www.brookings.edu/research/the-common-ownership-hypothesis-theory-and-explanation/.

24 . Stephanie Vatz, "Why America Stopped Making Its Own Clothes," KQED, May 24, 2013, https://www.kqed.org/lowdown/7939/madeinamerica; USDA Economic Research Service, "Food Prices and Spending," last revised August 20, 2021, https://www.ers.usda.gov/data-products/ag-and-food-statistics-charting-the-essentials/food-prices-and-spending/.

25. Derek Thompson, "How America Spends Money: 100 Years in the Life of the Family Budget," Atlantic, April 5, 2012, https://www.theatlantic.com/business/archive/2012/04/how-america-spends-money-100-years-in-the-life-of-the-family-budget/255475/.

26. James J. Angel, Lawrence E. Harris, and Chester S. Spatt, "Equity Trading in the 21st Century," Quarterly Journal of Finance 1, no. 1 (2011): 1–53.

27. Liam O'Connell, "Value of the Leading 10 Textile Exporters Worldwide in 2019, by Country," Statista,

August 10, 2020, https://www.statista.com/statistics/236397/value-of-the-leading-global-textile-exporters-by-country/. The other jurisdictions exported, collectively, $108 billion in textiles in 2019.

28. PlasticsEurope, Plastics—the Facts 2019: An Analysis of European Plastics Production, Demand and Waste Data, last visited September 10, 2020, https://www.plasticseurope.org/application/files/9715/7129/9584/FINAL_web_version_Plastics_the_facts2019_14102019.pdf, 15.

29. Wayne M. Morrison, Congressional Research Service, RL33534, "China's Economic Rise: History, Trends, Challenges, and Implications for the United States" 5 (June 25, 2019), https://fas.org/sgp/crs/row/RL33534.pdf; "GDP Growth (Annual %)—China," World Bank, last visited September 10, 2020, https://data.worldbank.org/indicator/NY.GDP.MKTP.KD.ZG?end=2019&locations=CN&start=1980.

30. David H. Autor, David Dorn, and Gordon H. Hanson, "The China Syndrome: Local Labor Market Effects of Import Competition in the United States," American Economic Review 103, no. 6 (2013): 2121–68.

31. Ibid.

32. Charles Fishman, The Wal-Mart Effect: How the World's Most Powerful Company Really Works—and How It's Transforming the American Economy (New York: Penguin Press, 2006), 104.

33. David Leonhardt, "The Amazon Customers Don't See," New York Times, June 15, 2021, https://www.nytimes.com/2021/06/15/briefing/amazon-warehouse-investigation.html.

第六章・・中間人究竟為誰服務？

1. Board of Governors of the Federal Reserve, Report on the Economic Well-Being of U.S. Households in 2018 (May 2019), https://www.federalreserve.gov/publications/files/2018-report-economic-well-being-us-households-201905.pdf.

2. Megan Leonhardt, "41% of Americans Would Be Able to Cover a $1,000 Emergency with Savings," CNBC, January 22, 2020, https://www.cnbc.com/2020/01/21/41-percent-of-americans-would-be-able-to-cover-1000-dollar-emergency-with-savings.html.

3. Juliana Menasce Horowitz, Ruth Igielnik, and Rakesh Kochhar, "Trends in Income and Wealth Inequality," Pew Research Center, January 9, 2020, https://www.pewsocialtrends.org/2020/01/09/trends-in-income-and-wealth-inequality/.

4. Ibid.

5. Michael J. Graetz and Ian Shapiro, The Wolf at the Door: The Menace of Economic Insecurity and How to Fight It (Cambridge, MA: Harvard University Press, 2020), 9.

6. Business Planning Solutions, Global Insight Advisory Services Division, The Price Impact of Wal-Mart:

An Update Through 2006, Global Insight Study (September 4, 2007), http://www.rossputin.com/blog/media/WalMartSept2007.pdf.

7. Kim Parker et al., "What Unites and Divides Urban, Suburban and Rural Communities," Pew Research Center, May 22, 2018, https://www.pewsocialtrends.org/2020/01/09/trends-in-income-and-wealth-inequality/.

8. Siong Hook Law and Nirvikar Singh, "Does Too Much Finance Harm Economic Growth," Journal of Banking & Finance 41 (April 2014): 36–44, https://doi.org/10.1016/j.jbankfin.2013.12.020; Jean-Louis Arcand, Enrico Berkes, andUgo Panizza, "Too Much Finance?," Journal of Economic Growth 20 (2015): 105–48.

9. Robin Greenwood and David Scharfstein, "The Growth of Finance," Journal of Economic Perspectives 27, no. 2 (2013): 3–28, www.jstor.org/stable/23391688.

10. Rebecca Stropoli, "How the 1 Percent's Savings Buried the Middle Class in Debt," Chicago Booth Review, May 25, 2021, https://review.chicagobooth.edu/economics/2021/article/how-1-percent-s-savings-buried-middle-class-debtand sources cited therein.

11. Thomas Philippon, "Has the US Finance Industry Become Less Efficient? On the Theory and Measurement of Financial Intermediation," American Economic Review 105, no. 4 (2015): 1408–38, www.jstor.org/stable/43495423.

12. Walton and Huey, Made in America, 57.

13. Michelle Yan, "9 Sneaky Ways Walmart Makes You Spend More Money," Business Insider, January 23, 2019, https://www.businessinsider.com/how-walmart-gets-you-spend-more-money-2019-1; Áine Cain, "10 Sneaky Ways Walmart Gets You to Spend More Money," Business Insider, March 15, 2019, https://www.businessinsider.com/walmart-spend-more-money-strategy-2019-3.

14. Yan, "9 Sneaky Ways Walmart Makes You Spend More Money."

15. Judith A. Chevalier, Anil K. Kashyap, and Peter E. Rossi, "Why Don't Prices Rise During Periods of Peak Demand? Evidence from Scanner Data," American Economic Review 93, no. 1 (2003), 15–37, http://ezproxy.cul.columbia.edu/login?url=https://www-proquest-com. ezproxy.cul.columbia.edu/docview/38447647?accountid=10226.

16. Jeremy Sporn and Stephanie Tuttle, "5 Surprising Findings About How People Actually Buy Clothes and Shoes," Harvard Business Review, June 6, 2018, https://hbr.org/2018/06/5-surprising-findings-about-how-people-actually-buy-clothes-and-shoes.

17. Harry Brignull, "Dark Patterns: Dirty Tricks Designers Use to Make People Do Stuff," 90 Percent of Everything (blog), July 8, 2010, https://90percentof everything.com/2010/07/08/dark-patterns-dirty-tricks-designers-use-to-make-people-do-stuff/.

18. Arushi Jaiswal, "Dark Patterns in UX: How Designers Should Be Responsible for Their Actions," Medium, April 15, 2018, https://uxdesign.cc/dark-patterns-in-ux-design-7009a83b233c.

19. Ibid., 81:2.

20. Ibid.

21. Roman Chuprina, "Artificial Intelligence for Retail in 2020: 12 Real-World Use Cases," SPD Group, December 20, 2019, https://spd.group/artificial-intelligence/ai-for-retail/.

22. Matt Smith, "Walmart's New Intelligent Retail Lab Shows a Glimpse into the Future of Retail, IRL," Walmart,

April 25,2019, https://corporate.walmart.com/newsroom/2019/04/25/walmarts-new-intelligent-retail-lab-shows-a-glimpse-into-the-future-of-retail-irl.

23. Joseph Turow, The Aisles Have Eyes: How Retailers Track Your Shopping, Strip Your Privacy, and Define Your Power (New Haven, CT: Yale University Press, 2017), 3.

24. Erik Brynjolfsson and Andrew McAfee, "How AI Fits into Your Science Team," Harvard Business Review, July 21, 2017, https://starlab-alliance.com/wp-content/uploads/2017/09/The-Business-of-Artificial-Intelligence.pdf; Cathy O'Neil, Weapons of Math Destruction: How Big Data Increases Inequality and Threatens Democracy (New York: Crown, 2016).

25. Brent R. Smith and Greg Linden, "Two Decades of Recommender Systems at Amazon.com," IEEE Internet Computing 21, no. 3 (2017): 12–18, https://doi.org/10.1109/MIC.2017.72.

26. Zahy Ramadan et al., "Fooled in the Relationship: How Amazon Prime Members' Sense of Self-Control Counter-intuitively Reinforces Impulsive Buying Behavior," Journal of Consumer Behaviour (May 2021).

27. Ibid.

28. Nat Levy, "New Survey Estimates Amazon Prime Membership in the U.S. Exceeds 100M," GeekWire, January 17, 2019, geekwire.com/2019/new-survey-estimates-amazon-prime-membership-u-s-exceeds-100m/.

29. C. Courtemanche and A. Carden, "Supersizing Supercenters? The Impact of Walmart Supercenters on Body Mass Index and Obesity," Journal of Urban Economics 69, no. 2 (March 2011): 165–81, https://doi.org/10.1016/j.jue.2010.09.005.

30. Ibid., 166.

31. Ibid.

32. Floriana S. Luppino et al., "Overweight, Obesity, and Depression: A Systematic Review and Meta-analysis of Longitudinal Studies," Archives of General Psychiatry 67, no. 3 (2010): 220–29.

33. Stephanie Vatz, "Why America Stopped Making Its Own Clothes," KQED, May 24, 2013, https://www.kqed.org/lowdown/7939/madeinamerica.

34. "UN Alliance Aims to Put Fashion on Path to Sustainability," UNECE, July 12, 2018, https://www.unece.org/info/media/presscurrent-press-h/forestry-and-timber/2018/un-alliance-aims-to-put-fashion-on-path-to-sustainability/doc.html.

35. Nicholas Gilmore, "Ready-to-Waste: America's Clothing Crisis," Saturday Evening Post, January 16, 2018, https://www.saturdayeveningpost.com/2018/01/ready-waste-americas-clothing-crisis/.

36. "Textiles: Material-Specific Data," U.S. Environmental Protection Agency, modified October 7, 2020, https://www.epa.gov/facts-and-figures-about-materials-waste-and-recycling/textiles-material-specific-data.

37. "Books: Best Sellers: Advice, How-To & Miscellaneous," New York Times, May 12, 2019, https://www.nytimes.com/books/best-sellers/2019/05/12/advice-how-to-and-miscellaneous/.

38. Jamie Feldman, "I Got Rid of Half My Wardrobe Using Marie Kondo's Methods. Here's What I Learned," HuffPost, January 9, 2019, https://www.huffpost.com/entry/marie-kondo-clothes-tidying-method_n_5c2e5fc1e4b05c88b70755ad; Gabrielle Savoie, "A Marie Kondo Expert Donated 90% of My Wardrobe," MyDomaine, July 14, 2019, https://www.mydomaine.com/marie-kondo-method.

39. Gretchen Rubin, The Happiness Project: Or, Why I Spent a Year Trying to Sing in the Morning, Clean My Closets, Fight Right, Read Aristotle, and Generally Have More Fun (New York: HarperCollins, 2009).

40. Jeffrey Dew, Sonya Britt, and Sandra Huston, "Examining the Relationship Between Financial Issues and Divorce," Family Relations: Interdisciplinary Journal of Applied Family 61, no. 4 (October 2012): 615–28.

41. Brienne Walsh, "This Is 'One of the Largest and Most Painful Issues' Couples Deal With," Millie, January 21, 2021, https://www.synchronybank.com/blog/millie/the-price-of-love/.

42. Charles Fishman, The Wal-Mart Effect: How the World's Most Powerful Company Really Works—and How It's Transforming the American Economy (New York: Penguin Press, 2006), 258.

43. Ibid., 220.

44. Jonathan Hancock, "My Love-Hate Relationship with Amazon," MindTools, March 11, 2021, https://www.mindtools.com/blog/my-love-hate-relationship-with-amazon/.

45. Brian Dumaine, "Even Americans Who Hate Amazon Can't Seem to Live Without It," Literary Hub, May 19, 2020, https://lithub.com/even-americans-who-hate-amazon-cant-seem-to-live-without-it/ (citing a poll conducted by the Max Borges Agency).

46. Chang-Tai Hsieh, and Enrico Moretti, "Can Free Entry Be Inefficient? Fixed Commissions and Social Waste in the Real Estate Industry," Journal of Political Economy 111, no. 5 (October 2003): 1076–1121.

47. Ibid., 1089.

48. Kriston McIntosh et al., "Examining the Black-White Wealth Gap," Brookings, February 27, 2020, https://www.brookings.edu/blog/up-front/2020/02/27/examining-the-black-white-wealth-gap/.

49. Mehrsa Baradaran, The Color of Money: Black Banks and the Racial Wealth Gap (Cambridge, MA: Harvard University Press, 2017); William R. Emmons, "Housing Wealth Climbs for Hispanics and Blacks, Yet Racial Wealth Gaps Persist," Federal Reserve Bank of St. Louis, April 1, 2020, https://www.stlouis fed.org/publications/housing-market-perspectives/2020/racial-wealth-gaps-persist.

50. Joint Center for Housing Studies of Harvard University, The State of the Nation's Housing 2018 (2018), https://www.jchs.harvard.edu/sites/default/files/reports/files/Harvard_JCHS_State_of_the_Nations_Housing_2018.pdf, 3.

51. Alanna McCargo and Sarah Strochak, "Mapping the Black Ownership Gap," Urban Wire: Housing and Housing Finance, February 26, 2018, https://www.urban.org/urban-wire/mapping-black-homeownership-gap.

52. Andre M. Perry, Jonathan Rothwell, and David Harshbarger, "The Devaluation of Assets in Black Neighborhoods," Brookings, November 27, 2018, https://www.brookings.edu/research/devaluation-of-assets-in-black-neighborhoods/.

53. Keeanga-Yamahtta Taylor, Race for Profit: How Banks and the Real Estate Industry Undermined Black Homeownership (Chapel Hill: University of North Carolina Press, 2019).

54. A number of other researchers have also examined these dynamics. See Rose Helper, Racial Policies and Practices of Real Estate Brokers (Minneapolis: University of Minnesota Press, 1969), 143–54; Dmitri Mehlhorn, "A Requiem for Blockbusting: Law, Economics, and Race-Based Real Estate Speculation," Fordham Law Review 67, no. 3 (1998): 1145, 1176–79, https://ir.lawnet.fordham.edu/cgi/viewcontent.cgi?article=3528&context=flr.

55. Jacob W. Faber, "Racial Dynamics of Subprime Mortgage Lending at the Peak," Housing Policy Debate 23, no. 2 (2013): 328–49, https://doi.org/10.1080/10511482.2013.771788.

56. Ibid., 343.

第七章・・中間人鞏固人們對中間人的需求

1. Jeff Mindham, "8 Real Estate Startups That Crashed and Burned (Or Simply Sputtered Out)," Disruptor, November 22, 2017, https://www.disruptordaily.com/8-real-estate-startups-crashed-burned-simply-sputtered/.

2. Michele Lerner, "Commissions of 6 Percent for Home Sales Once Were the Norm. That's Changing.,"Washington Post, April 15, 2016, https://www.washingtonpost.com/realestate/commissions-of-6-percent-for-home-sales-are-the-norm-but-that-is-changing/2016/04/13/91bb758c-fb55-11e5-886f-a037dba38301_story.html.

3. Transcript, What's New in Residential Real Estate Brokerage Competition—An FTC-DOJ Workshop (June 5, 2018), https://www.ftc.gov/system/files/documents/videos/whats-new-residential-real-estate-brokerage-competition-part-1/ftc-doj_residential_re_brokerage_competition_workshop_transcript_segment_1.pdf.

4. Realcomp II, Ltd. v. FTC, 635 F. 3d 815 (6th Cir. 2011).

5. Freeman v. San Diego Ass'n of Realtors, 322 F.3d 1133 (9th Cir. 2003).

6. Jean-Charles Rochet, "Two-Sided Markets: A Progress Report," RAND Journal of Economics 37, no. 3 (2006): 645–67.

7. Staff of House Committee on the Judiciary, 116th Congress, Investigation of Competition of Digital Markets: Majority Staff Report and Recommendations (Comm. Print 2020), https://int.nyt.com/data/documenttools/house-antitrust-report-on-big-tech/b2ec22cf340e1af1/full.pdf.

8. Brian Maass, " 'Your Business Model Sucks: I Hope It Burns': Fear & Loathing in Real Estate," CBS Denver, May 22, 2017, https://denver.cbslocal.com/2017/05/22/trelora-real-estate-controversy/.

9. Transcript, What's New in Residential Real Estate Brokerage Competition.

10. Steven D. Levitt and Chad Syverson, "Antitrust Implications of Home Seller Outcomes When Using Flat-Fee Real Estate Agents," Brookings-Wharton Papers on Urban Affairs (2008): 47–93.

11. PwC, "Considering an IPO? First, Understand the Costs," as last modified March 17, 2021, https://www.pwc.com/us/en/services/deals/library/cost-of-an-ipo.html.

12. Minmo Gahng, Jay R. Ritter, and Donghang Zhang, "SPACs" (working paper, revised July 2021), https://ssrn.com/abstract=3775847.

13. Ibid.; Michael Klausner, Michael Ohlrogge, and Emily Ruan, "A Sober Look at SPACs," Yale Journal on Regulation, forthcoming.

14. Tim Jenkinson and Howard Jones, "IPO Pricing and Allocation: A Survey of the Views of Institutional Investors," Review of Financial Studies 22, no. 4 (April 2009): 1477–1504, https://doi.org/10.1093/rfs/hhn079; Michael A. Goldstein, Paul Irvine, and Andy Puckett, "Purchasing IPOs with Commissions," Journal of Financial and Quantitative Analysis 46, no. 5 (October 2011): 1193–225.

15. Michelle Lowry, Roni Michaely, and Ekaterina Volkova, "Initial Public Offerings: A Synthesis of the Literature and Directions for Future Research," Foundations and Trends in Finance 11, nos. 3–4 (2017): 154–320, http://dx.doi.org/10.1561/0500000050.

16. 請見第五章。

17. Committee on the Judiciary, Investigation of Competition of Digital Markets and sources cited therein.

18. Laura Stevens and Sara Germano, "Nike Thought It Didn't Need Amazon—Then the Ground Shifted," Wall Street Journal, June 28, 2017, https://www.wsj.com/articles/how-nike-resisted-amazons-dominance-for-years-and-finally-capitulated-1498662435.

19. C. Scott Hemphill and Tim Wu, "Nascent Competitors," University of Pennsylvania Law Review 168 (2021): 1879–1910.

20. Brad Stone, Amazon Unbound: Jeff Bezos and the Invention of a Global Empire (New York: Simon & Schuster, 2021), 222–24.

21. Amy Klobuchar, Taking on Monopoly Power from the Gilded Age to the Digital Age (New York: Knopf, 2021); Lina M. Khan, "Amazon's Antitrust Paradox," Yale Law Journal 126, no. 3 (2017): 710–805; Tim Wu, The Curse of Bigness: Antitrust in the New Gilded Age (Columbia Global Reports, 2018); Teachout, Break 'Em Up.

22. Ala. Code Sec. 34–27–36; Alaska Stat. Sec. 08.88.401; Iowa Code Sec. 543B.60A; Kan. Stat. Ann. Sec. 58–3062 (repealed); KRS 324.160; La. Rev. Stat. Ann. Sec. 37:1455; Miss. Code Ann. Sec. 73–35–21; Mo. Rev. Stat. Sec. 339.150; Montana Board of Realty Regulation R. 24.210.641(5) (repealed); N.H. Rev. Stat. Ann. Sec. 331-A:26(XXIV) (repealed); N.J. Stat. Ann. Sec. 45:15–3.1 (repealed); Century Code 43–23–11–1.1 (repealed); Okla. Stat. Ann. tit. 59, Sec. 858–312; Or. Rev. Stat. Sec. 696.290(1); South Carolina Code Sec. 40–57–145(11) (repealed); South Dakota Real Estate Commission Resolution 06–30–05–01 (repealed); Tenn. Code. Ann. Sec. 62–13–302; Legislative Rule CSR Sec. 174–1–11.11.1 (repealed).

23. John M. de Figueiredo and Brian Kelleher Richter, "Advancing the Empirical Research on Lobbying," Annual Review of Political Science 17, no. 1 (2014): 163–85.

24. Ibid.

25. Inman, "A Response to a Broker's Open Letter from NAR CEO Dale Stinton," Inman, February 2, 2017, https://www.inman.com/2017/02/02/a-response-to-a-brokers-open-letter-from-nar-ceo-dale-stinton/.

26. "National Assn of Realtors," OpenSecrets.org: Influence & Lobbying, Center for Responsive Politics, modified Sept. 21, 2020, https://www.opensecrets.org/orgs/summary.php?id=D000000062&cycle=2012.

27. Inman, "A Response to a Broker's Open Letter."

28. William G. Gale, "It's Time to Gut the Mortgage Interest Deduction," Brookings: Up Front, November 6, 2017, https://www.brookings.edu/blog/up-front/2017/11/06/its-time-to-gut-the-mortgage-interest-deduction/.

29. "Frequently Asked Questions: Banking Conglomerates Permanently Barred from Real Estate Activities by the FY 2009 Omnibus Appropriations Act," National Association of Realtors, last visited March 20, 2021, https://www.nar.realtor/banks_and_commerce.nsf/Pages/banks_permanently_barred_faqs?OpenDocument.

30. Lawrence J. White, "Housing Policy, The Morning After," Milken Institute Review: Articles, May 2, 2016, https://www.milkenreview.org/articles/housing-policy-the-morning-after.

31. "Two Big Problems Facing Real Estate; Construction Costs and the Tax Burden Must Be Reduced, Says Secretary Nelson. Checks Home Ownership Mass Production Suggsated [sic] as a Cure for Constantly Increasing Building Costs," New York Times, February 9, 1930, https://timesmachine.nytimes.com/timesmachine/1930/02/09/92074592.pdf?pdf_redirect=true&ip=0.

32. "Finance/Insurance/Real Estate: Summary," OpenSecrets.org: Influence & Lobbying, Interest Groups, Center for Responsive Politics, modified September 21, 2020, https://www.opensecrets.org/industries/indus.php?ind=F.

33. "Amazon.com," OpenSecrets.org: Influence & Lobbying, Center for Responsive Politics, accessed October 3, 2020, https://www.opensecrets.org/orgs/amazon-com/lobbying?id=D000023883.

34. Naomi Nix, "Amazon Is Flooding D.C. with Money and Muscle: The Influence Game," Bloomberg Businessweek, March 7, 2019, https://www.bloomberg.com/graphics/2019-amazon-lobbying/?sref=0SF97H1m.

35. "Lobbying: Top Spenders," OpenSecrets.org: Influence & Lobbying, Center for Responsive Politics, modified July 23, 2020, https://www.opensecrets.org/federal-lobbying/top-spenders?cycle=2019.

36. Hans R. Stoll, Revolution in the Regulation of Securities Markets: An Examination of the Effects of Increased Competition in Case Studies in Regulation: Revolution and Reform (Leonard W. Weiss & Michael W. Klass, eds., 1981); William F. Baxter, "NYSE Fixed Commission Rates: A Private Cartel Goes Public," Stanford Law Review 22, no. 4 (1970): 675–712.

37. Gregg A. Jarrell, "Change at the Exchange: The Causes and Effects of Deregulation," Journal of Law & Economics 27, no. 2 (1984): 273–312; "NYSE Was Revolutionized by SEC Abolition of Fixed Commissions," Washington Post, July 21, 1985, https://www.washingtonpost.com/archive/business/1985/07/21/nyse-was-revolutionized-by-sec-abolition-of-fixed-commissions/8726b8b1–8013–4bcf-aad8–776fcc65f417/.

38. 請見第四章。

39. At the time, there was also a second federal bank regulator, the Office of Thrift Supervision, which engaged in similar and in many ways more troubling efforts to shield institutions it oversaw from state laws.

40. Patricia A. McCoy and Kathleen C. Engel, "Federal Preemption and Consumer Financial Protection; Past and Future," Banking & Financial Services Policy Report 31, no. 3 (March 2012): 25–36; Michael S. Barr, Howell E. Jackson, and Margaret E. Tayhar, Financial Regulation: Law and Policy 2nd ed. (St. Paul, MN: Foundation Press, 2018).

41. Bank Activities and Operations; Real Estate Lending and Appraisals, 69 Fed. Reg. 1904, 1906 (January 13, 2004), https://www.govinfo.gov/content/pkg/FR-2004-01-13/pdf/04-586.pdf#page=1.

42. McCoy and Engel, "Federal Preemption."

43. Joint Center for Housing Studies of Harvard University, The State of the Nation's Housing 2018 (2018), https://www.jchs.harvard.edu/sites/default/files/reports/files/Harvard_JCHS_State_of_the_Nations_Housing_2018.pdf; Danielle Douglas-Gabriel, "Home Buying While Black," Washington Post, September 7, 2017, https://www.washingtonpost.com/realestate/home-buying-while-black/2017/09/07/133e286a-8995-

11e7-a50f-e0d4e6ec070a_story.html.

44. Arthur E. Wilmarth, Taming the Megabanks: Why We Need a New Glass-Steagall Act (New York: Oxford University Press, 2020).

45. Commodity Futures Modernization Act, Pub. L. 106–554, 114 Stat. 2763 (2000) (codified as amended at 7 U.S.C. § § 27–27f (2018)).

46. Wilmarth, Taming the Megabanks.

47. Edward R. Morrison, Mark J. Roe, and Christopher S. Sontchi, "Rolling Back the Repo Safe Harbors," Business Lawyer 69, no. 4 (August 2014): 1015–47.

第八章：供應鏈責任歸屬的迷思

1. Board of Governors of the Federal Reserve System, Meeting of the Federal Open Market Committee on September 18, 2007, https://www.federalreserve.gov/monetarypolicy/files/fomc20070918meeting.pdf.

2. Ibid.

3. Sudip Kar-Gupta and Yann Le Guernigou, "BNP Freezes $2.2 BLN of Funds over Subprime," Reuters, August 9, 2007, https://www.reuters.com/article/us-bnpparibas-subprime-funds/bnp-freezes-2-2-bln-of-funds-over-subprime-idUSWEB612920070809.

4. Board of Governors of the Federal Reserve System, Meeting of the Federal Open Market Committee on September 18, 2007, 3–8.

5. Daniel Covitz, Nellie Liang, and Gustavo Suarez, "The Anatomy of a Financial Crisis: The Evolution of Panic-driven Runs in the Asset-Backed Commercial Paper Market," Federal Reserve Bank of San Francisco, December 22, 2008.

6. Ibid.

7. Kathryn Judge, "Information Gaps and Shadow Banking," Virginia Law Review 103, no. 3 (2017): 411–80.

8. Laura Kusisto, "Many Who Lost Homes to Foreclosure in Last Decade Won't Return—NAR," Wall Street Journal, April 20, 2015, https://www.wsj.com/articles/many-who-lost-homes-to-foreclosure-in-last-decade-wont-return-nar-1429548640.

9. U.S. Government Accountability Office, Financial Regulatory Reform: Financial Crisis Losses and Potential Impacts of Dodd-Frank Act (January 2013).

10. Fabian T. Pfeffer, Sheldon Danziger, and Robert F. Schoeni, Wealth Levels, Wealth Inequity, and the Great Recession, Russell Sage Foundation (June 2014).

11. Gillian B. White, "The Recession's Racial Slant," Atlantic, June 24, 2015, https://www.theatlantic.com/business/archive/2015/06/black-recession-housing-race/396725/.

12. Board of Governors of the Federal Reserve System, Meeting of the Federal Open Market Committee on September 18, 2007, 90.

13. Samuel G. Hanson and Adi Sunderam, "Are There Too Many Safe Securities? Securitization and the Incentives for Information Production," Journal of Financial Economics 108, no. 3 (2013): 565–84.

14. Senate Committee on Banking, Housing, and Urban Affairs, "Turmoil in U.S. Credit Markets: Examining the Recent Actions of Federal Financial Regulators," April 3, 2008, Senate Hearing 110–974, https://www.govinfo.gov/content/pkg/CHRG-110shrg50394/pdf/CHRG-110shrg50394.pdf, 23.

15. Andrea Riquier, "Has the Housing Market Recovered? Ask the 1.4 Million Homeowners Still Underwater," MarketWatch, December 14, 2017, https://www.marketwatch.com/story/has-the-housing-market-recovered-ask-the-14-million-underwater-homeowners-2017-12-13.

16. Kathryn Judge, "Fragmentation Nodes: A Study in Financial Innovation, Complexity, and Systemic Risk," Stanford Law Review 64, no. 3 (2012): 657–725; Anna Gelpern and Adam J. Levitin, "Rewriting Frankenstein Contracts: Workout Prohibitions in Residential Mortgage-Backed Securities," Southern California Law Review 82, no. 6 (2009): 1075–1152.

17. Judge, "Fragmentation Nodes."

18. Jen Wieczner, "The Case of the Missing Toilet Paper: How the Coronavirus Exposed U.S. Supply Chain Flaws," Fortune, May 18, 2020, https://fortune.com/2020/05/18/toilet-paper-sales-surge-shortage-coronavirus-pandemic-supply-chain-cpg-panic-buying/.

19. Mark Sweney, "Global Shortage in Computer Chips 'Reaches Crisis Point,'"

Guardian, March 21, 2021, https://www.theguardian.com/business/2021/mar/21/global-shortage-in-computer-chips-reaches-crisis-point;Yasmin Tadjdeh, "Semiconductor Shortage Shines Light on Weak Supply Chain," National Defense, May 21, 2021, https://www.nationaldefensemagazine.org/articles/2021/5/21/semiconductor-shortage-shines-light-on-weak-supply-chain.

20. Alexandre Tanzi, "Used-Car Prices Are Poised to Peak in U.S. After Pandemic Surge," Bloomberg, June 24, 2021, https://www.bloomberg.com/news/articles/2021-06-24/used-car-prices-are-poised-to-peak-in-u-s-after-pandemic-surge?sref=0SF97H1m; Tom Krisher, "Some Used Vehicles Now Cost More Than Original Sticker Price," AP News, June 22, 2021, https://apnews.com/article/science-technology-prices-health-coronavirus-pandemic-bb0ebc0112b9eab606936499b5e2c6f5.

21. American Wood Council, "Wood Products Manufacturers Expand Capacity, Continue High Levels of Production," May 25, 2021, https://awc.org/news/2021/05/25/wood-products-manufacturers-expand-capacity-continue-high-levels-of-production.

22. Marc Levinson, Outside the Box: How Globalization Changed from Moving Stuff to Spreading Ideas (Princeton, NJ: Princeton University Press, 2020), 156.

23. Henry Ren, "Higher Shipping Costs Are Here to Stay, Sparking Price Increases," Bloomberg, April 12, 2021, https://www.bloomberg.com/news/articles/2021-04-12/higher-shipping-costs-are-here-to-stay-sparking-price-increases?sref=0SF97H1m.

24. Costas Paris, "Shipments Delayed: Ocean Carrier Shipping Times Surge in Supply-Chain Crunch," Wall Street Journal, May 18, 2021, https://www.wsj.com/articles/shipments-delayed-ocean-carrier-shipping-times-surge-in-supply-chain-crunch-11621373426.

25. Tracy Alloway and Joe Weisenthal, interview with Ryan Petersen, "How the World's Companies Wound Up in a Deepening Supply Chain Nightmare," Odd Lots Podcast, May 17, 2021, https://www.bloomberg.com/news/articles/2021-05-17/how-the-world-s-companies-wound-up-in-a-deepening-supply-chain-nightmare?srnd=oddlots-podcast&sref=0SF97H1m.

26. Jeanna Smialek, "Prices Jumped 5% in May from Year Earlier, Stoking Debate in Washington," New York Times, June 10, 2021, https://www.nytimes.com/2021/06/10/business/consumer-price-index-may-2021.html.

27. Jeanna Smialek, "Larry Summers Warned About Inflation. Fed Officials Push Back," New York Times, March 25, 2021, https://www.nytimes.com/2021/03/25/business/economy/larry-summers-federal-reserve.html.

28. Mortgage Fraud Report 2008, Federal Bureau of Investigation: Reports and Publications, https://www.fbi.gov/stats-services/publications/mortgage-fraud-2008.

29. Jesse Eisinger and Jake Bernstein, "The Magnetar Trade: How One Hedge Fund Helped Keep the Bubble Going," ProPublica, April 9, 2010, https://www.propublica.org/article/all-the-magnetar-trade-how-one-hedge-fund-helped-keep-the-housing-bubble.

30. U.S. Department of Justice, "Bank of America to Pay $16.65 Billion in Historic Justice Department Settlement for Financial Fraud Leading Up to and During the Financial Crisis," Justice News, press release 14–884 (August 21, 2014), https://www.justice.gov/opa/pr/bank-america-pay-1665-billion-historic-justice-department-settlement-financial-fraud-leading;U.S. Department of Justice, Bank of America Corporation: Statement of Facts, Justice News, press release 14–884, Annex 1 (August 21, 2014), https://www.justice.gov/iso/opa/resources/4312014829141220799708.pdf.

31. John A. Ruddy, Murli Rajan, and Iordanis Petsas, "A Study of RMBS Litigation Cases of Six Major U.S. Banks," Journal of Structured Finance 23, no. 3 (Fall 2017): 91–99, https://doi.org/10.3905/jsf.2017.23.3.091.

32. Jennifer Taub, Big Dirty Money: The Shocking Injustice and Unseen Cost of White Collar Crime (New York:

Viking, 2020); Jesse Eisinger, The Chickenshit Club: Why the Justice Department Fails to Prosecute (New York: Simon & Schuster, 2018).

33. Daniel Kahneman, "Maps of Bounded Rationality: Psychology for Behavioral Economics," American Economic Review 93 (2003): 1449–75.

34. Katherine L. Milkman, Todd Rogers, and Max H. Bazerman, "Harnessing Our Inner Angels and Demons: What We Have Learned About Want/Should Conflicts and How That Knowledge Can Help Us Reduce Short-Sighted Decision Making," Perspectives on Psychological Science 3 (2008): 324–38; Hunt Allcott and Nathan Wozny, "Gasoline Prices, Fuel Economy, and the Energy Paradox," Review of Economics and Statistics 96 (2012): 779–95; Shahzeen Z. Attari et al., "Public Perceptions of Energy Consumption and Savings," Proceedings of the National Academy of Sciences 107 (2010): 16054–59; Shahzeen Z. Attari, "Perceptions of Water Use," Proceedings of the National Academy of Sciences 111 (2014): 5129–34.

35. Bureau of International Labor Affairs, Department of Labor, 2020 List of Goods Produced by Child Labor or Forced Labor (September 2020), https://www.dol.gov/sites/dolgov/files/ILAB/child_labor_reports/tda2019/2020_TVPRA_List_Online_Final.pdf.

36. Hinrich Voss et al., "International Supply Chains: Compliance and Engagement with the Modern Slavery Act," Journal of the British Academy 7, no. 1 (2019): 61–76, https://doi.org/10.5871/jba/007s1.061.

37. Margaret Besheer, "At UN: 39 Countries Condemn China's Abuses of Uighurs," Voice of America, October 6, 2020.

38. "Global Supply Chains, Forced Labor, and the Xinjiang Uyghur Autonomous Region," Congressional-Executive Commission in China: Staff Research Report (March 2020).

39. "Nike, Inc. Statement on Forced Labor, Human Trafficking and Modern Slavery for Fiscal Year 2020," Nike, modified March 8, 2021, https://www.nike.com/help/a/supply-chain.

40. Reuters: Dhaka, "Rana Plaza Collapse: 38 Charged with Murder Over Garment Factory Disaster," Guardian, July 18, 2016, https://www.theguardian.com/world/2016/jul/18/rana-plaza-collapse-murder-charges-

garment-factory.

41. Dana Thomas, "Why Won't We Learn from the Survivors of the Rana Plaza Disaster?" New York Times, April 24, 2018, https://www.nytimes.com/2018/04/24/style/survivors-of-rana-plaza-disaster.html.

42. "UN Alliance Aims to Put Fashion on Path to Sustainability," UNECE, July 12, 2018, https://www.unece.org/info/media/presscurrent-press-h/forestry-and-timber/2018/un-alliance-aims-to-put-fashion-on-path-to-sustainability/doc.html.

43. Cyril Villemain, "UN Launches Drive to Highlight Environmental Cost of Staying Fashionable," UN News, March 25, 2019, https://news.un.org/en/story/2019/03/1035161.

44. Deborah Drew and Genevieve Yehounme, "The Apparel Industry's Environmental Impact in 6 Graphics," World Resources Institute, July 5, 2017, https://www.wri.org/blog/2017/07/apparel-industrys-environmental-impact-6-graphics.

45. Villemain, "UN Launches Drive."

46. Omri Ben-Shahar and Carl E. Schneider, More Than You Wanted to Know: The Failure of Mandated Disclosure (Princeton, NJ: Princeton University Press, 2014).

47. 154 Cong. Rec. S1047 (daily ed., February 14, 2008) (statement of Senator Brownback), https://www.congress.gov/crec/2008/02/14/CREC-2008-02-14-pt1-PgS1047-2.pdf.

48. Senator Russ Feingold opined, "We need to finally get serious about addressing the underlying issues that make this war profitable and allow it to persist." 155 Cong. Rec. S13030 (daily ed., December 11, 2009), https://www.congress.gov/111/crec/2009/12/11/CREC-2009–12–11-pt1-PgS13030.pdf; Dodd-Frank Wall Street Reform and Consumer Protection Act, Pub. L. No. 111–203, § 1502, 124 Stat. 2213 (2010).

49. Debapratim Purkayastha and Syed Abdul Samad, "Apple and Conflict Minerals: Ethical Sourcing for Sustainability," IUP Journal of Operations Management 14, no. 2 (May 2015): 59–77, https://ssrn.com/abstract=2686957.

50. U.S. Government Accountability Office, GAO-15–561, "SEC Conflict Minerals Rule: Initial Disclosures Indicate Most Companies Were Unable to Determine the Source of Their Conflict Minerals," (August 2015) 15, 19, https://www.gao.gov/assets/680/672051.pdf.

51. U.S. Government Accountability Office, GAO-20–595, "Conflict Minerals: Action Needed to Assess Progress Addressing Armed Groups' Exploitation of Minerals," (September 2020) 17, 18, https://www.gao.gov/assets/710/709359.pdf.

52. Alex Brackett, Estelle Levin, and Yves Melin, "Revisiting the Conflict Minerals Rule," Global Trade & Customs Journal 10, no. 2 (2015): 73, 77; Lauren Wolfe, "How Dodd-Frank Is Failing Congo," Foreign Policy, February 2, 2015, https://foreignpolicy.com/2015/02/02/how-dodd-frank-is-failing-congo-mining-conflict-minerals/;Sudarsan Raghavan, "How a Well-Intentioned U.S. Law Left Congolese Miners Jobless," Washington Post, November 30, 2014, https://www.washingtonpost.com/world/africa/how-a-well-intentioned-us-law-left-congolese-miners-jobless/2014/11/30/14b5924e-69d3-11e4-9fb4-a622dae742a2_story.html?utm_term=.513f6c2c9c0b.

53. Laura E. Seay, "What's Wrong with Dodd-Frank 1502? Conflict Minerals, Civilian Livelihoods, and the Unintended Consequences of Western Advocacy,"15 (Center for Global Development, Working Paper No. 284, 2012), http://www.cgdev.org/content/publications/detail/1425843/.

54. Apple Inc., Conflict Minerals Disclosure and Report 2020 (February 10, 2021), https://www.apple.com/supplier-responsibility/pdf/Apple-Conflict-Minerals-Report.pdf.

55. Andreas C. Drichoutis et al., "Consumer Preferences for Fair Labour Certification," MPRA Paper No. 73718 (2016), https://core.ac.uk/download/pdf/213987413.pdf.

56. This fundamental challenge is also a core reason there is so much more regulation today than in previous eras. Anderson, "Liberty, Equality, and Private Government," March 4–5, 2015, https://tannerlectures.utah.edu/_resources/documents/a-to-z/a/Anderson%20manuscript.pdf.

57. Bernard Kilian et al., "Can the Private Sector Be Competitive and Contribute to Development through

Sustainable Agricultural Business? A Case Study of Coffee in Latin America," International Food and Agribusiness Management Review 7, no. 3 (2004).

58. See, for example, Abby Nájera and Homero Fuentes, Child Labor, Forced Labor and Land Rights & Use: Belize Sugar Cane Supply Chain Country Study for The Coca-Cola Company Report Harvest 2016–2017, Commission for the Verification of Corporate Codes of Conduct (April 12, 2018).

59. Christopher Cramer et al., Fairtrade, Employment and Poverty Reduction in Ethiopia and Uganda, UK Department for International Development (April 2014), https://www.soas.ac.uk/ftepr/publications/file144219.pdf.

60. Ibid.

61. See, for example, David Levy, Juliane Reinecke, and Stephan Manning, "The Political Dynamics of Sustainable Coffee: Contested Value Regimes and the Transformation of Sustainability," Journal of Management Studies 53, no. 3 (April 17, 2016): 364–401.

62. Pippa Stevens, "ESG Index Funds Hit $250 Billion as Pandemic Accelerates Impact Investing Boom," CNBC, September 2, 2020, https://www.cnbc.com/2020/09/02/esg-index-funds-hit-250-billion-as-us-investor-role-in-boom-grows.html.

63. NASA, "The Effects of Climate Change," accessed June 25, 2021, https://climate.nasa.gov/effects/.

64. Torsten Ehlers, Benoit Mojon, and Frank Packer, "Green Bonds and Carbon Emissions: Exploring the Case for a Rating System at the Firm Level," BIS Quarterly (September 14, 2020), https://www.bis.org/publ/qtrpdf/r_qt2009c.htm.

65. Ibid.

66. Ibid.

67. U.S. Government Accountability Office, Report to the Honorable Mark Warner of the U.S. Senate, GAO-20–530, "Public Companies: Disclosure of Environmental, Social, and Governance Factors and Options to

Enhance Them" (July 2020), https://www.gao.gov/assets/710/707949.pdf.

68. Luluk Widyawati, "A Systematic Literature Review of Socially Responsible Investment and Environmental Social Governance Metrics," Business Strategy and the Environment 29, no. 2 (February 2020): 619–37; Sakis Kotsantonis and George Serafeim, "Four Things No One Will Tell You About ESG Data," Journal of Applied Corporate Finance 31, no. 2 (Spring 2019): 50–58.

第九章・・地方性與全球性連結

1. Lewis Hyde, The Gift: How the Creative Spirit Transforms the World, 3rd ed. (New York: Vintage Books, 2019).

2. Ibid., 72.

3. James Laube, "Not Just Another Anderson Valley Roadside Attraction," Wine Spectator, May 13, 2013, https://www.winespectator.com/articles/not-just-another-anderson-valley-roadside-attraction-48422.

4. "What Is a Bottle of Wine," Covenant Blog, accessed October 29, 2021, https://covenantwines.com/wine/truth-in-wine-what-is-a-bottle-of-wine-worth/; Tom Wark, "This Is Why Alcohol Self-Distribution Is the Next Big Thing," Fermentation, March 2, 2020, https://fermentationwineblog.com/2020/03/this-is-why-alcohol-self-distribution-is-the-next-big-thing/.

5. "A Great Case of Navarro Wine," Dan Dawson's Wine Advisor, accessed March 1, 2021, https://dawsonwineadvisor.com/great-case-of-navarro-wine.

6. Dorothy J. Gaiter and John Brecher. "Infinite Tastes in a Unicorn Wine: The Story of Navarro's Dry Gewürztraminer," Grape Collective, October 11, 2019, https://grapecollective.com/articles/infinite-tastes-in-a-unicorn-wine-the-story-of-navarros-dry-gewrztraminer.

7. Interview with the author, December 16, 2020.

8. "2018 Pinot Noir," Navarro Vineyards, https://www.navarrowine.com/shop/2018-pinot-noir-methode-a-

l'ancienne.

9. Lawrence Lessig, Code: And Other Laws of Cyberspace (New York: Basic Books, 1999).

10. Interview with the author, December 9, 2020.

11. Steven Brown, "The COVID-19 Crisis Continues to Have Uneven Economic Impact by Race and Ethnicity," Urban Institute, July 1, 2020, https://www.urban.org/urban-wire/covid-19-crisis-continues-have-uneven-economic-impact-race-and-ethnicity.

12. Courtney Higgs, "Indie Beauty Brands Need Us More Than Ever—Here Are 36 You Can Support Now," Who What Wear, May 13, 2020, https://www.whowhatwear.com/indie-beauty-brands-to-support.

13. Dana Mattioli, "Not Being Amazon Is a Selling Point for These E-Commerce Players," Wall Street Journal, June 16, 2021, https://www.wsj.com/articles/not-being-amazon-is-a-selling-point-for-these-companies-11623835802.

14. Margaret Atwood, "The Gift of Lewis Hyde's ‘The Gift,' " Paris Review, September 16, 2019.

15. Hyde, Gift, 27.

16. Ibid., 78.

17. Elena Renken, "Most Americans Are Lonely, and Our Workplace Culture May Not Be Helping," NPR, January 23, 2020, https://www.npr.org/sections/health-shots/2020/01/23/798676465/most-americans-are-lonely-and-our-workplace-culture-may-not-be-helping; Cigna Newsroom, "Cigna Takes Action to Combat the Rise of Loneliness and Improve Mental Wellness in America," Cigna, January 23, 2020, https://newsroom.cigna.com/cigna-takes-action-to-combat-the-rise-of-loneliness-and-improve-mental-wellness-in-america.

18. Jena McGregor, "This Former Surgeon General Says There's a ‘Loneliness Epidemic' and Work Is Partly to Blame," Washington Post, October 4, 2017, https://www.washingtonpost.com/news/on-leadership/wp/2017/10/04/this-former-surgeon-general-says-theres-a-loneliness-epidemic-and-work-is-partly-to-blame/?utm_term=.3711f93a6291.

19. Ibid.

20. Raghuram Rajan, The Third Pillar: How Markets and the State Leave the Community Behind (New York: Penguin Press, 2019), 10–11.

21. Interview with the author, December 10, 2020.

22. "Photo of Breonna Taylor," Hanahana Beauty, Instagram, September 24, 2020, https://www.instagram.com/p/CFiR8V8lZrc/.

第十章・近直接、類直接及直接的極限

1. Some of this material was first published in Kathryn Judge, "The Future of Direct Finance: The Diverging Paths of Peer-to- Peer Lending and Kickstarter," Wake Forest Law Review 50 (2015): 603–42.

2. Annys Shin, "Want to Loan Me Money? Here's a Picture of My Dog," Washington Post, January 27, 2007, https://www.washingtonpost.com/archive/business/2007/01/27/want-to-loan-me-money-heres-a-picture-of-my-dog-span-classbankheadprosper-links-people-who-need-money-with-those-who-have-it-to-lendspan/

69f0ba0a-2045-4bd4-b49f-0ff2d4247181/.

3. "Banks Watching Latest Online Trend: Strangers Asking Strangers for Loans," Times Trenton, November 28, 2007, at A15.

4. Paul Katzeff, "Pros, Cons of Peer-to- Peer Lending," Investor's Business Daily, June 12, 2009, 2:15 p.m., http://news.investors.com/investing-mutual-funds/061209–479444-pros-cons-of-peer-to-peer-lending.htm.

5. Devin G. Pope and Justin R. Sydor, "What's in a Picture? Evidence of Discrimination from Prosper.com," Journal of Human Resources, no. 46 (Winter 2011): 53–92.

6. Taylor Moore, "Peer-to-Peer (P2P) Lending," NextAdvisor, December 8, 2020, https://time.com/nextadvisor/loans/personal-loans/peer-to-peer-lending/.

7. Ibid.

8. Nav Athwal, "The Disappearance of Peer-to-Peer Lending," Forbes, October 14,2014, http://www.forbes.com/sites/groupthink/2014/10/14/the-disappearance-of-peer-to-peer-lending/.

9. Ruby Hinchliffe, "LendingClub Shuts Retail P2P Offering as It Focuses on Institutional Investors," FintechFutures, October 9, 2020, https://www.fintechfutures.com/2020/10/lendingclub-shuts-retail-p2p-offering-as-it-focuses-on-institutional-investors/; Hannah Lang, "OCC Approves Lending-Club Acquisition of Radius," American Banker, December 31, 2020, https://www.americanbanker.com/news/occ-approves-lendingclub-acquisition-of-radius.

10. Leonard Schlesinger, Matt Higgins, and Shaye Roseman, "Reinventing the Direct-to-Consumer Business Model," Harvard Business Review Digital Articles, March 31, 2020.

11. Lawrence Ingrassia, Billion Dollar Brand Club: How Dollar Shave Club, Warby Parker, and Other Disruptors Are Remaking What We Buy (New York: Henry Holt and Company, 2020).

12. Everlane, accessed March 23, 2021, https://www.everlane.com/factories/cashmere.

13. "Everlane," FastCompany, accessed October 29, 2021, https://www.fastcompany.com/company/everlane; Jessica Testa, Vanessa Friedman, and Elizabeth Paton,"Everlane's Promise of 'Radical Transparency' Unravels," New York Times, July 26, 2020, https://www.nytimes.com/2020/07/26/fashion/everlane-employees-ethical-clothing.html.

14. Zoe Schiffer, "Everlane Customer Experience Workers Say They Were Illegally Laid Off," Verge, April 2, 2020, https://www.theverge.com/2020/4/2/21069279/everlane-customer-experience-union-majority-illegal; Whitney Bauck, "Former Everlane Employees Call Out Alleged Racism and Toxic Culture in the Workplace," Fashionista, June 24, 2020, https://fashionista.com/2020/06/everlane-racism-toxic-workplace-culture?li_source=LI&li_medium=m2m-rcw-fashionista; Whitney Bauck, "Former Everlane Employees Claim They Were Unlawfully Fired After They Tried to Unionize [Updated]," Fashionista, August 17, 2020, https://fashionista.com/2020/04/everlane-union-bust-covid-19.

15. Testa, Friedman, and Paton, "Everlane's Promise."

16. Ingrassia, Billion Dollar Brand Club, 291.

17. Karen Iorio Adelson, "Are the Bras from These 7 New(ish) Start-ups Actually Good?" Strategist, November 14, 2019, https://nymag.com/strategist/article/start-up-bra-reviews-thirdlove-lively-true-and-co.html.

18. Zoe Schiffer, "ThirdLove Says It's by Women, for Women. But Women Who've Worked There Disagree," Vox, September 16, 2019, https://www.vox.com/the-goods/2019/9/16/20864206/thirdlove-bra-company-women-employees-quit-ceo; Zoe Schiffer, "Emotional Baggage," Verge, December 5, 2019, https://www.theverge.com/2019/12/5/20995453/away-luggage-ceo-steph-korey-toxic-work-environment-travel-inclusion.

19. Ethan Wolff-Mann,"Here's How to Buy Dollar Shave Club Razors for Less Money on Amazon," Money.com, July 20, 2016, https://money.com/dollar-shave-club-razors-dorco-amazon/.

20. Tom Foster, "Over 400 Startups Are Trying to Become the Next Warby Parker. Inside the Wild Race to Overthrow Every Consumer Category," Inc., May 2018, https://www.inc.com/magazine/201805/tom-foster/direct-consumer-brands-middleman-warby-parker.html.

21. The rise and dominance of today's digital platforms raise a host of issues beyond those addressed here. For a helpful primer of some of the core issues and their implications, see Rory Van Loo, "Federal Rules of Platform Procedure," University of Chicago Law Review 88 no. 4 (2021): 829-96.

22. Jean-Charles Rochet, "Two-Sided Markets: A Progress Report," November 29, 2005, http://publications.ut-capitole. fr/1207/1/2sided_markets.pdf (provides a good primer on these markets and where they fit into the economics literature).

23. Aron Hsiao. "How to Calculate Ebay and PayPal Fees," The Balance Small Business, June 17, 2020, https://www.thebalancesmb.com/what-to-know-about-ebay-and-paypal-fees-before-you-sell-1140371.

24. Grace Dobush, "How Etsy Alienated Its Crafters and Lost Its Soul," Wired, February 19, 2015.

25. Julia Brucculieri, "Here's What It's Really Like to Make a Living Selling on Etsy," Huffington Post, November 22, 2018, https://www.huffpost.com/entry/how-to-make-money-etsy-secrets_

n_5be9f95ee4b0caeec2bc9e91.

26. Chad Dickerson, "Notes from Chad," Etsy News, November 18, 2011, https://blog.etsy.com/news/2011/notes-from-chad-4/.

27. Brucculieri, "Selling on Etsy."

28. Ilyssa Meyer, "Etsy Celebrates the Creative Entrepreneurs We Support Across the Globe," Etsy News, April 29, 2019, https://blog.etsy.com/news/2019/etsy-celebrates-the-creative-entrepreneurs-we-support-across-the-globe/.

29. Thomas Philippon, The Great Reversal: How America Gave Up on Free Markets (Cambridge, MA: Harvard University Press, 2019).

30. Dennis R. Shaughnessy, "The Public Capital Markets and Etsy and Warby Parker," SEI at Northeastern, October 10, 2018, https://www.northeastern.edu/sei/2018/10/the-public-capital-markets-and-etsy-and-warby-parker/.

31. Interview with the author, July 20, 2021.

32. Ethan Mollick, "Containing Multitudes: The Many Impacts of Kickstarter Funding," 2016, https://papers.ssrn.com/sol3/papers.cfm?abstract_id=2808000 &download=yes.

33. Wayne Duggan, "This Day in Market History: The Dell IPO," Benzinga, June 22, 2021, https://www.benzinga.com/general/education/21/06/11921134/this-day-in-market-history-the-dell-ipo.

第十一章・給政策制定者、企業和其餘眾人的五項原則

1. Jules Struck, "Crisp Air and Apples: Pandemic-Weary Folks Flock to Pick-Your-Own Farms," Christian Science Monitor, October 8, 2020, https://www.csmonitor.com/The-Culture/Food/2020/1008/Crisp-air-and-apples-Pandemic-weary-folks-flock-to-pick-your-own-farms;Nancy Shohet West,"Apple Picking Time Seems Sweeter Than Ever," Boston Globe, September 17, 2020, https://www.bostonglobe.com/2020/09/17/metro/

apples-are-safe-pick-during-pandemic/.

2. Lawrence A. Cunningham and Stephanie Cuba, Margin of Trust: The Berkshire Business Model (New York: Columbia University Press, 2020).

3. Securities and Exchange Commission, "Fund of Funds Arrangements," 85 Fed. Reg. 73,924 (codified at 17 C.F.R. pts. 270, 274) (November 19, 2020).

4. Barr, Jackson, and Tahyar, Financial Regulation and sources cited therein.

5. Ibid.

6. Mark A. Cohen, "Imperfect Competition in Auto Lending: Subjective Markup, Racial Disparity, and Class Action Litigation," Review of Law & Economics 8, no. 1 (2012): 21–58.

7. Kerwin Kofi Charles, Erik Hurst, and Melvin Stephens Jr., "Rates for Vehicle Loans: Race and Loan Source," American Economic Review 98, no. 2 (2008): 315–20, at 317.

8. Lisa Rice and Erich Schwartz Jr., Discrimination When Buying a Car: How the Color of Your Skin Can Affect Your Car-Shopping Experience, National Fair Housing Alliance Report (2018).

9. Alison DeNisco Rayome, "Best Food Delivery Service," CNET, May 13, 2020, https://www.cnet.com/news/best-food-delivery-service-doordash-grubhub-uber-eats-and-more-compared/.

10. Granholm v. Heald, 544 U.S. 460 (2005); Costco Wholesale Corp. v. Hoen, 2006 U.S. Dist. LEXIS 27141, 2006 WL 1075218 (W.D. Wash., April 21, 2006), affirmed in part by 538 F.3d 1128 (9th Cir. 2008); Ass'n of Washington Spirits & Wine Distributors v. Washington State Liquor Control Bd., 182 Wash. 2d 342

(2015).

11. Martin J. Gruber, "Another Puzzle: The Growth in Actively Managed Mutual Funds," Journal of Finance 51, no. 3 (1996): 783–810; Eugene F. Fama and Kenneth R. French, "Luck versus Skill in the Cross-Section of Mutual Fund Returns," Journal of Finance 65, no. 5 (2010): 1915–47.

12. Patrick McGeehan, "Panel's Report Offers Details on ‘Spinning' of New Stocks," New York Times, October

3, 2002, https://www.nytimes.com/2002/10/03/business/panel-s-report-offers-details-on-spinning-of-new-stocks.html.

13. Tamar Adler, "Diaspora Co.'s Fair-Trade Spices Will Enlighten More Than Your Cooking," Vogue, April 9, 2021, https://www.vogue.com/article/diaspora-co-fair-trade-spices.

14. Khan, "Amazon's Antitrust Paradox."

15. Judge, "Fragmentation Nodes."

16. Judge, "The Future of Direct Finance."

創新觀點
直接交易：中間人經濟的危機與永續消費生態系的崛起

2024年7月初版　定價：新臺幣480元

著者	Kathryn Judge
譯者	黃佳瑜
叢書主編	陳永芬
	林映華
特約編輯	林佳慧
校對	鄭碧君
內文排版	黃雅群
封面設計	陳文德

出版者	聯經出版事業股份有限公司
地址	新北市汐止區大同路一段369號1樓
叢書主編電話	(02)86925588轉5306
台北聯經書房	台北市新生南路三段94號
電話	(02)23620308
郵政劃撥帳戶	第0100559-3號
郵撥電話	(02)23620308
印刷者	文聯彩色製版印刷有限公司
總經銷	聯合發行股份有限公司
發行所	新北市新店區寶橋路235巷6弄6號2樓
電話	(02)29178022

副總編輯	陳逸華
總編輯	涂豐恩
總經理	陳芝宇
社長	羅國俊
發行人	林載爵

行政院新聞局出版事業登記證局版臺業字第0130號

本書如有缺頁，破損，倒裝請寄回台北聯經書房更換。　ISBN 978-957-08-7417-4 (平裝)
聯經網址：www.linkingbooks.com.tw
電子信箱：linking@udngroup.com

國家圖書館出版品預行編目資料

直接交易：中間人經濟的危機與永續消費生態系的崛起/
Kathryn Judge著．黃佳瑜譯．初版．新北市．聯經．2024年7月．360面．
14.8×21公分（創新觀點）
譯自：Direct: the rise of the middleman economy and the power of going to the source.
ISBN 978-957-08-7417-4（平裝）

1.CST：零售商　2.CST：零售市場　3.CST：市場分析　4.CST：美國

496.554　113007924